高等职业教育"十四五"系列教材 机电类专业

U0162909

电机与电气控制项目化教程

（修订版）

主　审　吴莲贵

主　编　唐立伟　贺应和

副主编　刘　云　朱　冬　郑　扬

　　　　易江义　罗　昕

参　编　李　哲

南京大学出版社

内容简介

本书以三相异步电动机的控制为主线,精选了电机及拖动、工厂电气控制的典型内容,主要内容包括三个模块,即电机的使用与检修、电动机典型控制线路的安装与调试、普通机床电气控制线路的设计与检修。

本书是按照项目导向、任务驱动的模式,结合电工国家职业技能标准编写而成的。全书从应用角度出发,强化技能训练,突出了职业教育的特点,将理论教学、实训、电工考证有机地结合起来,可作为高职院校、高等工科院校、成人教育学院以及技师学院等机电类专业及相关专业的教材,也可供相关专业工程技术人员参考。

图书在版编目(CIP)数据

电机与电气控制项目化教程 / 唐立伟,贺应和主编
. -- 南京:南京大学出版社,2023.9
ISBN 978-7-305-27251-6

Ⅰ. ①电… Ⅱ. ①唐… ②贺… Ⅲ. ①电机学-高等职业教育-教材②电气控制-高等职业教育-教材 Ⅳ.
①TM3②TM921.5

中国国家版本馆 CIP 数据核字(2023)第 159913 号

出版发行 南京大学出版社
社　　址　南京市汉口路 22 号　　　　邮　编　210093
出 版 人　王文军
书　　名　电机与电气控制项目化教程
　　　　　Dianji Yu Dianqi Kongzhi Xiangmuhua Jiaocheng
主　　编　唐立伟　贺应和
责任编辑　吕家慧　　　　　　　编辑热线　025-83597482
照　　排　南京南琳图文制作有限公司
印　　刷　南京京新印刷有限公司
开　　本　787×1092　1/16　印张 20.5　字数 498 千
版　　次　2023 年 9 月第 1 版第 1 次印刷
ISBN 978-7-305-27251-6
定　　价　49.80 元

网址:http://www.njupco.com
官方微博:http://weibo.com/njupco
微信服务号:njuyuexue
销售咨询热线:(025)83594756

微信扫码获取
本书资源

前　言

　　"电机与电气控制"是机电类高等职业院校机电一体化技术、电气自动化技术、机械制造及自动化等专业开设的实践性很强,与生产实际联系密切的应用型课程。对于制造业的控制系统,无论是基本设计,还是安装、调试与运维,都将起到十分重要的作用。

　　本书前一版自2017年出版以来,以其通俗易懂、便于开展理实一体化教学而得到了广大读者的认可。党的二十大报告提出:要以深化产教融合为重点,以推动职普融通为关键,以科教融汇为新方向,办好人民满意的教育,落实立德树人根本任务,培养更多高素质技术技能人才、能工巧匠、大国工匠。结合"双高计划"建设要求,根据读者的建议进行了内容上的修订。

　　★针对先进制造业对电气控制技术的岗位需求,将电工国家职业技能标准和相关技能大赛项目等与课程的知识点及技能点进行解构和重构,同时深挖思政元素,实现"岗、课、证、赛"融通。

　　★对本书前一版中部分项目所存在的一些问题进行了校正和修改。

　　★为了适应实训室新设备升级的需求,"模块三 普通机床电气控制线路的设计与检修"进行了大幅度的修改。

　　★为了适应新技术的需求,在"项目4 控制电机的应用"中增加了"交流伺服系统的组成",删除了较难理解的"测速发电机、直线电动机、自整角机"的内容。

　　修订后的新版教材更加切合我国高等职业院校学生现状和实际,在适度基础知识的支撑下,特别注重电气控制实用知识演绎和方法指导,以学习目标、任务描述、知识链接、任务实施、研讨与练习组成每个项目,力求接近真实工程项目的实施过程,前后任务的实现由浅入深、难度适中,还安排了对应内容的练习题,在保证必要的基本训练的基础上,适当拓宽知识面,拓展应用能力。

　　全书共十六个项目,参考学时为72—96学时,其中实训环节为28—40学时。

本次修订由娄底职业技术学院唐立伟、贺应和担任主编,湖南科技职业学院刘云、娄底职业技术学院朱冬、平顶山工业职业技术学院郑扬、长沙航空职业技术学院易江义、江西交通职业技术学院罗昕担任副主编,由平顶山工业职业技术学院李哲担任参编,最终由唐立伟负责统稿。在本书修订过程中,得到了湖南星源电气有限公司、湖南金塔机械制造有限公司的大力支持,他们为本书提供了全面的技术支持和详细的技术资料,在此一并表示感谢!

由于编者水平有限,书中不足之处在所难免,敬请读者予以批评指正。

编　者

2023 年 5 月

目　录

模块一　电机的使用与检修

附　录

模块一 电机的使用与检修

项目1 直流电机的使用与检修

学习目标

(1) 熟悉直流电动机的基本结构、工作原理、铭牌数据及分类方法。
(2) 掌握直流电动机的工作特性和机械特性。
(3) 掌握直流电动机的调速特性及调速方法。
(4) 熟悉直流电动机启动、反转和制动的特性,掌握启动、反转和制动的常用方法。
(5) 掌握直流电动机常见故障的检修方法。

任务描述

通过对直流电动机的拆装及试运行试验,熟悉其基本结构和工作原理,了解其铭牌参数的意义;从理论上分析直流电动机的工作特性、机械特性及调速特性,并通过试验加以验证;熟悉直流电动机启动、反转和制动常用方法的特点,根据不同的实际情况,正确选择其启动、反转和制动的方法;根据直流电动机的结构和工作原理,分析直流电动机可能出现的故障现象,并分析其故障产生的可能原因,提出故障处理的方法。

知识链接

一、直流电机的认知

(一) 直流电机的结构

直流电机主要由固定不动的定子和旋转的转子两大部分组成,定子与转子之间的间隙叫空气隙。直流电机的结构如图1-1所示,直流电机的径向剖面图如图1-2所示。

1. 定子部分

定子的作用是产生磁场并作为电机的机械支撑。定子由机座、主磁极、换向极、电刷装置、端盖等组成。直流电机的定子如图1-3所示。

(1) 机座

作用:固定主磁极、换向极、端盖等。机座是电机磁路的一部分,用以通过磁通的部分称为磁轭。机座上的接线盒内有励磁绕组和电枢绕组的接线端,用来对外接线。

材料:由铸钢或厚钢板焊接而成,具有良好的导磁性能和机械强度。

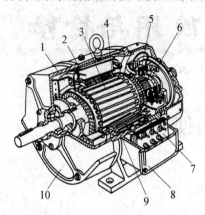

1—风扇;2—机座;3—电枢;4—主磁极;5—刷架;
6—换向器;7—接线板;8—出线盒;9—换向磁极;
10—端盖。

图 1-1　直流电机结构图

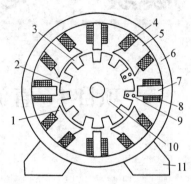

1—极靴;2—电枢齿;3—电枢槽;4—励磁绕组;
5—主磁极;6—磁轭;7—换向极;8—换向极绕组;
9—电枢绕组;10—电枢铁芯;11—底座。

图 1-2　直流电机径向剖面图

(2) 主磁极

作用:产生工作磁场。

组成:主磁极包括铁芯和励磁绕组两部分。主磁极铁芯柱体部分称为极身,靠近气隙一端较宽的部分称为极靴,极靴做成圆弧形,使空气隙中的磁通均匀分布。极身上套有产生磁通的励磁绕组,各主磁极上的绕组一般都是串联的。改变励磁电流 I_f 的方向,就可改变主磁极极性,也就改变了磁场方向。

材料:主磁极铁芯一般由 1.0～1.5 mm 厚的低碳钢板冲片叠压铆接而成。

(3) 换向极

作用:产生附加磁场,改善电机的换向性能,减少电刷与换向器之间的火花。

组成:由铁芯、绕组组成。换向极绕组与电枢绕组串联。

材料:铁芯由整块钢制成。如果要求较高,则用 1.0～1.5 mm 铜线绕制。

安装位置:在相邻两主磁极之间。

(4) 电刷装置

作用:连接外电路与电枢绕组,与换向器一起将绕组内的交流电转换为外部直流电。

组成:由碳-石墨制成导电块的电刷、加压弹簧和刷盒等组成,如图 1-4 所示。

安装位置:电刷固定在机座上(小容量电机装在端盖上),加压弹簧使电刷和旋转的换向器保持滑动接触,使电枢绕组与外

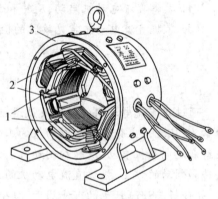

1—主磁极;2—换向极;3—机座。

图 1-3　直流电机的定子

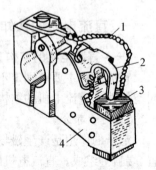

1—导电绞线;2—加压弹簧;
3—电刷;4—刷盒。

图 1-4　电刷装置

电路接通。电刷数一般等于主磁极数,各同极性的电刷经软线连在一起,再引到接线盒内的接线板上,作为电枢绕组的引出端。

(5) 端盖

作用:支撑旋转的电枢。端盖内装有轴承。

材料:由铸铁制成,用螺钉固定在底座两端。

2. 转子部分

转子又称电枢,它的作用是产生感应电动势和电磁转矩,实现能量的转换。转子由电枢铁芯、电枢绕组、换向器、转轴、风扇等部件组成,如图 1-5 所示。

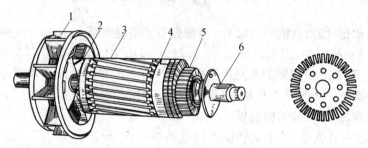

1—风扇;2—绕组;3—电枢铁芯;4—绑带;5—换向器;6—轴。

图 1-5 直流电机的电枢

(1) 电枢铁芯

作用:一是作为电机主磁路的一部分;二是作为嵌放电枢绕组的骨架。

组成:由 0.35~0.5 mm 厚的彼此绝缘的硅钢片叠压而成。

(2) 电枢绕组

作用:作为发电机运行时,产生感应电动势和感应电流;作为电动机运行时,通电后受电磁力的作用,产生电磁转矩。

组成:绝缘导线绕成的线圈(或称元件)放置于电枢铁芯槽中,按一定规律和换向片相连,使各组线圈的电动势相加。绕组端部用镀锌钢丝箍住,防止绕组因离心力而发生径向位移。

(3) 换向器

作用:实现绕组中电流换向。

组成:换向器由许多铜制换向片组成,外形呈圆柱形,片与片之间用 0.4~1.2 mm 的云母绝缘,装在电枢的一端,如图 1-6 所示。

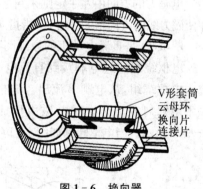

V形套筒
云母环
换向片
连接片

图 1-6 换向器

(二) 直流电机的基本工作原理

1. 直流发电机的基本工作原理

图 1-7 是直流发电机的原理图。两个磁极 N、S 建立起恒定磁场,其磁感应强度沿圆周正弦分布。两极中间的电枢铁芯(图中未画出)上固定着线圈 $abcd$,ad 的两端分别接在跟电枢铁芯一起旋转的两片换向片上,电刷 A、B 分别与这两个换向片接触而通向外电路。

(1) 在图 1-7(a)中,当电枢逆时针旋转时,线圈两边 ab 与 cd 切割磁力线产生感应电动势,方向如图 1-7(a)所示,由 $d \to c \to b \to a$,电刷 A 为正极,电刷 B 为负极。外电路的电流

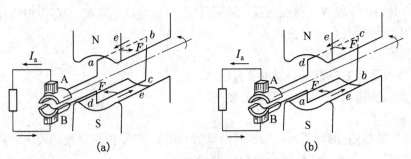

图1-7　直流发电机的原理图

方向由正极 A 流出,经负载流向负极 B。可根据右手定则判断。

(2) 在图 1-7(b)中,当电枢转过 90°后,此时线圈中的电动势方向改变了,变成了由 $a \rightarrow b \rightarrow c \rightarrow d$,电刷 A、B 所接触的换向片交换,即原来与 A 接触的换向片变为与 B 接触,原来与 B 接触的换向片变为与 A 接触,电刷 A 仍为正极,电刷 B 仍为负极。外电路的电流方向仍由正极 A 流出,经负载流向负极 B。

线圈每转过一对磁极,其电动势的方向就改变一次,但两电刷间的电流方向是不变的,只是大小在零与最大值之间变化。这种单线圈直流发电机,虽然可以获得方向恒定的电动势和电流,但它们的大小是脉动的,其电动势波形如图 1-8 所示。为获得方向和量值均恒定的电动势,应使电枢铁芯上的槽数和线圈匝数增加,同时换向器上的换向片也要相应增加。

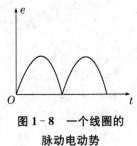

图1-8　一个线圈的脉动电动势

2. 直流电动机的基本工作原理

直流电动机是根据通电导体在磁场中受力而运动的原理制成的。根据电磁力定律可知,通电导体在磁场中受到电磁力的作用。

电磁力的方向由左手定则来判定。左手定则规定:将左手伸平,使拇指与其余四指垂直,并使磁力线的方向指向掌心,四指指向电流的方向,则拇指所指的方向就是电磁力的方向。

图 1-9 是直流电动机的原理图,其组成与直流发电机基本相同。

电枢绕组通过电刷接到直流电源上,绕组的旋转轴与机械负载相连。电流从电刷 A 流入电枢绕组,从电刷 B 流出。电枢电流 I_a 与磁场相互作用产生电磁力 F,其方向可用左手定则判定。这一对电磁力形成电磁转矩 T,使电动机电枢逆时针方向旋转,如图 1-9(a)所示。当电枢转到如图 1-9(b)所示位置时,由于换向器的作用,电源电流 I_a 仍由电

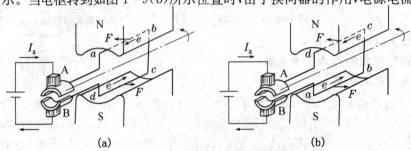

图1-9　直流电动机的原理图

刷 A 流入绕组,由电刷 B 流出。电磁力和电磁转矩的方向仍使电动机电枢逆时针方向旋转。

电枢转动时,切割磁力线而产生感应电动势,这个电动势的方向(用右手定则判定)与电枢电流 I_a 和外加电压 U 的方向总是相反的,称为反电动势 E_a,它与发电机的电动势 E 的作用不同。发电机的电动势是电源电动势,在外电路产生电流,而 E_a 是反电动势,电源只有克服这个反电动势才能向电动机输入电流。

直流电动机是把直流电能转化为机械能的设备。它有以下几方面的优点:

(1) 调速范围广,且易于平滑调节;

(2) 过载能力强,启动/制动转矩大;

(3) 易于控制,可靠性高。

直流电动机调速时能量损耗较小,在调速要求较高的场所,如轧钢车、电车、电气铁道牵引、高炉送料、造纸、纺织拖动、吊车、挖掘机械、卷扬机拖动等方面,直流电动机均得到了广泛应用。

3. 直流电机的可逆性

通过上述对直流发电机和直流电动机工作原理的分析可以看出,同一台直流电机既可作发电机运行,也可作电动机运行。当用原动机拖动转子旋转即输入机械功率时,在电刷两端就会输出直流电能,此时电机作发电机运行;当在电刷两端接直流电源即输入直流电能时,电机将通过转子拖动生产机械旋转从而输出机械能,此时电机又作电动机运行。上述即为直流电机可逆运转的原理。

(三) 直流电机的分类

直流电机的性能与其励磁方式有着密切的关系,励磁方式不同,电机的运行特性有很大差异。直流电机按励磁方式不同可分为他励电机、自励电机和永磁电机三大类。

1. 他励电机

他励是指主磁极磁场绕组的励磁电流由另外的直流电源供电,与电枢电路没有电的联系,如图 1-10 所示。

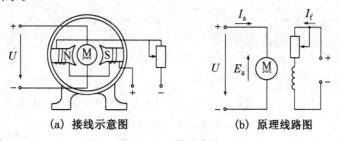

(a) 接线示意图　　　　(b) 原理线路图

图 1-10　他励电机

2. 自励电机

自励是指作为发电机运行时,电机主磁极励磁绕组的励磁电流由该电机本身电枢供给;作为电动机运行时,电机主磁极励磁绕组的励磁电流与电枢电流由同一直流电源供给。自励电机按励磁绕组与电枢连接方式的不同又分为并励、串励和复励三种。

(1) 并励电机

并励电机的电枢绕组和励磁绕组并联,如图 1-11 所示。励磁绕组匝数较多,导线截面较小,电阻较大,励磁电流只有电枢电流的百分之几。

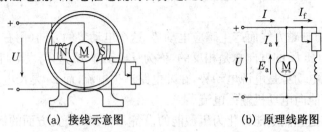

(a) 接线示意图   (b) 原理线路图

图 1-11　并励电机

(2) 串励电机

串励电机的电枢绕组和励磁绕组串联,如图 1-12 所示。励磁绕组匝数较少,导线截面较大,电阻较小,励磁电流和电枢电流相等。

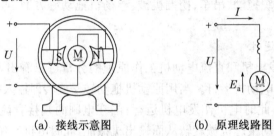

(a) 接线示意图   (b) 原理线路图

图 1-12　串励电机

(3) 复励电机

复励电机的主磁极有两部分励磁绕组,其中一部分与电枢绕组并联,另一部分与电枢绕组串联,如图 1-13 所示。当两部分励磁绕组产生的磁通方向相同时,合成磁通为两磁通之和,这种电机称为积复励电机;当两部分励磁绕组产生的磁通方向相反时,合成磁通为两磁通之差,这种电机称为差复励电机。

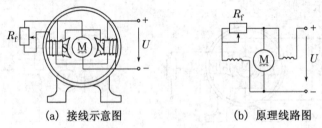

(a) 接线示意图   (b) 原理线路图

图 1-13　复励电机

直流电动机各绕组出线端的标志见表 1-1。

表 1-1　直流电动机各绕组出线端标志

绕组名称	首端	末端	绕组名称	首端	末端
电枢绕组	S_1	S_2	并励绕组	B_1	B_2
换向绕组	H_1	H_2	串励绕组	C_1	C_2
他励绕组	T_1	T_2			

3. 永磁电机

直流电机采用永久磁铁产生磁场,省去励磁部分,这类电机称为永磁电机。例如,兆欧表中的手摇发电机和测速发电机等均是永磁电机。

近年来,具有优异磁性能的新型永磁材料(如钐钴磁性材料、钕铁硼磁性材料等)已经广泛应用于各种电机中,稀土永磁电机正在迅速发展。

(四) 直流电机的铭牌

电机制造厂在每台电机机座的显著位置上都钉有一块金属标牌,称为电机铭牌,如图1-14所示,为一台直流电动机的铭牌。根据国家有关标准的要求在铭牌上标明的各项基本数据,称为额定值。按照铭牌上规定的工作条件运行的状态称为额定工作状态。电机的铭牌数据有型号、额定功率、额定电压、额定电流、额定转速和励磁电流及励磁方式等。此外还有电动机的出厂数据,如出厂编号、出厂日期等。

1. 型号

电机的型号一般用大写印刷体的汉语拼音字母和阿拉伯数字表示。如:

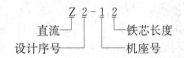

直流电机			
型号	Z2 - 12	励磁方式	他励
功率	4 kW	励磁电压	220 V
电压	220 V	励磁电流	0.63 A
电流	22.7 A	定额	连续
转速	1 500 r/min	温升	80 ℃
标准编号	JB 1104 - 68	出厂日期	年　月

图 1 - 14　直流电机铭牌

2. 额定功率 P_N

额定功率又称为额定容量(W)。对于发电机来说,是指在额定电压为 U_N、额定输出电流为 I_N 时,向负载提供的电功率 $P_N = U_N I_N$。对电动机来说,是指电动机在额定状态下运行时轴上输出的机械功率,它等于额定电压和电流的乘积再乘以电动机的效率 $P_N = U_N I_N \eta_N$。

3. 额定电压 U_N

额定电压指电机寿命期内安全工作的最高电压(V)。对于发电机,是指其输出的允许端电压;对于电动机,则是指其输入到电动机端钮上的允许电压。

4. 额定电流 I_N

对于发电机,是指其长期运行时电枢输出给负载的允许电流(A);对于电动机,则是指电源输入到电动机的允许电流(A)。

5. 额定转速 n_N

对发电机来说,励磁电流在额定值时,发电机要达到额定转速才能发出额定电压;对电动机来说,额定转速是指在额定电压、额定电流和额定输出功率的情况下电动机运行时的旋转速度(r/min)。

6. 励磁方式

励磁方式指电机励磁绕组的励磁方式,如前述的他励、并励、串励、复励等。

7. 励磁电压

对自励的并励电机来说,励磁电压就等于电机的额定电压;对他励电机来说,励磁电压要根据使用情况决定。

8. 励磁电流

励磁电流指电机产生磁通所需要的励磁电流。

9. 定额

定额指电机按铭牌值工作时可连续运行的时间和顺序。定额分为连续、短时、断续三种。例如铭牌上标有"连续",表示电机可不受时间限制连续运行;如标明"25%",表示电机在一个周期内(10 min 为一个周期),工作 25% 的时间,休息 75% 的时间,即工作 2.5 min,休息 7.5 min。

10. 温升

温升表示电机允许发热的限度。一般将环境温度定为 40 ℃。例如温升为 80 ℃,则电机温度不可超过 80 ℃+40 ℃=120 ℃,否则,电机就会缩短使用寿命。电机的温升值取决于电机采用的绝缘材料。

11. 额定效率 η_N

额定效率指电动机在额定状态工作时,输出功率(额定功率)P_N 与输入功率 P_1 的比值,即

$$\eta_N = \frac{P_N}{P_1} \tag{1-1}$$

例 1-1 一台直流发电机的额定数据如下:$P_N = 200$ kW, $U_N = 230$ V, $n_N = 1\ 450$ r/min, $\eta_N = 90\%$。求:该发电机的额定电流和输入功率各为多少?

解:由 $P_N = U_N I_N$,可得

$$I_N = \frac{P_N}{U_N} = \frac{200 \times 10^3}{230} \text{ A} \approx 869.6 \text{ A}$$

输入功率为

$$P_1 = \frac{P_N}{\eta_N} = \frac{200}{0.9} \text{ kW} \approx 222.2 \text{ kW}$$

例 1-2 一台直流电动机的额定数据如下:$P_N = 160$ kW,$U_N = 220$ V,$n_N = 1\ 500$ r/min,$\eta_N = 90\%$。求:该电动机的额定电流和输入功率各为多少?

解:由 $P_N = \eta_N U_N I_N$,可得

$$I_N = \frac{P_N}{\eta_N U_N} = \frac{160 \times 10^3}{0.9 \times 220} \text{ A} \approx 808 \text{ A}$$

输入功率为

$$P_1 = \frac{P_N}{\eta_N} = \frac{160}{0.9} \text{ kW} \approx 177.8 \text{ kW}$$

二、直流电动机的基本方程

直流电动机的基本方程式与励磁方式有关,下面以他励直流电动机为例来分析直流电动机的基本方程式。

1. 电压平衡方程

当在直流电动机电枢绕组两端外加直流电源 U 时,电枢绕组中将有电流 I_a 流过,取 I_a 与 U 的参考正方向相同。电枢绕组中的电流在励磁磁场中受力,产生电磁力,形成电磁转矩,电枢就旋转起来。电枢旋转后,又切割励磁磁场产生感应电动势 $E_a = C_e \Phi n$,此时 E_a 与 I_a 是反向的,即 E_a 是反电动势,如图 1-10(b)所示。因此,根据基尔霍夫第二定律,则可列出他励直流电动机的电压平衡方程式为

$$U = E_a + I_a R_a$$
$$U_f = I_f R_f \tag{1-2}$$

式中,U_f 为励磁回路的电压。式(1-2)表明,直流电动机的电枢电动势 E_a 小于端电压 U,即 $E_a < U$。

2. 功率平衡方程

将 $U = E_a + I_a R_a$ 等式两端乘以电枢电流,可得功率平衡方程,即

$$U I_a = E_a I_a + I_a^2 R_a \tag{1-3}$$

式中:$U I_a$ 为电源提供的总功率,即输入功率 P_1;$E_a I_a$ 为电磁功率,即电枢所转换的全部机械功率 P_M;$I_a^2 R_a$ 为电枢内部消耗的功率,即铜耗 P_{Cu}。因而可得

$$P_1 = P_M + P_{Cu} \tag{1-4}$$

电磁功率 P_M 在转换成机械功率的过程中,有一部分消耗在机械损耗和铁耗中,记为 P_0,余下的才是轴上的输出功率 P_2,即得功率平衡方程为

$$P_M = P_2 + P_0 \tag{1-5}$$

代入式(1-3),得

$$P_1 = P_2 + P_0 + P_{Cu}$$

电动机在能量转换过程中,总要损耗一部分能量,变为热能散发到空气中白白地浪费,同时引起电动机发热,温度升高。若超过允许温升,会使绝缘老化,寿命降低。因此,应根据额定值使用电动机,避免过载运行。

3. 转矩平衡方程

电动机的电磁转矩除了克服摩擦及铁损所引起的空载转矩 T_0 以外,还要克服电动机轴上的有效输出转矩即负载转矩 T_2,故电磁转矩平衡方程为

$$T = T_0 + T_2 \tag{1-6}$$

式中:$T_0 = 9.55 \dfrac{P_0}{n}$;$T_2 = 9.55 \dfrac{P_2}{n}$。电动机轴上的输出功率可表示为

$$P_2 = T_2 \omega = \frac{2\pi}{60} T_2 n \approx 0.105 T_2 n \tag{1-7}$$

式(1-7)说明,电动机在稳定工作即转速一定情况下,由空载损耗决定的空载转矩 T_0 与电动机拖动的负载决定的输出转矩 T_2,两者之和称为反抗转矩 $T_{反}$(又称静态转矩),它与电磁转矩 T 相平衡,它们大小相等、方向相反。

三、直流电动机的工作特性和机械特性

(一)直流电动机的工作特性

1. 他励(并励)电动机的工作特性

工作特性指在 $U=U_N$、$I_f=I_{fN}$、电枢回路的附加电阻 $R_{pa}=0$ 时,电动机的转速 n、电磁转矩 T 和效率 η 三者与输出功率 P_2(负载)之间的关系。工作特性可用实验方法求得,曲线如图1-15所示。

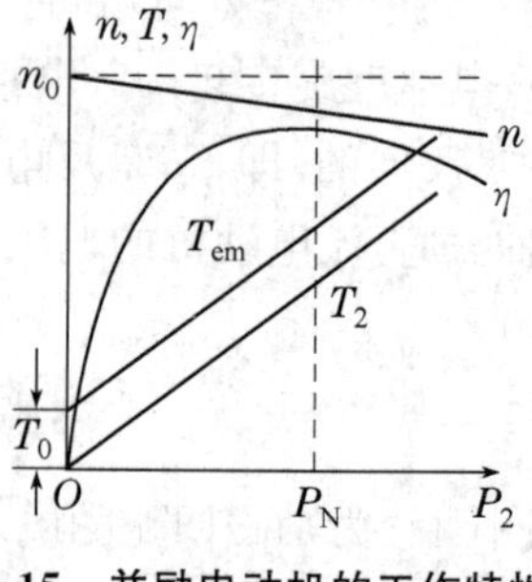

(1)转速特性

通过分析,可得电动机转速为

$$n=\frac{U_N-I_aR_a}{C_e\Phi} \qquad (1-8)$$

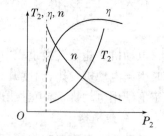

图1-15 并励电动机的工作特性

对于某一电动机,C_e 为一常数,当 $U=U_N$ 时,通常随着负载的增加,电枢电流 I_a 增加,一方面使电枢电压 I_aR_a 增加,从而使转速 n 下降;另一方面由于电枢反应的去磁作用增强,使磁通 Φ 减少,从而使转速上升。

电动机转速从空载到满载的变化程度,称为电动机的额定转速变化率 $\Delta n\%$,他励(并励)电动机的转速变化率为 $2\%\sim8\%$,即当负载增加时,电机转速下降很小(恒速特性)。

(2)转矩特性

输出转矩 $T_2=9.55P_2/n$,所以当转速不变时,转矩特性是一条通过原点的直线。但实际上,当 P_2 增加时,n 略有下降,因此,转矩特性曲线略微向上弯曲。

(3)效率特性

经理论分析可知,当不变损耗等于可变损耗时,效率最大。

2. 串励电动机的工作特性

串励电动机的励磁绕组与电枢绕组串联,故励磁电流 $I_f=I_a$,即串励电动机的气隙磁通 Φ 将随负载的变化而变化。所以串励电动机的工作特性与他励电动机有很大区别,如图1-16所示。

(1)转速特性

随着输出功率的增大,串励电动机的转速迅速下降。这是因为输出功率 P_2 增加时,电枢电流 I_a 随之增大,电枢电压 I_aR_a 和气隙磁通 Φ 同时增大,从而使转速迅速下降。

(2)转矩特性

由 $T_2=9.55P_2/n$ 可知,随着输出功率的增大,由于 n 迅速下降,所以转矩特性曲线将随 P_2 的增加而很快向上弯曲。

(3)效率特性

图1-16 串励电动机的工作特性

串励电动机的效率特性:输出功率太大时,效率降低。

(二) 直流电动机的机械特性

机械特性是电动机最重要的特性,它是讨论电动机稳定运行、启动、调速和制动等的基础。电动机的机械特性主要描述电动机的转速 n 与其电磁转矩 T_M 之间的关系,通常用 $n = f(T_M)$ 曲线表示。机械特性可分为固有(自然)机械特性和人为机械特性。固有机械特性是指当电动机的工作电压和磁通均为额定值时,电枢电路中没有串入附加电阻时的机械特性,从空载到额定负载,转速下降不多,称为硬机械特性。人为机械特性是指改变电动机一种或几种参数,使之不等于其额定值时的机械特性,负载增大时,转速下降较快,称为软机械特性。

1. 并励(他励)电动机的机械特性

(1)并励(他励)直流电动机的固有机械特性

根据固有特性的定义,可得固有机械特性方程式为

$$n = \frac{U_N}{C_e \Phi_N} - \frac{R_a}{C_e C_T \Phi_N^2} T_M = n_0 - \beta T_M \qquad (1-9)$$

由式(1-9)可见,固有机械特性如图 1-17 所示,并励(他励)直流电动机的固有机械特性"较硬"。n_0 为 $T=0$ 时的转速,称为理想空载转速;Δn 为额定转差率。

(2)并励(他励)直流电动机的人为机械特性

在固有机械特性方程式中,电压 U、磁通 Φ、转子回路电阻 R_{ad} 中的任意一个参数改变而获得的特性,称为直流电动机的人为机械特性。

① 转子回路串接电阻 R_{ad} 时的人为机械特性

在 $U = U_N$、$\Phi = \Phi_N$、$R = R_a + R_{ad}$ 时,即在保持电压及磁通不变,转子回路串接电阻 R_{ad} 时,人为机械特性方程式为

$$n = \frac{U_N}{C_e \Phi_N} - \frac{R_a + R_{ad}}{C_e C_T \Phi_N^2} T_M \qquad (1-10)$$

由式(1-10)可见,并励(他励)直流电动机转子回路串接电阻时的人为机械特性如图 1-18所示。串接的电阻越大,则电动机的机械特性越"软"。

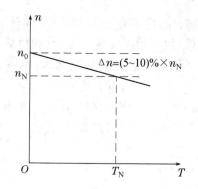

图 1-17　并励(他励)直流电动机的固有机械特性

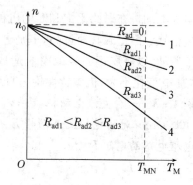

图 1-18　转子回路串接电阻时的机械特性

② 改变电枢电压时的人为机械特性

在 $\Phi=\Phi_N$、$R=R_a$ 的条件下,改变转子电压 U 时的人为机械特性方程式为

$$n=\frac{U}{C_e\Phi_N}-\frac{R_a}{C_eC_T\Phi_N^2}T_M=n_0-\beta T_M \qquad (1-11)$$

由式(1-11)可见,并励(他励)直流电动机电枢降压时的人为机械特性是低于固有机械特性曲线的一组平行直线,如图1-19所示。

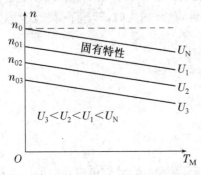

图 1-19　改变电枢电压时的机械特性

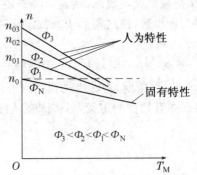

图 1-20　改变磁通 Φ 时的机械特性

③ 改变磁通 Φ 时的人为机械特性

一般电动机在额定磁通下运行时,电动机的磁路已接近饱和,因此,改变磁通实际上只能减弱磁通。在 $U=U_N$、$R=R_a$ 时,减弱磁通时的人为机械特性方程式为

$$n=\frac{U_N}{C_e\Phi}-\frac{R_a}{C_eC_T\Phi^2}T_M \qquad (1-12)$$

由式(1-12)可见,并励(他励)直流电动机磁通减少时的人为机械特性如图1-20所示。磁通越小,则电动机的机械特性越"软"。

2. **串励电动机的机械特性**

串励电动机的励磁绕组与电枢绕组串联,励磁电流等于电枢电流。磁通随电枢电流而变化,磁路未饱和时,磁通基本与电枢电流成正比,即 $\Phi=CI_a$,因而

$$M=C_m\Phi I_a=C_mCI_a^2 \qquad (1-13)$$

串励电动机在磁路不饱和时的机械特性曲线为双曲线,转速随负载的增加下降较快,机械特性很软。因空载转速过高,串励电动机不允许空载运行,为保证这一点,它和负载不能用皮带传动,以防皮带断裂或滑脱造成"飞车"事故。当磁路饱和时,负载增大,电流 I_a 增大,磁通 Φ 变化不大,机械特性均为直线。

例 1-3　一台直流电动机,已知常数 $C_e=3$,磁通 $\Phi=0.05\text{ Wb}$。(1)试求当电枢转速 $n=1400\text{ r/min}$ 时的电枢反电动势 E_a;(2)若电源电压 $U=220\text{ V}$,测得电枢电流 $I_a=50\text{ A}$,试求电枢电路的电阻 R_a。

解:(1) 由 $E_a=C_e\Phi n$,得

$$E_a=3\times0.05\times1400=210\text{(V)}$$

(2) 由 $U=E_a+I_aR_a$,得

$$R_a = \frac{U - E_a}{I_a} = \frac{220 - 210}{50} = 0.2(\Omega)$$

四、直流电动机的调速

(一) 电动机调速概述

1. 调速

调速是指在一定的负载下,根据生产工艺的要求,人为地改变电动机的运行转速。改变电动机的参数就是人为地改变电动机的机械特性,从而使负载工作点发生变化,转速随之变化。可见,在调速前后,电动机必然运行在不同的机械特性上。

调速可以采用机械调速、电气调速或两者配合来进行。通过改变传动机构速比进行调速的方法称为机械调速;通过改变电动机参数进行调速的方法称为电气调速。机械调速的机械变速机构复杂,现代电力拖动中多采用电气调速方法。电气调速机构简单、传动效率高、操作简便、调速性能好,可以实现无级调速,且易于实现自动控制。

2. 电动机调速性能的评价指标

(1) 调速范围

调速范围是指电动机调速时所能得到的最高转速 n_{max} 与最低转速 n_{min} 之比。不同的生产机械对调速范围有不同的要求。电动机的最高转速受电动机的机械强度、换向条件、电压等级等各方面的限制,而最低转速则受低速运行时转速相对稳定的限制。

(2) 调速的平滑性

调速的平滑性可由电动机在其调速范围内能得到的转速数目(级数)来说明。所能得到的转速数目越多,则相邻两个转速的差值越小,调速的平滑性越好。如只能得到若干个跳跃的转速,则称为有级调速;如在一定范围内可得到任意转速,则称为无级调速。

(3) 调速的经济性

调速的经济性包括两方面的内容:一方面是指调速设备的投资和调速过程中的能量损耗、运转效率及维修费用等;另一方面是指电动机在调速时能否得到充分利用,即调速方法是否与负载类型配合。

(4) 调速的稳定性

调速的稳定性是指负载变化时,转速的变化程度。转速变化越小,电动机的机械特性越"硬",调速的稳定性越好。

(5) 调速方向

调速方向有向上调速和向下调速两种方向,使转速比额定转速(基本转速)高的称为向上调速;使其低的,则称为向下调速。

(6) 调速时的允许输出

调速时的允许输出是指在额定电流下调速时,电动机允许输出的最大转矩或最大功率。允许输出的最大转矩与转速无关的调速方法,称为恒转矩调速;允许输出的最大功率与转速无关的调速方法,称为恒功率调速。

(二) 直流电动机的调速方法

由直流电动机的机械特性方程

$$n=\frac{U}{C_e\Phi}-\frac{R_a}{C_eC_T\Phi^2}T \qquad (1-14)$$

可知,改变 R_a、Φ、U 中的任一参数都可以使转速 n 发生变化,所以改变直流电动机的转速有三种方法。以下讨论并励(他励)电动机的调速方法。

1. 电枢回路串电阻调速

电枢回路串电阻调速是指保持电源电压 $U=U_N$、励磁磁通 $\Phi=\Phi_N$,通过在电枢回路中串联电阻 R_c 进行调速,其调速原理及机械特性如图 1-21 所示。

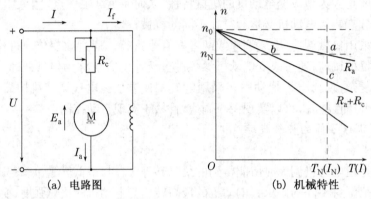

(a) 电路图　　　　　　　(b) 机械特性

图 1-21　电枢串电阻调速原理及机械特性

(1) 电枢回路串电阻调速过程

在 $U=U_N$、$\Phi=\Phi_N$ 的条件下,设电动机拖动恒转矩负载 T_N 在固有特性曲线上的 a 点运行,其转速为 n_N,若电枢回路串入电阻 R_c,则达到新的稳态后,工作点变为人为特性曲线上的 c 点,转速下降。从图 1-21(b)可以看出,串入的电阻阻值越大,稳态转速就越低。

现以从 a 点对应的转速 n_N 降至 c 点对应的转速 n_c 为例,说明其调速过程。电动机原来在 a 点稳定运行时,$T=T_N$,$n=n_N$,当串入电阻 R_c 后,电动机的机械特性曲线变为 n_{0c},因串入电阻瞬间,由于惯性转速不突变(动能不能突变),故 E_a 不突变,于是 I_a 及 T 突然减小,工作点平移到 b 点,在 b 点,$T<T_N$,所以电动机开始减速,随着 n 的减小,E_a 减小,I_a 及 T 增大,即工作点沿 bc 方向移动,当到达 c 点时,$T=T_N$,达到了新的平衡,电动机便在 c 点对应的转速 n_c 下稳定运行。

(2) 电枢回路串电阻调速特点

电枢回路串电阻调速的方法具有以下特点:

① 串电阻调速方法只能从额定值向下调速,且机械特性变"软",低速时特性曲线的斜率大,转速的稳定性变差,因此调速范围较小。

② 调速电阻 R_c 中有较大电流 I_a 流过,损耗的电能多,效率较低,而且转速越低,所串电阻越大,则损耗越大,效率越低,经济性越差。

③ 调速电阻 R_c 不易实现连续调节,只能分段进行有级调节,调速平滑性差。

④ 调速时磁通 Φ 不变,电动机允许通过的电流即额定电流是一定的,在各种转速下,电动机能输出相同的转矩,故为恒转矩调速。

⑤ 调速设备投资少,方法简单。

电枢回路串电阻调速多用于调速范围要求不大、调速时间短的场合,如起重机、电车等生产机械中。

例 1-4 一台并励电动机,其额定值如下:$P_N=22$ kW,$I_N=115$ A,$U_N=220$ V,$n_N=1\,500$ r/min,电枢电阻 $R_a=0.04$ Ω,电动机带动恒转矩负载运行。现采用电枢串电阻方法将转速下调至 800 r/min,应串入多大的电阻?

解: 串入电阻 R_c 后,电枢电路电压平衡方程式为

$$E_{aN}=U_N-I_N R_a=220-115\times0.04=215.4(\text{V})$$

根据 $E_a=C_e\Phi n$,由于串电阻调速前后的磁通 Φ 不变,因此调速前后的电动势与转速成正比,故转速为 800 r/min 时的电动势为

$$E_a=\frac{n}{n_N}E_{aN}=\frac{800}{1\,500}\times215.4\approx114.9(\text{V})$$

根据 $T=C_T\Phi I_a$,由于调速前后的磁通 Φ 不变,$T=T_N$ 不变,因此调速前后的电枢电流 $I_a=I_N$ 不变,故串电阻调速至 800 r/min 时的电动势平衡方程式为

$$U_N=E_a+I_N(R_a+R_c)$$

所以应串入的电阻为

$$R_c=\frac{U_N-E_a}{I_N}-R_a=\frac{220-114.9}{115}-0.04\approx0.874(\Omega)$$

2. 降低电源电压调速

电动机的工作电压不允许超过额定电压,因此电枢电压只能在额定电压以下进行调节。降低电源电压调速的原理及调速过程如图 1-22 所示。

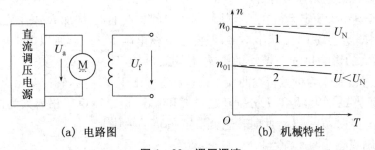

(a) 电路图   (b) 机械特性

图 1-22 调压调速

(1) 降低电源电压调速过程

当磁通 Φ 保持不变时,减小电压 U,由于转速不立即变化,反电动势 $E_a=C_e\Phi n$ 也暂不变化,于是电枢电流 $I_a=(U-E_a)R_a$ 变小,电磁转矩 $T=C_T\Phi I_a$ 变小。如负载转矩 T_2 不变,则 $T<T_2$,转速 n 下降,随之反电动势 E_a 减小,I_a 和 T 也随着增大,直到 $T=T_2$ 为止,此时电动机便在比原转速低的转速上稳定运行。从图 1-22 中可以看出,电压越低,稳态转速也越低。

(2) 降低电源电压调速特点

降低电源电压调速的方法具有以下特点:

① 调速前后机械特性的斜率不变,机械特性的硬度不变,负载变化时速度稳定性好,无论轻载还是负载,调速范围均相同,且调速性能稳定。

② 由于电枢电压不能超过额定值,故转速只能向下调速。

③ 调速范围较大,可达(6~8)∶1。

④ 调速的平滑性好,可实现无级调速。

⑤ 功率损耗小,效率高。

⑥ 调速时磁通未变,而额定电流是一定的,故电动机能输出的转矩是一定的,为恒转矩调速。

⑦ 需要一套电压可连续调节的直流调压电源,设备多、投资大。

调压调速多用在对调速性能要求较高的生产机械上,如机床、轧钢机、造纸机等。

3. 改变励磁磁通调速

保持电源电压 U 为额定值,在励磁电路中接入调速变阻器 R_c,改变励磁电流 I_f,以改变磁通 Φ 进行调速,故又称调磁调速,电路原理及调速过程如图 1-23 所示。

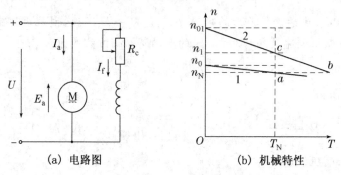

(a) 电路图　　　(b) 机械特性

图 1-23　调磁调速

(1) 改变励磁磁通调速过程

调速前,若电动机稳定运行在固有特性曲线 1 的 a 点上,当增加 R_c 减小磁通 Φ 时,电动机的反电动势 E_a 随之减小,虽减小不多,但由于电枢电阻 R_a 很小,所以电枢电流 I_a 增大很多。由于 I_a 增大的影响超过 Φ 减小的影响,使电磁转矩 $T=C_T\Phi I_a$ 还是增大。在这一瞬间运行点由 a 点过渡到人为机械特性曲线 2 的 b 点上。由于 $T>T_2$,转速开始上升,随着转速的上升,反电动势 E_a 增大,I_a 和 T 分别随之增大和减小,电磁转矩 T 沿着人为机械特性曲线从 b 点变化到 c 点时,$T_1=T_N$,此时转速就稳定在 n_1 的数值上。

(2) 改变励磁磁通调速特点

① 由于 I_f 不能超过额定值,故只能将 I_f 减小(又称弱磁调速),转速向上调。只要均匀地改变 R_c,即可得到平滑的无级调速。

② I_f 减小后,机械特性硬度变化不大,稳定性较好。

③ 由于 I_f 小,在 R_c 上耗能少,比较经济。R_c 体积小,操作方便。

④ 调速范围通常为 2∶1,因转速过高,换向条件变坏。

⑤ 如保持电动机额定电流一定,Φ 减小时,允许输出的转矩将减小,但由于转速增加,输出功率基本上没有变化,故为恒功率调速。

4. 三种调速方法的比较

三种调速方法的比较见表 1-2,三种调速方法的机械特性曲线如图 1-24 所示。

表 1-2　三种调速方法比较

调速方法	改变参数	特点
串电阻	电枢电路串接电阻,减小 I_a	向下调速,机械特性变软,低速稳定性差,耗能多,调速范围小,为恒转矩调速
调磁	励磁电路串接电阻,减小 I_f,减小 Φ	向上调速,机械特性硬度变化不大,稳定性较好,耗能少,调速范围较小,如保持 I_a 不变为恒功率调速
调压	降低电枢电路电压	向下调速,机械特性硬度不变,稳定性好,耗能少,调速范围较大,为恒转矩调速

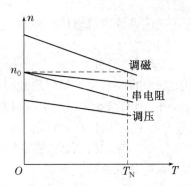

图 1-24　三种调速方法的机械特性对比图

五、直流电动机的启动、反转与制动

(一) 并励(他励)直流电动机的启动

电动机转子从静止状态开始转动,最后达到转速稳定状态的过程称为启动过程。电动机在启动瞬间($n=0$)的电磁转矩称为启动转矩 T_Q,启动瞬间的电枢电流称为启动电流 I_Q。

直流电动机启动时,一般有如下要求:

(1) 要有足够大的启动转矩,以保证电动机正常启动。

(2) 启动电流要限制在一定范围内,一般限制在 2.5 倍额定电流之内。

(3) 启动设备要简单、可靠。

1. 直接启动

电动机直接接在额定电压下启动的方式称为直接启动。

在直接启动瞬间转速 $n=0$,电枢反电动势 $E_a=0$,由于电枢电阻 R_a 很小,所以此时电枢电流即启动电流 $I_Q=U_N/R_a$ 很大,可达额定电流的 10～20 倍。而直流电动机换向条件许可的最大电流通常只有额定电流的两倍左右,过大的启动电流一方面会使电刷与换向器间产生强烈的火花,增大接触电阻,正常运行时的转速降落增大,电动机换向严重恶化,甚至烧坏电动机;另一方面,会引起电网电压的波动,影响电网上其他用户的正常用电。

由 $T_Q=C_T\Phi I_Q$ 可知,直流电动机直接启动时的启动转矩也能达到额定转矩的 10～20 倍,过大的启动转矩将使电动机和机械设备受到冲击以致损坏,故直流电动机通常是不允许直接启动的。并励(他励)电动机常用电枢回路串电阻或降低电枢电压两种启动方法。

2. 电枢回路串电阻启动

启动时,在电枢电路中串接几级电阻或变阻器 R_Q,把 I_Q 限制在电枢额定电流的 $1.5\sim$ 2.5 倍,即

$$I_Q = \frac{U_N}{R_a + R_Q} = (1.5\sim2.5)I_N \qquad (1-15)$$

随着转速的升高,R_Q 的值应逐渐减小(分段切除),启动完毕时完全切除 R_Q(短接),由于启动过程时间很短,R_Q 是按启动时的运行条件设计的,绝不能替代长期运行的调速电阻 R_c。

启动时,为了获得尽可能大的启动转矩,以利于迅速启动,应把磁场变阻器阻值调至最小从而使励磁电流达到最大。

串电阻启动的机械特性与串电阻调速的机械特性类似。

3. 降低电枢电压启动

当直流电源电压可调时,可以采用降低电枢电压启动,但只适用于他励电动机。

启动时,以较低的电源电压启动电动机,通过降低启动时的电枢电压来限制启动电流,启动电流随电压的降低而正比减小,因而启动转矩减小。随着电动机转速的上升,反电动势逐渐增大,再逐渐提高到电源电压,使启动电流和启动转矩保持一定的数值,从而保证电动机按需要的加速度升速,待电压达到额定值时,电动机稳定运行,启动过程结束。

降压启动的机械特性与调压调速的机械特性类似。

降压启动需要可调压的直流电源,过去多采用直流发电机-电动机组,即每一台发电机专门由一台直流发电机供电,当调节发电机的励磁电流时,便可改变发电机的输出电压,从而改变加在电动机电枢两端的电压。随着晶闸管技术和计算机技术的发展,直流发电机逐步被晶闸管整流电源所取代。

自动化生产线中均采用降压启动,在实际工作中一般从 50 V 开始启动,稳定后逐渐升高电压,直至达到生产要求的转速为止,因此,这是一种比较理想的启动方法。降压启动的优点是启动电流小,启动过程中消耗的能量少,启动平滑,但需配备专用的直流电源,设备投资大,多用于需要经常启动的大中型直流电动机。

(二) 直流电动机的反转

使用直流电动机的许多设备,常常要求电动机既能正转,又能反转,如龙门刨床工作台的往复运动、电车的前进和后退等。直流电动机的电磁转矩是由主磁通和电枢电流相互作用而产生的,改变其中任意一个的方向,即可改变电磁转矩的方向。所以,要使直流电动机反转的方法有两种:

(1) 保持电枢两端电压极性不变,把励磁绕组反接,使通过的励磁电流方向改变。

(2) 保持励磁绕组电流方向不变,把电枢绕组反接,使通过的电流反向。

由于励磁绕组匝数多,电感较大,切换励磁绕组时会产生较大的自感电压而危及励磁绕组的绝缘。实际上,改变直流电动机的转向,通常采用改变电枢电流方向的方法。

(三) 直流电动机的制动

制动就是使电力拖动系统迅速停车或降低转速的运行状态。对于位能负载的工作机械,限制下降加速度(如电梯下降或电车下坡)的运行状态也属于制动运行状态。

制动的方法有机械制动和电气制动两类。机械制动是指靠摩擦获得制动转矩的制动方法,常见的机械制动装置为抱闸;电气制动是指在电动机内产生一个与转子的旋转方向相反

的电磁转矩,用于加速系统的停车,降低转速或限制系统的重力加速度。电气制动具有许多优点,如没有机械磨损、便于控制、有时还能将输入的机械能转换成电能送回电网、经济节能等,因此得到广泛应用。

他励(并励)直流电动机的电气制动方法有能耗制动、反接制动和回馈制动三种。

1. 能耗制动

图 1-25 所示为并励电动机的能耗制动原理接线图。把开关 S 从位置 1 转到位置 2,并励电动机切断电源,电机两端接到电阻 R_z 上,电动机就迅速停车。

制动原理:欲使电动机迅速制动时,保持励磁绕组的电源接通,断开正在运行的直流电动机的电枢电源。同时在电枢两端接入电阻 R_z,由于电动机转子的惯性作用,电枢仍在旋转,电枢绕组此时做发电机运行,绕组中产生感应电动势,通过电阻 R_z 闭合,并产生感应电流 I_z,其方向与原电流方向相反,在磁场中受到的电磁力方向也随之改变,成为制动转矩,将系统所储存的动能变为电能,消耗在制动电阻 R_z 上,故称为能耗制动。

能耗制动的机械特性为通过原点的直线,其斜率与电枢电路电阻 $R_a + R_z$ 成正比,如图 1-26 所示。由于 I_z 和 T_z 为负值,所以在第二象限。$R_a + R_z$ 越大,I_z 和 T_z 越小。

采用能耗制动方法时,电动机停车虽不迅速,但减速平稳,没有大的冲击。

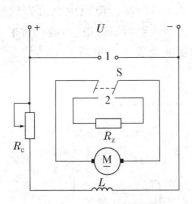

图 1-25　能耗制动原理线路图

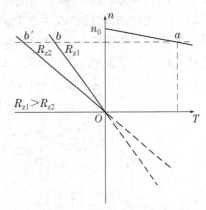

图 1-26　能耗制动的机械特性

2. 反接制动

反接制动就是将电源电压反接到电枢绕组或励磁绕组上,让正在转动的电动机产生反转制动力矩,从而加速电枢停转,其原理接线图如图 1-27 所示。反接制动时应注意:

(1)电枢绕组反接时,一定要给电枢串联外加电阻,以降低电枢内的电流。因为在切断电枢电源的短时间内,电枢中的感应电动势很大,方向与反接后的电压相同,几乎等于两倍的端电压。若不外接电阻,将有很大的电流通过电枢,换向器和电刷间产生强烈火花,以致造成损坏。

(2)当电动机转速降低近于零时,要迅速切断电源,以免电动机反转。

反接制动的机械特性如图 1-28 所示。反接制动前电动机运行在固有机械特性 1 的 a 点。当加入电阻 R_z 并将电源反接瞬间,转速未变,过渡到人为机械持性 2 的 b 点,电动机的电磁转矩 T 变为制动转矩开始制动,电动机沿特性 2 减速。当转速 $n=0$ 时,若未切断电源,当电磁转矩 T 大于负载转矩 T_2 时,电动机将反向转动,直至 $T=T_2$ 时,电动机反向稳定运行。

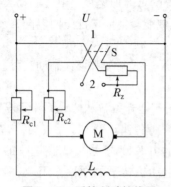

图 1-27　反接制动接线图

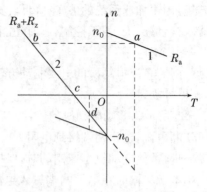

图 1-28　反接制动机械特性

反接制动力矩大,适用于要求制动迅速的场合。反接制动的缺点是制动时机械冲击较大,能耗较多。

3. 回馈制动

图 1-29(a)表示起重机的并励电动机运行在电动状态,电动机的转速 $n < n_0$。在重物的作用下,电动机的转速越来越高,当电动机的实际转速 $n > n_0$ 时,电枢中的反电动势 E_a 大于电源电压 U,此时,电动机变成了发电机,如图 1-29(b)所示。电枢中电流方向发生改变,由原来的与电压相同变为与电压相反,电流流向电网,向电网回馈电能,电磁转矩变为制动转矩,因此叫作回馈制动或反馈制动。回馈制动的实质是将直流电机从电动状态转变为发电状态运行,以限制转速不致过高的制动方法。

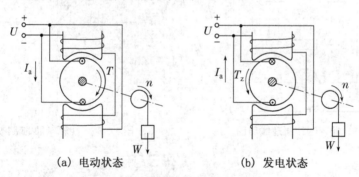

(a)　电动状态　　　　　　　(b)　发电状态

图 1-29　回馈制动的电枢电流

回馈制动的机械特性是电动机运行时的机械特性向第二象限的延伸部分,如图 1-30 所示。由图可知,电枢电路电阻增大, $R_1 > R_a$,机械特性变软,对于同样大小的制动转矩,转速要增高。要限制下降速度,回馈制动时,不宜串接过大的电阻。

例 1-5 Z2 型并励电动机额定数据如下: $P_N = 40$ kW, $U_N = 220$ V, $I_N = 210$ A, $n_N = 1\ 000$ r/min, $R_a = 0.07$ Ω。试求:(1) 不接制动电阻时,制动起始时的制动电流 I_z;(2) 欲使 $I_z = 2I_N$,电枢应接入多大的制动电阻 R_z?

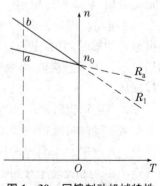

图 1-30　回馈制动机械特性

解:(1) 电动机的反电动势 E_a 为

$$E_a = U_N - I_a R_a = 220 - 210 \times 0.07 = 205.3(\text{V})$$

$$I_z = -\frac{E_a}{R_a} = -\frac{205.3}{0.07} \approx -2\,933(\text{A})$$

(2) 当 $I_z = 2I_N$ 时,应接制动电阻 R_z 为

$$R_a + R_z = \frac{E_a}{2I_N} = \frac{205.3}{2 \times 210} \approx 0.489(\Omega)$$

$$R_z = 0.489 - R_a = 0.489 - 0.07 = 0.419(\Omega)$$

例 1-5 说明,在反接制动时,制动电阻的阻值是不大的。

六、直流电机常见故障维修

直流电机运行常见故障是复杂的。在实际运行中,一个故障现象往往与多种因素有关,只有在实践中认真总结经验,仔细检测、诊断并观察分析,才能准确地找到故障原因,做出正确的处理,起到事半功倍的效果。

下面就直流电机常见故障现象、可能原因及处理方法作些分析归纳。

(一) 自励直流发电机不能建立电压

直流发电机依靠自身的剩磁来完成发电→励磁→发电的自激过程,最后输出额定电压。

1. 故障原因

(1) 无剩磁,自励直流发电机发不出剩磁电压,故形不成自激过程,所以无法建立起端电压。

(2) 自励直流发电机励磁的方向与剩磁方向相反,使励磁变成了退磁,致使发不出电,无电压输出。

(3) 励磁回路电阻过大,超过了临界电阻值;励磁回路开路。

(4) 电机旋转方向不符。

(5) 电刷与换向器接触不良。

(6) 电枢绕组或磁场绕组中有短路。

(7) 电刷偏离中心线太多。

2. 处理方法

(1) 重新充磁,用外加电源与磁场绕组瞬时接通,充磁时,注意电源极性应与绕组极性相同;

(2) 改变励磁绕组与电枢的并联端线;

(3) 检查励磁电位器,将其电阻值调到最小;

(4) 改变转向;

(5) 清除换向器表面污垢和氧化层,改善电刷与换向器表面的接触状况,修磨电刷,刮低露出换向片的云母绝缘;

(6) 查短路点并排除;

(7) 调整电刷位置,使之接近中心线。

（二）发电机空载电压达不到额定值

发电机空载电压达不到额定值是原动机或发电机本身有故障造成的。

1. 故障原因

（1）发电机转速低于额定转速；

（2）磁场变阻器电阻太大；

（3）励磁绕组有匝间短路或接线有错；

（4）电刷不在中心线上。

2. 处理方法

（1）检查原动机与发电机间的连接器是否打滑，修理更换后速比是否不恰当；

（2）调节变阻器，若阻值不能调节则应检查是否变阻器接触不良或卡住，加以修复；

（3）检查短路情况并修复，若某个励磁线圈接反，应改接；

（4）调整电刷位置。

（三）发电机空载电压正常，加负载后电压显著下降

带上负载后，电压显著下降，说明发电机带负载的能力差。

1. 故障原因

（1）复励发电机的串励绕组极性接反；

（2）换向器绕组接反（这时换向情况恶化，火花随负载增加）；

（3）电刷不在中性线上；

（4）电刷与换向器接触不良或接触电阻过大。

2. 处理方法

（1）换掉串励绕组出线两端；

（2）把换向绕组端头掉换；

（3）调整刷杆座位置，使之靠近中心线；

（4）观察换向器表面，修磨电刷，消除电阻过大的故障点。

（四）直流电动机不能启动

直流电动机必须有足够的启动转矩（大于启动时的静阻转矩）才能启动，而提供启动转矩必须有两个基本条件：一要有足够的电磁场；二要有足够的电枢电流。对于其不能启动的故障也应以此为核心进行检测、分析、试验。

1. 故障原因

（1）电枢回路断路，无电枢电流，所以无启动转矩，无法启动，故障点多在电枢回路的控制开关、保护电器及电枢线圈与换向极、补偿磁极的接头处；

（2）励磁回路断路，励磁电阻过大，励磁线接地，励磁绕组维修后空气隙增大，这些磁场故障会造成缺磁、磁场削弱，故无启动转矩或启动转矩太小，无法启动；

（3）启动器故障，启动时的负载转矩过大，启动时的电磁转矩小于静阻转矩；

（4）电枢绕组匝间短路，启动转矩不足；

（5）电刷严重错位；

（6）电刷研磨不良，压力过大；

（7）电动机负荷过重。

2. 处理方法

（1）检查电源电压是否正常，开关触点是否完好，熔断器是否良好，电动机各绕组回路有无开路，查出故障予以消除；

（2）检查励磁回路的变阻器和主磁极绕组有无断点，回路直流电阻值是否正常，各磁极的极性是否正确；

（3）检查启动器是否接线有误或装配不良，启动器接点是否烧毛，重新调整电枢启动电阻、励磁启动电阻（电枢电阻调大，励磁电阻调小）；

（4）检查短路点并排除；

（5）调整电刷位置到几何中心线；

（6）精细研磨电刷，测试调整电刷压力到正确值；

（7）减轻负载启动。

（五）直流电动机转速过低

直流电动机转速过低主要是由于负载过大或电动机电磁力矩过小所致。

1. 故障原因

（1）进线断开使电动机未通电，或电枢绕组有开路；

（2）励磁回路有断开或错接；

（3）换向器或串励绕组接反，使电机在负载下不能启动，空载下启动后工作也不稳定，电刷与换向器接触不良。

2. 处理方法

（1）检查是否负载机械卡住，使负载力矩大于电动机堵转力矩，是否负载过重，针对原因予以消除；

（2）检查换向极和串励绕组极性，对错接者调接其头尾；

（3）清理换向器表面，修磨电刷，调整电刷弹簧压力。

（六）直流电动机转速过高

直流电动机转速过高主要是由于电源电压过高或串励电动机负载过小所致。

1. 故障原因

（1）电源电压过高；

（2）励磁电流过小；

（3）串励电动机轻载或空载。

2. 处理方法

（1）调节电源电压；

（2）检查磁场调节电阻是否过大，该电阻接点是否接触不良、有无烧毛，检查励磁绕组有无匝间短路使励磁安匝减小；

（3）避免轻、空载运行。

（七）电枢绕组发热甚至冒烟

电枢冒烟主要是由于电枢电流过大，电枢绕组绝缘发热烧坏。

1. 故障原因

（1）长时期过载运行；

（2）换向器或电枢绕组内存在短路；

（3）发电机负载超重；

（4）电动机端压过低（电动机转动时下降）；

（5）电动机直接启动或反向运转频繁；

（6）定、转子铁芯相擦；

（7）电枢绕组严重受潮。

2. 处理方法

（1）恢复正常负载；

（2）用毫伏表检测是否短路，是否有金属屑落入换向器或电枢绕组；

（3）检查负载线路是否短路；

（4）恢复电压正常值；

（5）避免电动机直接启动或频繁反复运行；

（6）检查气隙是否均匀，轴承是否松动、磨损；

（7）进行烘潮，恢复绝缘。

（八）换向器与电刷间火花较大

电刷下火花过大主要有电磁方面的原因，机械、电化学、维护等方面的原因也不能忽略。

1. 故障原因

（1）电刷与换向器接触不良，换向片间云母绝缘凸起；

（2）电刷磨得过短，压力不足；

（3）电刷偏离中心线过多；

（4）换向极绕组接反；

（5）电刷压力大小不当或不匀；

（6）电枢绕组开路（检查时会发现开路元件所接的相邻两换向片间有烧坏的黑点）；

（7）电枢绕组短路（局部过热，甚至出现焦臭味并冒烟）短路电流使火花大；

（8）过载；

（9）换向极表面污垢多，或粗糙、不圆；

（10）换向片间绝缘损坏或片间嵌入金属粒造成短路；

（11）换向器表面偏摆使电刷与换向片接触不良；

（12）电刷装置安装不良，如弹簧压力不均，刷握松动，电刷与刷握配合不当，刷杆偏斜，电刷牌号不符合要求等；

（13）换向极垫片弄错或未垫上；

（14）转子平衡未校正；

（15）电压过高。

2. 处理方法

（1）研磨电刷换向器的接触面，研磨后轻载运行一段时间进行磨合；修刮云母片，对换向器片刻槽、倒角并研磨。

（2）更换电刷，调整弹簧压力。

（3）调整刷杆座位置，减小火花。

（4）检查换向极极性，电动机顺旋转方向极性应为 n—S—s—N（大写为主极，小写为换向极）。

（5）用弹簧测力计校正弹簧压力。

（6）检查换向片间黑点以判断开路元件，予以修复。

（7）立即停机，检查短路点并予以消除。

（8）恢复正常负载。

（9）清洁、研磨或车削换向器外圆。

（10）消除短路故障。

（11）用千分表测其偏摆值，稍有超过规定（换向器与轴的同轴度不超过 0.02～0.03 mm），精车换向器。

（12）检查电刷装置故障所在，予以消除。

（13）应按检修前的垫片原数垫回。

（14）重校转子动平衡。

（15）调整电源电压为额定值。

（九）直流电动机温度过高

直流电动机温度升高是由于损耗增大，损耗主要有电磁方面的损耗与机械方面的损耗。

1. 故障原因

（1）电源电压过高或过低；

（2）励磁电流过大或过小；

（3）电枢绕组匝间短路，励磁绕组匝间短路；

（4）气隙偏心；

（5）铁芯短路；

（6）定、转子铁芯相擦；

（7）通风道不畅，散热不良。

2. 处理方法

（1）调整电源电压至标准值；

（2）查找励磁电流过大或过小的原因，进行相应处理；

（3）查找短路点，局部修复或更换绕组；

（4）调整气隙；

（5）修复或更换铁芯；

（6）校正转轴，更换轴承；

（7）疏通风道，改善工作环境。

（十）机壳漏电

机壳漏电使表面绝缘等级降低，电枢、励磁线路中存在短路。

1. 故障原因

（1）运行环境恶劣，电机受潮，绝缘电阻降低；

（2）电源引出接头碰壳，出线板、绕组绝缘损坏；

（3）接地装置不良。

2. 处理方法

（1）测量绕组对地绝缘；

（2）重新包扎接头，修复绝缘；

（3）检测接地电阻是否符合规定，规范接地。

任务实施

工作任务：直流电动机工作特性和机械特性的测量

一、任务描述

当直流电动机电压 $U=U_N$＝常数、电枢回路不串入附加电阻、励磁电流 $I_f=I_{fN}$＝常数时，测定电动机的转速 n、电磁转矩 T 和效率 η 三者与输出功率 P_2 之间的关系，即测定直流电动机的工作特性；测定直流电动机的转速 n 与其电磁转矩 T_M 之间的关系 $n=f(T_2)$，即测定直流电动机的机械特性；测定直流电动机的调速特性。

二、训练内容

（1）按图 1-31 所示接线，直流电动机 M 的负载可选经校正过的直流发电机 G，发电机 G 的负载可选用变阻器或灯泡。

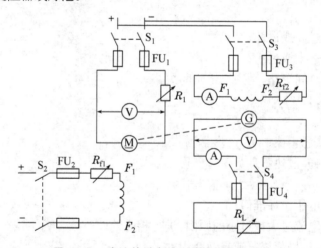

图 1-31　直流他励电动机特性实验原理图

（2）断开直流发电机 G 的励磁电源及负载电阻 R_L，将电动机励磁变阻器 R_{f1} 置于最小值，正确启动直流电动机。

（3）将发电机励磁电阻 R_{f2} 置于最大值，接入发电机 G 的励磁电源，调节励磁电阻 R_{f2} 值，使发电机励磁电流 I_{f2} 为额定值（$I_{f2}=I_{GfN}$）并保持不变。

（4）接入直流发电机 G 的负载电阻 R_L，在保持电动机端电压 $U=U_N$、$n=n_N$ 的条件下，逐渐增加发电机的负载（减小负载电阻 R_L 的阻值），使电动机电枢电流达到额定值。

（5）在保持电机电枢电压 $U=U_N$、电动机及发电机的励磁电流不变的条件下，逐步减小发电机的负载，直到发电机的电枢电流 $I_G=0$ 为止。同步测取电动机电枢电流 I_a、转速 n、发电机电枢电流 I_G 和电压 U_G 值。共取数据 9～10 组，记录于表 1-3 中。

表 1-3　实验记录 $U_a=U_N=$ ＿＿ V;$I_f=I_{fN}=$ ＿ A;$I_{Gf}=I_{GfN}=$ ＿ A

实验数据	电动机电枢电流 I_a/A									
	电动机转速 $n/(r \cdot min^{-1})$									
	发电机输出电压 U_G/V									
	发电机输出电流 I_G/A									
计算数据	电动机输入功率 P_1/W									
	电动机输出功率 P_2/W									
	电动机输出转矩 $T_2/(N \cdot m)$									
	电动机效率 $\eta/\%$									
	速度变化率 $\Delta n = \dfrac{n_0 - n_N}{n_0} \times 100\%$									

（6）改变电枢端电压的调速。

① 直流电动机 M 运行后，将电阻 R_1 调至零，I_{f2} 调至校正值，再调节负载电阻 R_L、电枢电压及磁场电阻 R_{f1}，使 M 的 $U=U_N$、$I=0.5I_N$、$I_f=I_{fN}$，记下此时 G 的 I_f 值。

② 保持此时的 I_f 值（即 T_2 值）和 $I_f=I_{fN}$ 不变，逐次增加 R_1 的阻值，降低电枢两端的电压 U_a，使 R_1 从零调至最大值，每次测取电动机的端电压 U_a、转速 n 和电枢电流 I_a。共取数据 8～9 组，记录于表 1-4 中。

表 1-4　$I_f=I_{fN}=$ ＿＿ mA,$T_2=$ ＿＿ N·m

U_a/V									
$n/(r \cdot min^{-1})$									
I_a/A									

（7）改变励磁电流的调速。

① 直流电动机运行后，将 M 的电枢串联电阻 R_1 和磁场调节电阻 R_{f1} 调至零，将 G 的磁场调节电阻 R_{f2} 调至校正值，再调节 M 的电枢电源调压旋钮和 G 的负载，使电动机 M 的 $U=U_N$、$I=0.5I_N$，记下此时的 I_f 值。

② 保持此时 G 的 I_f 值（T_2 值）和 M 的 $U=U_N$ 不变，逐次增加磁场电阻阻值，直至 $n=1.3n_N$，每次测取电动机的 n、I_f 和 I_a。共取 7～8 组，记录于表 1-5 中。

表 1-5 $U=U_N=$ ____ $V, T_2=$ _____ $N \cdot m$

$n/(r \cdot min^{-1})$							
I_f/mA							
I_a/A							

三、训练报告

（1）正确记录实验数据，计算直流电动机的输入功率、输出功率、输出转矩、电动机效率和速度变化率等，完成表 1-3 中的计算数据，相关计算公式如下：

电动机输入功率：$P_1 = U_a I_a (W)$；

电动机输出功率：$P_2 = P_{1G} = \dfrac{P_{2G}}{\eta_C} = \dfrac{U_G I_G}{\eta_C} (W)$；

电动机输出转矩：$T_2 = 9.55 \dfrac{P_2}{n} (N \cdot m)$；

电动机效率：$\eta = \dfrac{P_2}{P_1} \times 100\%$。

式中：U_a、I_a 分别为电动机电枢电压和电枢电流；U_G、I_G 分别为发电机电枢电压和电枢电流；P_{1G} 为发电机输入功率；P_{2G} 为发电机输出功率；η 为发电机效率，可由实验室提供的效率曲线查得。

直流电动机转速变化率：$\Delta n = \dfrac{n_0 - n_N}{n_0} \times 100\%$。

（2）绘出直流电动机的工作特性曲线 n、T_2、$\eta = f(P_2)$ 及机械特性曲线 $n = f(T_2)$。

（3）绘出他励直流电动机调速特性曲线 $n = f(U_a)$ 和 $n = f(I_f)$。分析在恒转矩负载时两种调速的电枢电流变化规律以及两种调速方法的优缺点。

四、项目评价

直流电动机工作特性和机械特性的测定训练项目考核评价如表 1-6 所示。

表 1-6 直流电动机工作特性和机械特性的测定训练考核评价表

序号	项目内容	考核要求	评分细则	配分	扣分	得分
1	训练前的准备工作	准备好工具器材；调试好训练设备	① 工具准备不全，每少一样扣 2 分 ② 设备未调试检查，每缺一处扣 5 分	10		
2	认识直流电动机	熟悉直流电动机的结构；理解其铭牌上各符号的意义	① 符号不熟悉，每错一处扣 10 分 ② 结构不够清楚，扣 10 分	20		
3	训练线路的连接	按接线图连接线路	① 每错一处扣 5 分 ② 损坏线路和设备者，每处扣 10 分	20		
4	工作特性的测定	正确测出直流电动机的工作特性	① 测量数据不正确，每错一处扣 5 分 ② 工作特性曲线未绘出，扣 10 分	30		
5	机械特性的测定	正确测出直流电动机的机械特性	① 测量数据不正确，每错一处扣 5 分 ② 机械特性曲线未绘出，扣 10 分	10		

序号	项目内容	考核要求	评分细则	配分	扣分	得分
6	6S 规范	整理、整顿、清扫、安全、清洁、素养	① 没有穿戴防护用品,扣 4 分 ② 未清点工具、仪器,扣 2 分 ③ 乱摆放工具,乱丢杂物,完成任务后不清理工位,扣 2～5 分 ④ 违规操作,扣 5～10 分	10		
定额时间 90 min		每超时 5 min 及以内,扣 5 分		成绩		
备注		除定额时间外,各项目扣分不得超过该项配分				

研讨与练习

【研讨 1】 一台 Z-550 直流电动机,带刨床工作十几分钟后出现过热现象。

分析研究:

(1) 检阅技术资料

参看随机说明书,该直流电动机额定容量为 16.2 kW,额定电压为 220 V,额定电流为 86 A,额定转速为 1 200 r/min。电枢绕组为混合式绕组。

(2) 故障询问

用户反应。该电动机因电枢绕组烧坏,更换绕组后出现上述故障现象。根据上述情况,分析过热故障原因。

(3) 分析检测

经检测,机械传动良好,经测量,绕组对地绝缘正确。刨床工作几分钟后,用手触摸壳体发烫,风扇运行正常。经测试,当刨床缓慢前进时,电机电枢电压为 60 V,电枢电流为 120 A,正常时电枢电流为 30 A,当刨床工作台反向快速移动时,电枢电压为 220 V,电枢电流为 200 A,随后升至 260 A,而正常电枢电流为 25 A。显然发热故障为电枢电流过大所致。

检查处理:拆下电枢检查,在换向器上外加直流电压,用毫伏表测换向片间电压,结果正常。对定子励磁绕组检测,励磁电流正常。用指南针对主磁极校对极性,发现所换励磁绕组极性不对,四个磁极出现了三个同极性和一个异极性。

拆下主磁极连接端子,按 N→S→N→S 正确关系重新连接,校对正确后,重新装机运行正常。

【研讨 2】 电吹风上的小型直流电机,必须用手拧动转轴才能启动,但转动无力。

分析研究:由单相线圈组成的直流电机只有两个换向器,在转动过程中存在一个"死区"位置。所以,一般这种小型直流电机中至少要有三个换向器铜片,故线圈也增加为三组,线圈头分别与三个换向片压在一起,当其中任何点接触不良或换向片脱落时,相当于两个换向片,启动时若处于死区,则无启动转矩,故不转动,只要外部用力,使其偏离死区,就转起来了,于是出现上述故障。

拆下电机,用万用表检测三个换向片,正常情况下是两两接通的,若一个与另外两个不通或电阻增大,说明故障点在此。故障为换向片与线圈脱焊或严重接触不良,使电枢电流减小,电磁转矩减小,故无法启动并伴有运行无力。

检查处理: 对于线圈接触不良,将线圈重新接好即可;对于换向片脱落,可用绝缘导线将其拉紧到原处,也可用强力胶水粘贴。

【课堂练习】 当电动机的负载转矩和励磁电流不变时,减小电枢端电压,为什么会引起电动机转速降低?当电动机的负载转矩和电枢端电压不变时,减小励磁电流,为什么会引起电动机转速升高?

巩固与提高

一、填空题

1. 直流电动机按励磁方式分为_____励、_____励、_____励、_____励四种。

2. 直流电动机在稳定工作时,_____转矩与_____转矩和_____转矩之和相平衡,大小相等,方向相反。

3. 电动机的机械特性分为_____机械特性和_____机械特性。表示电动机在额定参数运行条件下的机械特性是_____特性;表示电动机在一种或几种参数,使之不等于其额定运行条件下的机械特性是_____特性。

4. 电动机的机械特性是指在端电压等于额定值时,励磁电流和电枢电阻不变的条件下,电动机的_____与_____之间的关系。

5. 调速是在一定生产工艺的要求下,_____地改变电动机的转速。

6. 直流电动机的调速方法有改变电枢电路_____,改变_____磁通,改变电源_____。

7. 用改变电枢电路的_____和改变电源_____两种方法调速,只能在_____转速以_____调速;用改变_____方法调速,可在额定转速以上调速。

8. 对直流电动机的启动,一般要求:要有_____的启动转矩,启动电流_____。

9. 电动机的启动有_____启动、_____启动和_____启动。

10. 改变并励电动机转向的方法:一种是电枢电流方向不变,改变_____电流的方向;另一种是励磁电流方向不变,改变_____电流方向。

11. 电气制动,按产生制动转矩的方法不同分为_____制动、_____制动和_____制动。

12. 制动时,将电源电压极性反接,产生制动转矩的方法,称为_____制动;制动时,将旋转系统所存储的动能逐渐释放出来变为_____能,消耗在制动_____上的制动方法称为_____制动;制动时,将系统的_____能再生成为_____能反馈给电网,使电磁转矩改变方向,变为制动转矩的方法称为_____制动。

二、简答题

13. 简述直流电动机的工作原理、主要结构及各部分的作用。

14. 如何改变直流电动机的转向?

15. 直流电动机为什么不能直接启动?常用的启动方法有几种?

16. 直流电动机调速的方法有几种?各有何特点?

17. 直流电动机的制动方法有哪些? 比较其优缺点及使用场合。

三、计算题

18. 已知某他励直流电动机的铭牌数据如下:$P_N = 7.5$ kW, $U_N = 220$ V, $n_N = 1\,500$ r/min, $\eta_N = 88.5\%$。试求该电机的额定电流和转矩。

19. 一台直流他励电动机,其额定数据如下:$P_N = 2.2$ kW, $U_N = U_f = 110$ V, $n_N = 1\,500$ r/min, $\eta_N = 0.8$, $R_a = 0.4\,\Omega$, $R_f = 82.7\,\Omega$。试求:(1)额定电枢电流 I_{aN};(2)额定励磁电流 I_{fN};(3)励磁功率 P_f;(4)额定转矩 T_N;(5)额定电流时的反电势;(6)直接启动时的启动电流。

20. 一台他励直流电动机的技术数据如下:$P_N = 6.5$ kW, $U_N = 220$ V, $I_N = 34.4$ A, $n_N = 1\,500$ r/min, $R_a = 0.242\,\Omega$。试计算出此电动机的如下特性:(1)固有机械特性;(2)电枢附加电阻分别为 $3\,\Omega$ 和 $5\,\Omega$ 时的人为机械特性;(3)电枢电压为 $U_N/2$ 时的人为机械特性;(4)磁通 $\Phi = 0.8\Phi_N$ 时的人为机械特性。并绘出上述特性的图形。

项目 2　三相异步电动机的使用与检修

学习目标

(1) 熟悉三相交流异步电动机的基本结构、工作原理及铭牌数据。

(2) 掌握三相交流异步电动机的机械特性。

(3) 掌握三相交流异步电动机的启动特点及常用启动方法。

(4) 掌握三相交流异步电动机的调速特性及调速方法。

(5) 熟悉三相交流异步电动机反转和制动的特性,掌握反转和制动的常用方法。

(6) 掌握三相交流异步电动机常见故障的检修方法。

任务描述

通过对三相交流异步电动机的拆装及试运行试验,熟悉其基本结构和工作原理,了解其铭牌参数的意义;分析三相交流异步电动机的机械特性,理解稳定运行区和非稳定运行区的特点及应用情况;熟悉三相交流异步电动机的启动特点和常用启动方法的工作原理,根据不同工作环境条件选择合适的启动方法;通过对三相交流异步电动机调速特性和调速方法的分析,了解各调速方法在实际中的应用情况;熟悉三相交流异步电动机反转和制动的特点,根据不同的实际情况,正确选择其反转和制动的方法;根据三相交流异步电动机的结构和工作原理,分析三相交流异步电动机可能出现的故障现象,并分析其故障产生的可能原因,提出故障处理的方法。

知识链接

一、三相异步电动机的认知

交流电动机在现代各行各业以及日常生活中都有着广泛的应用。交流电动机有三相和单相之分、同步和异步之分。三相交流异步电动机因具有结构简单、工作可靠、维护方便、价格便宜等优点,应用更为广泛。目前大部分生产机械(如各种机床、起重设备、农业机械、鼓风机、泵类等)均采用三相交流异步电动机来拖动。

(一) 三相交流异步电动机的结构

三相交流异步电动机在结构上主要由静止不动的定子和转动的转子两大部分组成,定子、转子之间有一缝隙,称为气隙。此外,还有机座、端盖、轴承、接线盒、风扇等其他部分。异步电动机根据转子绕组的不同结构形式,可分为笼形(鼠笼形)和绕线形两种。笼形感应电动机的结构如图 2-1 所示。

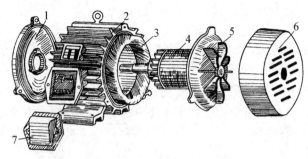

图 2-2　定子冲片

1—端盖;2—定子;3—定子绕组;4—转子;5—风扇;

6—风扇罩;7—接线盒。

图 2-1　笼形异步电动机的主要部件

1. 定子

定子的作用是产生旋转磁场。定子主要由定子铁芯、定子绕组和机座三部分组成。

（1）定子铁芯

作用:构成电动机磁路的一部分;铁芯槽内嵌放绕组。

组成:为减少铁芯损耗,一般由 0.5 mm 厚的彼此绝缘的导磁性能较好的硅钢片叠压而成,定子冲片如图 2-2 所示,定子铁芯安装在机座内。

（2）定子绕组

作用:构成电动机的电路,通入三相交流电后在电机内产生旋转磁场。

材料:高强度漆包线绕制而成的线圈,嵌放在定子槽内,再按照一定的接线规律,相互连接成绕组。

定子绕组的连接:三相异步电动机的定子绕组通常有 6 根引出线,分别与电动机接线盒内的 6 个接线端连接。按国家标准,6 个接线端中的始端分别标以 U1、V1、W1,末端分别标以 U2、V2、W2。根据电动机的容量和需要,三相定子绕组可以选择星形联结或三角形联结,如图 2-3 所示。大中型异步电动机通常用三角形联结;中小容量异步电动机,则可按需要选择星形联结或三角形联结。

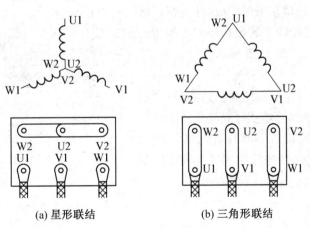

(a) 星形联结　　　　　(b) 三角形联结

图 2-3　三相绕组的联结

（3）机座

作用：固定和支撑定子铁芯及端盖。

组成：中小型电动机一般用铸铁机座，大型电动机的机座用钢板焊接而成。

2. 转子

转子是异步电动机的转动部分，它在定子绕组旋转磁场的作用下产生感应电流，形成电磁转矩，通过联轴器或带轮带动其他机械设备做功。转子主要由转子铁芯、转子绕组和转轴三部分组成，整个转子靠端盖和轴承支撑。

（1）转子铁芯

作用：构成电动机磁路的一部分；铁芯槽内嵌放绕组。

组成：一般也由 0.5 mm 厚彼此绝缘的导磁性能较好的硅钢片叠压而成，如图 2-4 所示。转子铁芯固定在转轴或转子支架上。

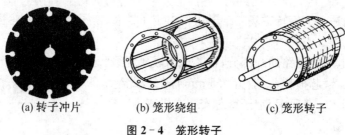

(a) 转子冲片　　(b) 笼形绕组　　(c) 笼形转子

图 2-4　笼形转子

（2）转子绕组

异步电动机的转子绕组分为笼形转子和绕线转子两种。

① 笼形转子

在转子铁芯的每个槽中插入一根裸导条，在铁芯两端分别用两个短路环把导条连接成一个整体，绕组的形状如图 2-4(b) 所示。如果去掉铁芯，绕组的外形像一个"鼠笼"，故称之为笼形转子。中小型电动机的笼形转子一般用熔化的铝浇铸在槽内而成，称为铸铝转子。在浇铸时，一般把转子的短路环和冷却用的风扇一齐用铝铸成，如图 2-5 所示。

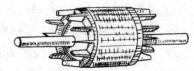

图 2-5　铸铝转子

② 绕线转子

绕线转子绕组和定子绕组相似，也是一个用绝缘导线绕成的三相对称绕组，嵌放在转子铁芯槽中，接成星形，3 个端头分别接在与转轴绝缘的 3 个滑环上，再经一套电刷引出来与外电路相连，如图 2-6 所示。

（3）转轴

作用：支撑转子，使转子能在定子槽内腔均匀地旋转；传导三相电动机的输出转矩。

材料：中碳钢制作。

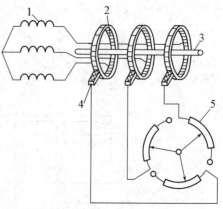

1—绕组；2—集电环；3—轴；
4—电刷；5—变阻器。

图 2-6　绕线转子与外部变阻器的连接

3. 气隙

定子、转子之间的间隙称为异步电动机的气隙,感应电动机的气隙是均匀的。气隙大小对异步电动机的运行性能和参数影响较大。励磁电流由电网供给,气隙越大,励磁电流也就越大,而励磁电流又属于无功性质,从而使电网的功率因数降低;气隙过小,则将引起装配困难,并导致运行不稳定。因此,感应电动机的气隙大小往往为机械条件所能允许达到的最小值,中小型电机一般为 0.1~1 mm。

(二)三相异步电动机的工作原理

1. 旋转磁场

(1)旋转磁场的产生

图 2-7 为最简单的三相异步电动机的定子绕组,每相绕组只有 1 个线圈,3 个相同的线圈 U1-U2、V1-V2、W1-W2 在空间的位置彼此互差 120°,分别放在定子铁芯槽中,接成星形。通入三相对称电流:

$$i_U = I_m \sin \omega t$$

$$i_V = I_m \sin(\omega t - 120°)$$

$$i_W = I_m \sin(\omega t + 120°) \tag{2-1}$$

其波形如图 2-8 所示。

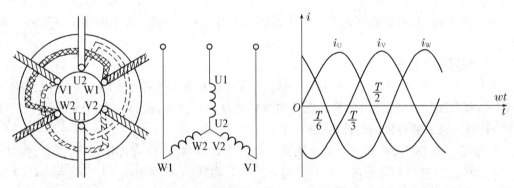

图 2-7 三相异步电动机的定子绕组   图 2-8 三相电流的波形

每相定子绕组中流过正弦交流电时,每相定子绕组都产生脉动磁场,下面来分析 3 个线圈所产生的合成磁场的情况。假定电流由线圈的始端流入、末端流出为正,反之为负。电流流入端用符号"⊕"表示,流出端用"⊙"表示。

当 $t=0$ 时,由三相电流的波形可见,U 相电流为零;W 相电流为正,电流从线圈首端 W1 流向末端 W2;V 相电流为负,电流从线圈末端 V2 流向首端 V1。此时由 3 个线圈产生的合成磁场如图 2-9(a)所示。合成磁场的轴线正好位于 U 相绕组的轴线上,上为 S 极,下为 N 极。

当 $t=T/6$ 时,U 相电流为正,电流从 U1 端流向 U2 端;V 相电流为负,电流从线圈末端 V2 流向首端 V1;W 相电流为零。3 个线圈产生的合成磁场如图 2-9(b)所示,合成磁场的 N、S 极的轴线在空间沿顺时针方向转了 60°。

当 $t=T/3$ 时,V 相电流为零;U 相电流为正,电流从线圈首端 U1 流向末端 U2;W 相电流为负,电流从 W2 流向 W1。其合成磁场如图 2-9(c)所示,合成磁场比上一时刻又向

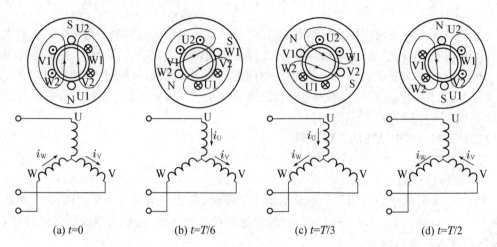

(a) $t=0$　　　　(b) $t=T/6$　　　　(c) $t=T/3$　　　　(d) $t=T/2$

图 2-9　旋转磁场的产生原理图

前转过了 60°。

当 $t=T/2$ 时，用同样方法可得合成磁场比上一时刻又转过了 60° 空间角。由此可见，当电流经过一个周期的变化时，合成磁场也沿着顺时针方向旋转一周，即合成磁场在空间旋转的角度为 360°。

由上分析可知：当空间互差 120° 的线圈通入对称三相交流时，在空间中就产生一个旋转磁场。

（2）旋转磁场转速

根据上述分析，电流变化一周时，两极（$p=1$）的旋转磁场在空间旋转一周，若电流的频率为 f_1，即电流每秒变化 f_1 周，旋转磁场的频率也为 f_1。通常转速是以每分钟的转数来计算的，若以 n_1 表示旋转磁场的转速，则有 $n_1=60f_1(\text{r/min})$。

如果定子绕组的每相都是由两个线圈串联而成，线圈跨距约为 1/4 圆周，其布置如图 2-10 所示。图中 U 相绕组由 U1-U2 与 U1'-U2' 串联，V 相绕组由 V1-V2 与 V1'-V2' 串联，W 相绕组由 W1-W2 与 W1'-W2' 串联。按照类似于分析二极旋转磁场的方法，取 $t=0$、$T/6$、$T/3$、$T/2$ 四个点进行分析，其结果如图 2-11 所示。

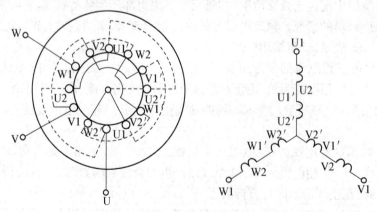

图 2-10　四极定子绕组接线图

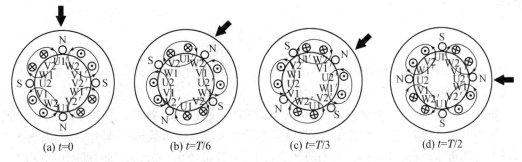

| (a) $t=0$ | (b) $t=T/6$ | (c) $t=T/3$ | (d) $t=T/2$ |

图 2-11   四极电机的旋转磁场

经分析后可知,对于四极($p=2$)旋转磁场,电流变化一周,合成磁场在空间只旋转了180°(半周)。故四极电动机的旋转磁场转速为 $n_1=60f_1/2(\text{r/min})$。

由上分析可以推广到具有 p 对磁极的异步电动机,三相对称绕组中通入三相对称电流后产生圆形旋转磁场,其旋转磁场的转速(同步转速)为

$$n_1=\frac{60f_1}{p} \tag{2-2}$$

式中:f_1 为电源频率(Hz);p 为电动机磁极对数。

(3) 旋转磁场的方向

由图 2-9 和图 2-11 可看出,当通入三相绕组中电流的相序为 $i_U \rightarrow i_V \rightarrow i_W$ 时,旋转磁场在空间沿绕组始端 U→V→W 方向旋转,即按顺时针方向旋转。若调换三相绕组中的任意两相电流相序,例如,调换 V、W 两相,此时通入三相绕组的电流相序为 $i_U \rightarrow i_W \rightarrow i_V$,则旋转磁场按逆时针方向旋转。

由此可见,旋转磁场的方向由通入异步电动机对称三相绕组的电流相序决定,任意调换三相绕组中的两相电流相序,就可改变旋转磁场的方向。

2. 基本工作原理

(1) 转动原理

如图 2-12 所示,异步电动机的定子铁芯里嵌放着对称的三相绕组 U_1U_2、V_1V_2、W_1W_2。转子是一个闭合的多相绕组笼形电动机。图中定子、转子上的小圆圈表示定子绕组和转子导体。

(2) 转差率

由前面分析可知,电动机转子的转速 n 恒小于旋转磁场的转速 n_1。因为只有这样,转子绕组才能产生电磁转矩,使电动机转动。如果 $n=n_1$,转子绕组与定子磁场之间便无相对运动,则转子绕组中无感应电动势和感应电流产生,也就没有电磁转矩了。只有当两者转速有差异时,才能产生电磁转矩,驱使转子转动。可见,转子转速 n 总是小于旋转磁场的转速 n_1,故这种电动机称为异步电动机。

同步转速 n_1 与转子转速 n 之差(n_1-n)再与同步转速 n_1 的比值称为转差率,用字母 s 表

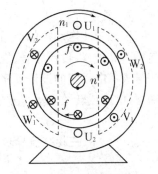

图 2-12   三相异步电动机
转动原理图

示,即

$$s=\frac{n_1-n}{n_1} \qquad\qquad (2-3)$$

转差率能反映异步电动机的各种运行情况:当电动机启动瞬间,$n=0$,转差率 $s=1$;当电动机转速接近同步转速(空载运行)时,$s\approx0$。

由此可见,作为感应电动机,转速在 $0\sim n_1$ 范围内变化,其转差率 s 在 $0\sim1$ 范围内变化。

异步电动机负载越大,转速越慢,其转差率就越大;反之,负载越小,转速越快,其转差率就越小。在正常运行范围内,转差率的数值较小,一般在 $0.01\sim0.06$ 之间,即感应电动机的转速很接近同步转速。

异步电动机转子的转速可由转差率公式推算出,即

$$n=(1-s)n_1=(1-s)\frac{60f_1}{p} \qquad\qquad (2-4)$$

(三)三相异步电动机的铭牌数据

在异步电动机的机座上都装有一块铭牌,如图 2-13 所示。铭牌上标出了该电动机的一些数据,要正确使用电动机,必须看懂铭牌,下面以 Y112M-4 型电动机为例来说明铭牌数据的含义。

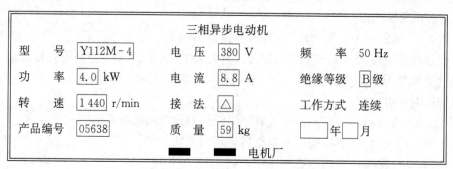

图 2-13　三相异步电动机的铭牌

1. 型号

三相异步电动机的产品型号是由汉语拼音大写字母和阿拉伯数字组成的。型号中主要包括产品代号、设计序号、规格代号和特殊环境代号等。产品代号表示电动机的类型,设计序号表示电动机的设计顺序,用阿拉伯数字表示,规格代号用中心高、机座长度、铁芯长度、功率、电压或转数表示。异步电动机型号举例说明如下:

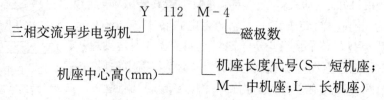

2. 额定值

额定值是电动机使用和维修的依据,是电机制造厂对电动机在额定工作条件下长期工作而不至于损坏所规定的一些量值,是电动机铭牌上标出的数据,分为额定电压、额定电流、

额定功率、额定频率、额定转速、绝缘等级及温升等。

(1) 额定电压 U_N

额定电压 U_N 是指在额定运行状态下运行时规定加在电动机定子绕组上的线电压,单位为 V 或 kV。

(2) 额定电流 I_N

额定电流 I_N 是指在额定运行状态下运行时电动机定子绕组输入的线电流,单位为 A 或 kA。

(3) 额定功率 P_N

额定功率 P_N 是指在额定运行状态下运行时转子轴上输出的机械功率,单位为 W 或 kW。

(4) 接法

接法是指电动机在额定电压下定子绕组的连接方法。若铭牌上写"接法△",额定电压 "380 V",表明电动机额定电压为 380 V 时应接成△。若写"接法 Y/△",额定电压 "380/220 V",表明电源线电压为 380 V 时应接成 Y 形,电源线电压为 220 V 时应接成△。

(5) 额定频率 f_N

额定频率 f_N 是指在额定运行状态下运行时电动机定子绕组所加电源的频率,单位为 Hz。国产异步电动机的额定频率为 50 Hz。

(6) 额定转速 n_N

额定转速 n_N 是指电动机在额定负载时的转子转速,单位为 r/min。

(7) 绝缘等级及温升

绝缘等级是指电动机定子绕组所用的绝缘材料的等级。按绝缘材料的耐热等级有 A、E、B、F、H 级 5 种常见的规格,如表 2-1 所示。温升表示电动机发热时允许升高的温度。例如,温升为 80 ℃,意为当环境温度若为 40 ℃时,则电动机温度可再升高 80 ℃,即不可超过120 ℃,否则电动机就要缩短使用寿命。

表 2-1 电机允许温升与绝缘材料耐热等级关系 ℃

绝缘耐热等级	A	E	B	F	H
绝缘材料的允许温度	105	120	130	155	180
电机的允许温升	60	75	80	100	125

(8) 工作方式

工作方式是指电动机运行的持续时间,分为连续运行、短时运行、断续运行 3 种。连续运行指电动机可按铭牌规定的各项额定值,不受时间限制连续运行;短时运行指电动机只能在规定的持续时间限值内运行,其时间限制为 10、30、60 和 90 min 四种;断续运行指电动机长期运行于一系列完全相同的周期条件下,周期时间为 10 min,标准负载持续率有 15%、25%、40%、60%四种。如标明 25%表示电动机在 10 min 为一个周期内运行 25%时间,停车 75%时间。

(9) 防护等级

电动机外壳防护等级是用字母"IP"和其后面的两位数字表示的。"IP"为国际防护的缩写。IP 后面第 1 位数字代表第一种防护形式(防尘)的等级,共分 0~6 七个等级;第 2 个数字代表第二种防护形式(防水)的等级,共分 0～8 九个等级。数字越大,表示防护的能力越强。例如 IP44 标志电动机能防护大于 1 mm 固体物入内,同时能防水入内。

二、三相异步电动机的机械特性

1. 三相异步电动机的机械特性曲线

三相异步电动机的机械特性是指异步电动机工作在额定电压和额定频率下,按规定的接线方式接线,定、转子外接电阻为零时,n 与 T 的关系,即 $n=f(T)$。如图 2－14 所示,为三相异步电动机的机械特性曲线。

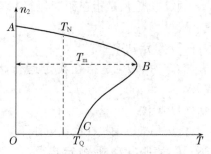

图 2－14 三相异步电动机机械特性曲线

(1) AB 部分。在这一部分,随着负载转矩 T 的增加,转速降低,根据电力拖动系统稳定运行的条件,这部分称为可靠稳定运行部分或工作部分,或称为稳定区。异步电动机的机械特性的工作部分接近于一条直线,只是在转矩接近于最大值时弯曲较大,故一般在额定转矩以内,感应电动机的机械特性曲线可看作直线。

电动机一般都工作在稳定区 AB 段上,在这个区域里,负载转矩变化时,异步电动机的转速变化不大,这种机械特性称为"硬"特性。三相异步电动机的这种硬特性很适用于一般金属切削机床。

(2) BC 部分。在这一部分,随着转矩的减小,转速也减小,特性曲线为一曲线,称为机械特性的曲线部分。只有当异步电动机带动通风机负载时,才能在这一部分稳定运行;而对恒转矩负载或恒功率负载,在这一部分不能稳定运行,因此有时候这一部分也称为非工作部分,或称为非稳定区。

2. 异步电动机从启动到正常运行的过程分析

如图 2－14 所示,电动机在接通三相电源时的启动瞬间,即 $n=0$ 时,电动机的电磁转矩为启动转矩 T_Q。这时,如果电动机的启动转矩小于负载转矩($T_Q < T_F$),电动机将无法启动,称为堵转;如果 $T_Q > T_F$,则电动机的转速 n 将不断上升,电动机的电磁转矩 T 也将从 T_Q 开始沿着机械性曲线的 CB 段上升,经过最大转矩 T_m 后又沿着曲线 BA 段逐渐减小,当电磁转矩到达 $T=T_F$ 时,电动机以稳定的转速 n 运行。

当轴上的机械负载 T'_F 增大(如车床切削量加大)时,电动机减速,在曲线 BA 段,随着电动机转速的下降电磁转矩增加,当 T 增加到与 T'_F 相等时,电动机达到新的平衡,此时电动机以比原来 n 稍低的速度 n' 稳定运行。

反之,当轴上负载转矩减少时,电动机的转速增加,此时,电动机将以较高的转速稳定运行。BA 这一稳定运行区的特点是:当负载增加,电机转速减小;当负载减小,电动机转速增加,可以自动进行调节。

当电动机轴上的负载转矩超过其最大转矩 T_m 时,电动机的转速将很快下降,直至停转。如果电动机工作在不稳定运行区 BC 段,当负载增加时,转速 n 要下降,电磁转矩 T 要减小,使转速还要下降,如此下去,直到停转为止。反之,当电动机工作在不稳定运行区 BC 段时,若负载减小,则转速升高,转矩增加,转速更高,当电磁转矩 T 超过最大值 T_m 以后,则随转速的升高而减小,直至电磁转矩 T 等于负载转矩 T_F 时,电动机稳定运行。

实际应用中的电动机,由于电源电压波动及负载变化,电磁转矩 T 和负载转矩 T_F 的变化是不可避免的,因此,实际上电动机不可能在不稳定运行区运行。

3. 异步电动机的机械特性参数

由上述分析可知,在图 2-14 所示的异步电动机机械特性曲线上有 3 个转矩,是应用和选择电动机时应该注意的。

(1) 额定转矩 T_N

额定转矩 T_N 是指电动机在额定状态下工作时,轴上输出的最大允许转矩。电动机的额定转矩可根据电动机铭牌的额定功率和额定转速用公式,求得

$$T_N = T_2 = \frac{P_N}{\omega} = \frac{P_N \times 10^3}{\dfrac{2\pi n_N}{60}} = 9\,550\,\frac{P_N}{n_N} \tag{2-5}$$

(2) 最大转矩和过载系数

电动机的额定转矩应小于最大转矩,而且不允许太接近,否则,电动机略一过载,电动机便会停转。因此,一般电动机的额定转矩较最大转矩小得多。把最大转矩与额定转矩的比值称作过载系数,它是表示电动机过载能力的一个参数,其表达式为

$$\lambda_m = \frac{T_m}{T_N} \tag{2-6}$$

一般电动机的过载系数在 1.8~2.5 之间,特殊用途的电动机,如冶金、起重机械所用的电动机,其过载系数可达到 2.5~3.4 或更大。

(3) 启动转矩和启动能力

电动机的启动转矩 T_Q 是指电动机启动瞬间($n=0, s=1$)的转矩。启动转矩与额定转矩之比可表征启动能力,用启动转矩倍数 λ_Q 来表示,启动转矩是标明异步电动机启动性能的重要指标,即

$$\lambda_Q = \frac{T_Q}{T_N} \tag{2-7}$$

空载或轻载启动的电动机,启动能力 λ_Q 为 1~1.8,一般电动机启动能力为 1.5~2.4,在重负荷下启动的电动机,要求更大的启动转矩,故启动能力可达 2.6~3。

4. 人为机械特性的分析

人为地改变异步电动机的任何一个或多个参数,得到不同的机械特性称为人为机械特性。

(1) 降低定子电压时的人为机械特性

通过理论分析可知,电动机的电磁转矩(包括最大转矩 T_m 和启动转矩 T_Q)与电源电压 U_1^2 成正比,当定子电压 U_1 降低时,最大转矩 T_m 和启动转矩 T_Q 成正比的降低,但产生的最大转矩的临界转差率 s_m 因与电压无关,保持不变;由于电动机的同步转速 n_1 也与电压无关,因此同步点也不变。可见降低定子电压的人为机械特性为一组经过同步点的曲线族,如图 2-15 所示。

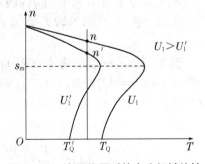

图 2-15　定子降压时的人为机械特性

　　由图可见,当电动机在某一负载下运行时,若降低电压,则电动机转速降低,转差率增大,转子电流将因此而增大,从而引起定子电流的增大。若电动机电流超过额定值时,则电动机最终温升将超过容许值,导致电动机寿命缩短,甚至使电动机烧坏。如果电压降低过多,致使最大转矩 T_m 小于总的负载转矩,则会发生电动机停转事故。

　　(2) 转子电路串电阻时的人为机械特性

　　当电源电压为定值,仅在转子电路串联三相对称电阻,改变其电阻的大小得到的人为机械特性如图 2-16 所示。由图可知,如果增大转子电路电阻,在一定范围内功率因数可提高,机械特性曲线变陡,启动转矩增大,最大转矩没有变化,这种方法只有在绕线形电动机中才能采用。电动机负载增大时,转速下降较多,人为机械特性为软机械特性。当电动机轴上负载变化时,转速在一定范围内有较大的变化,因此可以利用改变转子电路电阻的方法,在一定范围内调节电动机的转速。

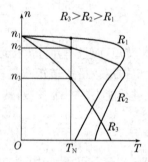

图 2-16　转子电路串电阻时的人为机械特性

　　串联电阻后,绕线形异步电动机的启动转矩增大了。当阻值足够大时启动转矩可以达到最大值 T_m。所以,可以在转子回路中采用串接电阻的方法来提高绕线式异步电动机的启动转矩,以提高启动能力。

　　笼形异步电动机转子回路不能串接电阻,因此不能得到相应的人为机械特性曲线。

　　(3) 定子电路串三相对称电阻或电抗时的人为机械特性

　　对于笼形三相异步电动机,如果其他条件都与固有特性时的一样,仅在定子电路串三相对称电阻或电抗时得到的人为机械特性如图 2-17 所示。

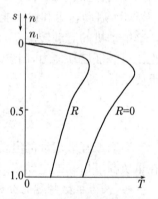

图 2-17　定子电路串电阻时的人为机械特性

　　定子电路串电阻或电抗后,同步转速 n_1 不变,最大转矩 T_m、启动转矩 T_Q 及临界转差率 s_m 都随电阻或电抗的增大而减小。

　　例 2-1　有一台三角形联结的三相异步电动机,其额定数据如下:$P_N = 40 \text{ kW}, n = 1\,470 \text{ r/min}, \eta = 0.9, \cos\varphi = 0.9, \lambda = 2, \lambda_Q = 1.2$。试求:(1) 额定电流;(2) 额定转差率;(3) 额定转矩、最大转矩、启动转矩。

　　解:(1) 40 kW 以上的电动机通常是 380 V、三角形联结,所以

$$I_N = \frac{P_N \times 10^3}{\sqrt{3} U_N \cos\varphi \eta} = \frac{40 \times 10^3}{\sqrt{3} \times 380 \times 0.9 \times 0.9} \approx 75 (\text{A})$$

（2）根据 $n=(1-s)\dfrac{60f_1}{p}$，由 $n=1\,470$ r/min 可知，电动机是四极的，$p=2$，$n_1=1\,500$ r/min，所以

$$s=\frac{n_1-n}{n_1}=\frac{1\,500-1\,470}{1\,500}=0.02$$

（3）

$$T_N=9\,550\,\frac{P_N}{n_N}=9\,550\times\frac{40}{1\,470}\approx259.9(\mathrm{N\cdot m})$$

$$T_m=\lambda_m T_N=2\times259.9=519.8(\mathrm{N\cdot m})$$

$$T_Q=\lambda_Q T_N=1.8\times259.9\approx467.8(\mathrm{N\cdot m})$$

三、三相异步电动机的启动

（一）三相异步电动机的启动性能

电动机接通三相电源后，开始启动，转速逐渐增大，一直到达稳定转速为止，这一过程称为启动过程。异步电动机的启动性能，包括启动电流、启动转矩、启动时间以及启动设备的经济性和可靠性等，其中最主要的是启动电流和启动转矩。

1. 启动电流

电动机启动时的瞬时电流叫启动电流。刚启动时，$s=1$，旋转磁场与转子相对转速最大，因而转子感应电动势最大。此感应电动势在闭合的绕组上产生一个很大的电流，定子电流随转子电流改变而相应地变化，所以电动机的启动电流很大，一般达到额定电流的 $4\sim7$ 倍。启动电流大是不利的，主要危害如下：

（1）使线路产生很大的电压降，致使电动机的输入电压下降太多，同时还会影响同一线路上其他负载的正常工作。由于电压降低，可能使正在工作的电动机停转，甚至可能烧坏电动机，使正在启动的电动机造成启动转矩太小而不能启动。

（2）使电动机绕组铜耗过大，发热严重，加速电动机绝缘的老化。

（3）绕组端部受电磁力的冲击，有发生变形的趋势。

2. 启动转矩

异步电动机的启动电流虽然很大，但启动转矩并不很大，一般只为额定转矩的 $1\sim2$ 倍。如果启动转矩过小，则带负载启动就很困难，或虽可启动，但势必造成启动过程过长，使电动机发热。可见，为了限制启动电流，并得到适当的启动转矩，对不同容量、不同类型的电动机应采用不同的启动方法。

3. 对三相异步电动机启动的要求

（1）启动转矩要足够大，以便加快启动过程，保证其能在一定负载下启动；

（2）启动电流要尽可能小，以免影响接在同一电网上其他电器设备的正常工作；

（3）启动时所需的控制设备应尽量简单，力求操作和维护方便；

（4）启动过程中的能量损耗尽量小。

（二）三相异步电动机启动方法

1. 全压启动

全压启动是指在额定电压下，将电动机三相定子绕组直接接到额定电压的电网上来启

动电动机,因此又称直接启动,如图2-18所示。这是一种最简单的启动方式,这种方法的优点是简单易行,但缺点是启动电流太大、启动转矩 T_Q 不大。

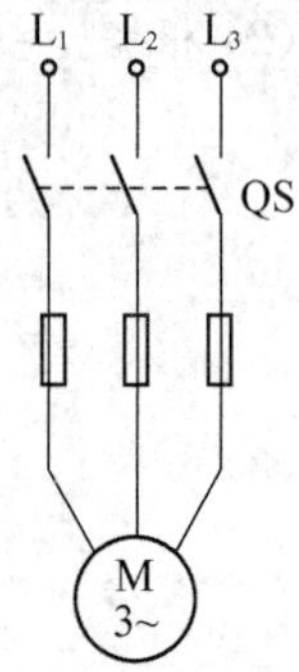

如果电源的容量足够大,而电动机的额定功率又不太大,则电动机的启动电流在电源内部及供电线路上所引起的电压降较小,对邻近电气设备的影响也较小,此时便可采用直接启动。

一般情况下,电源的容量能否允许电动机在额定电压下直接启动,可以用下面的经验公式来确定:

$$\frac{I_Q}{I_N} \leqslant \frac{3}{4} + \frac{S_N}{4P_N} \qquad (2-8)$$

式中:I_Q 为启动电流(A);I_N 为额定电流(A);S_N 为电源变压器的额定容量(kV·A);P_N 为电动机额定功率(kW)。

如果计算结果不能满足式(2-8)时,应采用降压启动。一般情况下,10 kW 以上电动机不宜直接启动,应采用降压启动。

一般直接启动条件是电动机的容量小于变压器容量的 25%,且线路不太长,启动不频繁,周围负载允许的情况下可直接启动。

2. 降压启动

降压启动是在启动时利用启动设备,使加在电动机定子绕组上的电压 U_1 降低,此时磁通随 U_1 成正比地减小,其转子电动势 E_2、转子启动电流 I_{2Q} 和定子电路的启动电流 I_{1Q} 也随之减小。由于启动转矩 T_Q 与定子端电压 U_1 的平方成正比,因此降压启动时,启动转矩也将大大减小。因此,降压启动方法仅适用于电动机在空载或轻载情况下的启动,或对启动转矩要求不高的设备,如离心泵、通风机械等。

常用的降压启动方法有以下几种:

(1)三相笼形异步电动机定子回路串电阻降压启动

定子串电阻或电抗降压启动是利用电阻或电抗的分压作用降低加到电动机定子绕组的电压,其定子回路串电阻降压启动的线路如图2-19所示。

在图2-19中,R 为电阻,启动时,首先合上开关 QS_1,此时启动电阻器便接入定子回路中,电动机开始启动。待电动机接近额定转速时,迅速合上开关 QS_2,此时电网电压全部施加于定子绕组上,启动过程完成。有时为了减小能量损耗,电阻也可以用电抗器代替。

采用定子回路串电阻降压启动时,虽然降低了启动电流,但也使启动转矩大大减小。当电动机的启动电压减少到 $1/K$ 时,由电网所供给的启动电流也减少到 $1/K$。由于启动转矩正比于电压的平方,因此启动转矩便减少到 $1/K^2$。此法通常用于高压电动机。

定子回路串电阻或电抗降压启动的优点是:启动较平稳,运行可靠,设备简单。缺点是:

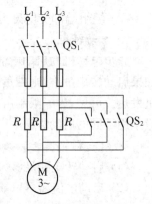

图2-19 笼形电动机定子回路
串电阻启动电路

图2-18 三相异步
电动机的直接启动

启动时电能损耗较大;启动转矩随电压的平方降低,只适合轻载启动。

(2) 三相笼形异步电动机星形-三角形(Y-△)转换降压启动

星形-三角形转换降压启动只适用于定子绕组在正常工作时是三角形联结的电动机。其启动线路如图 2-20 所示。

启动时,首先合上开关 QS_1,然后将开关 QS_2 合在启动位置,此时定子绕组接成星形,定子每相的电压为 $U_1/3$ (U_1 为电网的额定线电压)。待电动机接近额定转速时,再迅速把转换开关 QS_2 换接到运行位置,这时定子绕组改接成三角形,定子每相承受的电压便为 U_1,启动过程结束。另外,也可利用接触器、时间继电器等电器元件组成自动控制系统,实现电动机的星形-三角形转换降压启动过程。

由图 2-21 可知,三角形连接时的启动电流为

$$I_{1Q}=\sqrt{3}\,I_{\triangle}$$

Y 形启动时相电压为

$$U_Y=\frac{U_N}{\sqrt{3}}$$

于是得到 Y 形启动时的启动电流减少倍数为

$$\frac{I'_{1Q}}{I_{1Q}}=\frac{I_Y}{\sqrt{3}\,I_{\triangle}}$$

即

$$\frac{I'_{1Q}}{I_{1Q}}=\frac{U_Y}{\sqrt{3}\,U_{\triangle}}=\frac{U_N}{\sqrt{3}\times\sqrt{3}\,U_N}=\frac{1}{3} \qquad (2-9)$$

根据 $T_Q\propto U_1^2$,可得启动转矩的倍数为

$$\frac{T'_Q}{T_Q}=\frac{U^2}{U_{\triangle}^2}=\frac{\left(\dfrac{U_N}{\sqrt{3}}\right)^2}{U_N^2}=\frac{1}{3} \qquad (2-10)$$

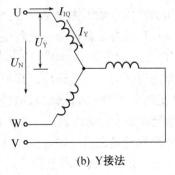

图 2-20　笼形电动机
Y-△启动电路

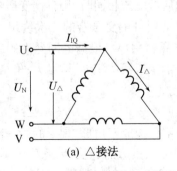

(a) △接法　　　　　　(b) Y接法

图 2-21　Y-△转换降压启动原理

可见星形-三角形降压启动时,启动电流和启动转矩都降为直接启动时的1/3。

星形-三角形降压启动的优点是:设备简单,成本低,运行可靠,体积小,质量轻,且检修方便,可谓物美价廉,所以 Y 系列容量等级在 4 kW 以上的小型三相笼形异步电动机都设计成三角形联结,以便采用星形-三角形降压启动。其缺点是:只适用于正常运行时定子绕组为三角形联结的电动机,并且只有一种固定的降压比;启动转矩随电压的平方降低,只适合轻载启动。

(3) 三相笼式异步电动机自耦变压器降压启动

这种启动方法是利用自耦变压器降低加到电动机定子绕组上的电压以减小启动电流。图 2-22 所示为自耦变压器降压启动的原理图。

启动时开关投向启动位置,这时自耦变压器的一次绕组加全电压,降压后的二次电压加在电动机定子绕组上,电动机降压启动。当电动机转速接近稳定值时,把开关投向运行位置,自耦变压器被切除,电动机全压运行,启动过程结束。

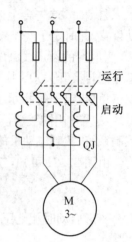

设自耦变压器的变比为 K,经过自耦变压器降压后,加在电动机端点上的电压 U_1'便为 U_1/K。此时电动机的最初启动电流 I_1'便与电压成比例地减小,为额定电压下直接启动时电流 I_Q 的 $1/K$。

根据变压器原理可知,由于电动机接在自耦变压器的低压侧,自耦变压器的高压侧接在电网上,故电网所供给的最初启动电流 I_Q'为

图 2-22　自耦变压器降压启动原理

$$I_Q'=\frac{1}{K}I_1'=\frac{1}{K^2}I_Q \tag{2-11}$$

式中

$$I_1'=\frac{1}{K}I_Q$$

直接启动转矩 T_Q 与自耦变压器降压后的启动转矩 T_Q'的关系为

$$\frac{T_Q'}{T_Q}=\left(\frac{U_1'}{U_1}\right)^2=\frac{1}{K^2} \tag{2-12}$$

由上分析可知,电网提供的启动电流减小倍数和启动转矩减小倍数均为 $1/K^2$。

自耦变压器降压启动的优点是:在电网限制的启动电流相同时,用自耦变压器降压启动将比用其他降压启动方法获得的启动转矩更大;启动用自耦变压器的二次绕组一般有 3 个抽头(二次测电压分别为 80%、60%、40%的电源电压),用户可根据电网允许的启动电流和机械负载所需的启动转矩进行选配。其缺点是:自耦变压器体积大、质量大、价格高、需维护检修;启动转矩随电压的平方降低,只适合轻载启动。

(4) 三相笼式异步电动机延边三角形降压启动

延边三角形启动是在启动时,把定子绕组的一部分接成三角形,剩下的另一部分接成星形,如图 2-23(a)所示。从图形上看就是一个三角形三条边的延长,因此称为延边三角形。当启动完毕,再把绕组改接为原来的三角形接法,如图 2-23(b)所示。

延边三角形接法实际上就是把星形接法和三角形接法结合在一起,因此,它每相绕组所

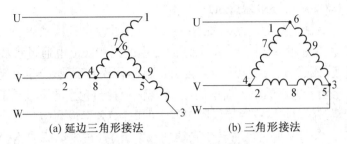

(a) 延边三角形接法　　　　　(b) 三角形接法

图 2 - 23　延边三角形降压启动原理

承受的电压小于三角形接法时的电压,大于星形接法时的 $1/\sqrt{3}$ 线电压,介于两者之间,而究竟是多少,则取决于绕组中星形部分的匝数和三角形部分的匝数之比。改变抽头的位置,抽头越靠近尾端,启动电流与启动转矩降低得越多。该启动方法的缺点是定子绕组比较复杂。

(5) 三相绕线式异步电动机转子回路串电阻启动

三相笼形异步电动机直接启动时,启动电流大,启动转矩不大。降压启动时,虽然减小了启动电流,但启动转矩也随之减小,因此笼形异步电动机只能用于空载或轻载启动。

绕线转子异步电动机,若转子回路串入适当的电阻,则既能限制启动电流,又能增大启动转矩,同时克服了笼形异步电动机启动电流大、启动转矩不大的缺点,这种启动方法适用于大中容量异步电动机重载启动。

为了在整个启动过程中得到较大的加速转矩,并使启动过程比较平滑,应在转子回路中串入多级对称电阻。启动时,随着转速的升高,逐段切除启动电阻,这与直流电动机电枢串电阻启动类似,称为电阻分级启动。如图 2 - 24 所示,绕线式电动机是在转子电路中接入电阻来进行启动的,启动前将启动变阻器调至最大值的位置,当接通定子上的电源开关,转子即开始慢速转动起来,随即把变阻器的电阻值逐渐减小到零位,使转子绕组短接,电动机就进入工作状态。电动机切断电源停转后,还应将启动变阻器回到启动位置。

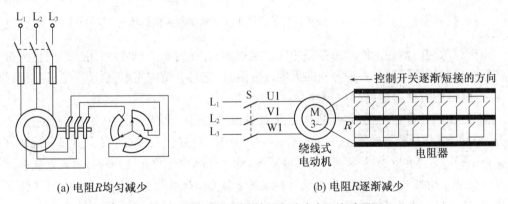

(a) 电阻 R 均匀减少　　　　　　　(b) 电阻 R 逐渐减少

图 2 - 24　绕线式电动机转子回路串电阻启动原理

(6) 三相绕线异步电动机转子串频敏变阻器启动

绕线转子感应电动机采用转子串接电阻启动时,若想在启动过程中保持有较大的启动转矩且启动平稳,则必须采用较多的启动级数,这必然导致启动设备复杂化。而且在每切除一段电阻的瞬间,启动电流和启动转矩会突然增大,造成电气和机械冲击。为了克服这个缺点,可采用转子电路串频敏变阻器启动。

图2-25(a)为频敏变阻器的结构图,它是一个三相铁芯绕组(三相绕组接成星形)。图2-25(b)为启动电路图,电动机启动时,转子绕组中的三相交流电通过频敏变阻器,在铁芯中便产生交变磁通,该磁通在铁芯中产生很强的涡流,使铁芯发热,产生涡流损耗,频敏变阻器线圈的等效电阻随着频率的增大而增加,由于涡流损耗与频率的平方成正比,当电动机启动时($s=1$),转子电流(即频敏变阻器线圈中通过的电流)频率最高($f_2=f_1$),因此频敏变阻器的电阻和感抗最大。启动后,随着转子转速的逐渐升高,转子电流频率($f_2=sf_1$)便逐渐降低,于是频敏变阻器铁芯中的涡流损耗及等效电阻也随之减少。实际上频敏变阻器就相当于一个电抗器,它的电阻是随交流电流的频率而变化的,故称频敏变阻器。

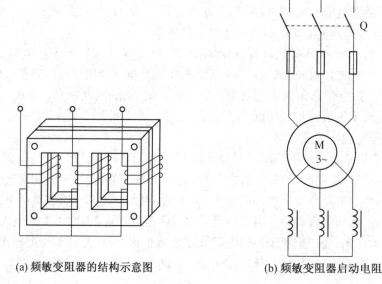

(a) 频敏变阻器的结构示意图　　　　　(b) 频敏变阻器启动电阻

图2-25 绕线式转子回路串频敏变阻器启动原理

由于频敏变阻器在工作时总存在一定的阻抗,因此在启动完毕后,可用接触器将频敏变阻器短接。频敏变阻器是一种静止的无触点变阻器,它具有结构简单、启动平滑、运行可靠、成本低廉、维护方便等优点。

例2-2 现有一台异步电动机铭牌数据如下:$P_N=10$ kW,$n_N=1\ 460$ r/min,$U_N=380/220$ V,星形/三角形联结,$\eta_N=0.868$,$\cos\varphi_N=0.88$,$I_Q/I_N=6.5$,$T_Q/T_N=1.5$。试求:(1) 额定电流和额定转矩;(2) 电源电压为380 V时,电动机的接法及直接启动的启动电流和启动转矩;(3) 电源电压为220 V时,电动机的接法及直接启动的启动电流和启动转矩;(4) 要求采用星形-三角形启动时其启动电流和启动转矩,此时能否带60%和25%T_N负载转矩?

解:

(1) 星形联结时,$U_N=380$ V,相应额定电流

$$I_{NY}=\frac{10\times10^3}{\sqrt{3}\times380\times0.88\times0.868}\approx19.9(A)$$

三角形联结时,$U_N=220$ V,相应额定电流

$$I_{N\triangle} = \frac{10 \times 10^3}{\sqrt{3} \times 220 \times 0.88 \times 0.868} \approx 34.4\,(A)$$

星形和三角形联结时,定子绕组相电压相同,则

$$T_N = 9\,550\,\frac{P_N}{n_N} = 9\,550 \times \frac{10}{1\,460} \approx 65.4\,(N \cdot m)$$

(2) 电源电压为 380 V 时,电动机正常运行应为星形联结

$$I_{QY} = 6.5I_{NY} = 6.5 \times 19.9 = 129.35\,(A)$$

$$T_{QY} = 1.5T_N = 1.5 \times 65.4 = 98.1\,(N \cdot m)$$

(3) 电源电压为 220 V 时,电动机正常运行应为三角形联结

$$I_{Q\triangle} = 6.5I_{N\triangle} = 6.5 \times 34.4 = 223.6\,(A)$$

$$T_{N\triangle} = 1.5T_N = 1.5 \times 65.4 = 98.1\,(N \cdot m)$$

(4) 星形-三角形降压启动只适用于正常运行为三角形联结的电动机,故正常运行应在三角形联结,相应的电源电压为 220 V。

$$I_{QY} = \frac{1}{3}I_{Q\triangle} = \frac{1}{3} \times 223.6 \approx 74.5\,(A)$$

$$T_{QY} = \frac{1}{3}T_{Q\triangle} = \frac{1}{3} \times 98.1 = 32.7\,(N \cdot m)$$

$60\%T_N$ 负载下启动时的反抗转矩:

$$M_{2Q} = 0.6T_N = 0.6 \times 65.4 \approx 39.2\,(N \cdot m) > T_{QY},\text{故不能启动;}$$

$25\%T_N$ 负载下启动时的反抗转矩:

$$M_{2Q} = 0.25T_N = 0.25 \times 65.4 \approx 16.4\,(N \cdot m) < T_{QY},\text{故能启动。}$$

四、三相异步电动机的调速

在工业生产中,有些生产机械在工作中需要调速,例如,金属切削机床需要按被加工金属的种类、切削工具的性质等来调节转速。此外,起重运输机械在快要停车时,应降低转速,以保证工作的安全。

由异步电动机的转速表达式

$$n = (1-s)n_1 = (1-s)\frac{60f_1}{p} \tag{2-13}$$

可知:要调节异步电动机的转速,可采用以下 3 种基本方法来实现。

(1) 变频调速:改变电源频率 f_1。

(2) 变极调速:改变磁极对数 p。

(3) 改变转差率调速:改变转差率 s。

(一) 变频调速

改变电源的频率,可使电动机的转速随之变化。电源频率提高,电动机转速提高;电源频率下降,则电动机转速下降。当连续改变电源频率时,异步电动机的转速可以平滑地调

节,这是一种较为理想的调速方法,能满足无级调速的要求,且调速范围大,调速性能与直流电动机相近。近年来,晶闸管变流技术的发展为获得变频电源提供了新的途径,使异步电动机的调频调速方法应用越来越广。

由于电网的交流电频率为 50 Hz,因此改变频率 f_1 调速需要专门的变频装置。变频装置可分为间接变频装置和直接变频装置两类。间接变频装置是先将工频交流电通过整流器变成直流,然后再经过逆变器将直流变成可控频率的交流电,通常称为交-直-交变频装置。直接变频装置是将工频交流电一次变换成可控频率的交流电,没有中间的直流环节,也称为交-交变频装置,目前应用较多的是间接变频装置。

普通异步电动机都是按恒频恒压设计的,不可能完全适应变频调速的要求。一般情况下,不建议采用变频器带普通的三相异步电机进行调速控制。专用的变频电机,一般会有专门的散冷装置,即外接散热风扇。另外,从制作工艺方面比较严格,制作材料绝缘等级较高,比一般电机耐温升,而且变频频率的范围较广,即 5～100 Hz,甚至可以高达几百赫兹的频率。而普通电机一般没有专门的散冷风扇,常见的是带有风扇翅。另外,能够变频运行的范围较窄,一般不高于基频,最低频率在 30 Hz 左右,常见的在基频附近变频。

(二) 变极调速

当电源频率恒定,电动机的同步转速 n_1 与极对数成反比,所以改变电动机定子绕组的极对数,也可改变其转速。电动机定子绕组产生的磁极对数的改变,是通过改变绕组的接线方式得到的。现以图 2 - 26 来说明变极调速原理,图中只画出了一相绕组,这相绕组由两部分组成,即 1U1—1U2 和 2U1—2U2。如果两部分反向串联,即 1U1—1U2—2U2—2U1,则产生两个磁极,如图 2 - 26(a)所示;如果两部分正向串联,即头-尾相联,如 1U1—1U2—2U1—2U2,则可产生 4 个磁极,如图 2 - 26(b)所示。

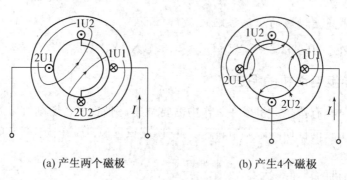

(a)产生两个磁极   (b)产生4个磁极

图 2 - 26 变极调速原理图

变极调速的电动机转子一般都是笼形的。笼形转子的极对数能自动随着定子极对数的改变而改变,使定、转子磁场的极对数总是相等。而绕线转子异步电动机则不然,当定子绕组改变极对数时,转子绕组也必须相应地以改变其接法使其极数与定子绕组的极数相等。所以,绕线转子异步电动机很少采用变极调速。

变极调速具有操作简单、运行可靠、机械特性"硬"的特点。但是,变极调速只能是有级调速。不管三相绕组的接法如何,其极对数仅能改变一次。如图 2 - 27 所示,变极调速有两种典型方案:一种是 Y/YY 方式,Y 接时是低速,YY 接时电动机转速增大一倍,输出功率增大一倍,而输出转矩不变——恒转矩调速;另一种是△/YY 方式,△接时是低速,YY 接时电动机转速增大一倍,输出转矩减少一半,而输出功率不变——恒功率调速。

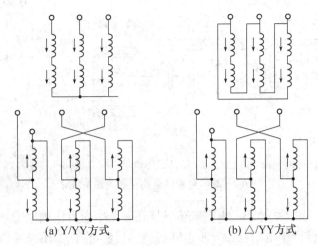

(a) Y/YY方式　　　　　(b) △/YY方式

图 2－27　双速电动机变极接线方式

(三) 改变转差率调速

改变转差率调速方法有改变电源电压调速、改变转子回路电阻调速、电磁转差离合器调速等。

1. 改变电压 U_1 调速

当改变外加电压时,由于 $T_m \propto U_1^2$,所以最大转矩随外加电压 U_1 而改变,对应不同的机械特性如图 2－15 所示。当负载转矩 T_2 不变,电压由 U_1 下降至 U_1' 时,转速将由 n 降为 n' (转差率由 s 上升至 s')。所以,通过改变电压 U_1 可实现调速。这种调速方法,当转子电阻较小时,能调节速度的范围不大;当转子电阻大时,调节范围较大,但又增大了损耗。

降压调速有较好的调速效果,主要应用在泵类负载(如通风机、电风扇等)上。注意:恒转矩负载不能应用,否则当电压调低时,电磁力矩变小,会引起电动机转速的较大变化甚至停转。

2. 改变转子电阻调速

由图 2－16 可知,改变异步电动机转子电路电阻,电阻越大,曲线越偏向下方。在一定的负载转矩下,电阻越大,转速越低。这种调速方法的优点是简单、易于实现,缺点是调速电阻中要消耗一定的能量、调速是有级的、不平滑;主要应用于小型绕线式异步电动机调速中(例如起重机的提升设备)。

3. 电磁转差离合器调速

电磁转差离合器是一种利用电磁方法来实现调速的联轴器。如图 2－28 所示,电磁离合器由电枢和感应子(励磁线圈与磁场)两基本部分组成,这两部分没有机械上的连接,都能自由地围绕同一轴心转动,彼此间的圆周气隙为 0.5 mm。

一般情况下,电枢与异步电动机硬轴连接,由电动机带动其旋转,称为主动部分,其转速由异步电动机决定,是不可调的;感应子则通过联轴器与生产机械固定连接,称为从动部分。

当感应子上的励磁线圈没有电流通过时,由于主动与从动部分之间无任何联系,显然主动轴以转速 n_1 旋转,但从动轴却不动,相当于离合器脱开。当通入励磁电流以后,建立了磁场,使得电枢与感应子之间有了电磁联系。当两者之间有相对运动时,便在电枢铁芯中产生

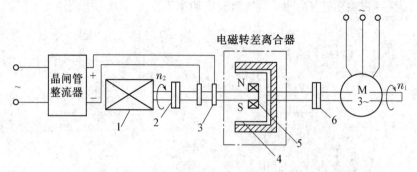

1—负载；2—联轴器；3—滑环；4—电枢；5—磁极；6—联轴器。

图 2 - 28　电磁转差离合器调速系统

涡流，电流方向由右手定则确定。根据载流导体在磁场中受力作用原理，电枢受力作用方向由左手定则确定。但由于电枢已由异步电动机拖动旋转，根据作用与反作用力大小相等、方向相反的原理，该电磁力形成的转矩 T 迫使感应子连同负载沿着电枢同方向旋转，将异步电动机的转矩传给生产机械（负载）。

由上述电磁离合器工作原理可知，感应子的转速要小于电枢转速，即 $n_2 < n_1$，这一点完全与异步电动机的工作原理相同，故称这种电磁离合器为电磁转差离合器。由于电磁转差离合器本身不产生转矩与功率，只能与异步电动机配合使用，起着传递转矩的作用，通常将异步电动机和电磁转差离合器装成一体，故又统称为转差电动机或电磁调速异步电动机。

图 2 - 28 为电磁转差离合器调速系统的结构原理图，主要包括异步电动机、电磁转差离合器、直流电源、负载等。

电磁调速异步电动机具有结构简单、可靠性好、维护方便等优点，而且通过控制励磁电流的大小可实现无级平滑调速，所以被广泛应用于机床、起重、冶金等生产机械上。

五、三相异步电动机的反转与制动

（一）三相异步电动机的制动

当电动机与电源断开后，由于电动机的转动部分有惯性，所以电动机仍继续转动，要经过一段时间才能停转；但在某些生产机械上要求电动机能迅速停转，以提高生产率，为此，需要对电动机进行制动。

1. 能耗制动

能耗制动的方法：将定子绕组从三相交流电源断开后，在它的定子绕组上立即加上直流励磁电源，同时在转子电路串入制动电阻，其接线图如图 2 - 29（a）所示。因此，能产生一个在空间不动的磁场，因惯性作用，转子还未停止转动，运动的转子导体切割此恒定磁场，在其中便产生感应电动势，由于转子是闭合绕组，因此能产生电流，从而产生电磁转矩，此转矩与转子因惯性作用而旋转的方向相反，起制动作用，迫使转子迅速停下来，如图 2 - 29（b）所示。这时储存在转子中的动能转变为转子铜损耗，以达到迅速停车的目的，故称这种制动方法为能耗制动。

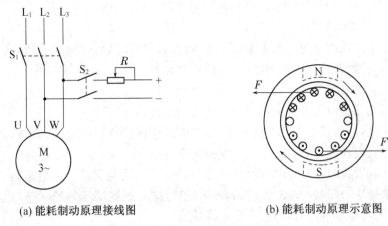

(a) 能耗制动原理接线图   (b) 能耗制动原理示意图

图 2–29 三相异步电动机能耗制动

能耗制动具有以下特点:

(1) 能使反抗性恒转矩负载准确停车;

(2) 制动平稳,但制动至转速较低时,制动转矩也较小,制动效果不理想;

(3) 制动时电动机不从电网吸取交流电能,只吸取少量的直流电能,制动较经济。

2. 反接制动

当异步电动机转子的旋转方向与定子旋转磁场的方向相反时,电动机便处于反接制动状态,反接制动分为两种情况:一是在电动状态下突然将电源两相反接,使定子旋转磁场的方向由原来的顺转子转向改为逆转子转向,这种情况下的制动称为电源两相反接的反接制动;二是保持定子磁场的转向不变,而转子在位能性负载作用下进入倒拉反转,这种情况下的制动称为倒拉反转的反接制动。

(1) 电源反接制动

实现电源反接制动的方法:将三相异步电动机任意两相定子绕组的电源进线对调,同时在转子电路串入制动电阻,其接线图如图 2–30(a)所示,反接制动前,电动机处于正向电动状态,以转速 n 逆时针旋转。电源反接制动时,把定子绕组的两相电源进线对调,同时在转子电路串入制动电阻 R,使电动机气隙旋转磁场方向反转,这时的电磁转矩方向与电动机惯

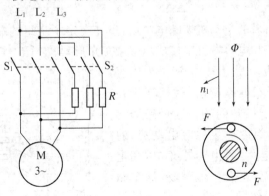

(a) 反接制动原理接线图   (b) 反接制动原理示意图

图 2–30 电源两相反接的反接制动

性转矩方向相反,成为制动转矩,使电动机转速迅速下降,如图2-30(b)所示。当电动机转速为零时,立即切断电源。

三相异步电动机的电源反接制动具有制动力大、制动迅速的特点;但制动时制动电流大,全部能量都消耗在转子电路的电阻上,因此制动时能耗大、经济性差。

（2）倒拉反接制动

倒拉反接制动是由外力使电动机转子的转向倒转,而电源的相序不变,这时产生的电磁转矩方向亦不变,但与转子实际转向相反,故电磁转矩将使转子减速。这种制动方式主要用于以绕线式异步电动机为动力的起重机械拖动系统中。

起重机下放重物时,外力使电动机转子的转向向下,而电源产生的电磁转矩方向向上,向上速度越来越小,直到为0;之后,电机转子反转,进入倒拉反接制动状态,反向电磁转矩增大,直到提升转矩等于负载转矩,平稳下降重物。

倒拉反接制动具有能低速下放重物、安全性好的优点;但因为制动时 $s > 1$,所以制动时,既要从电网吸能,又要从轴上吸取机械能转化为电能,全消耗在转子电路上,故消耗大、经济性差。

3. 回馈制动

若异步电动机在电动状态运行时,由于某种原因（如下坡、下降物体）,电磁力矩向下时,转速越来越大,当电动机的转速超过了同步转速（转向不变）,电动机转子绕组切割旋转磁场的方向将与电动运行状态时相反,因此转子电动势、转子电流和电磁转矩的方向也与电动状态时相反,即 T 与 n 反向,T 成为制动转矩,速度不会继续升高,电动机便处于制动状态,这时电磁转矩由原来的驱动作用转为制动作用。同时,由于电流方向反向,电磁功率回送至电网,故称回馈制动。其制动原理图如图2-31所示。

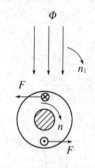

图2-31 回馈制动原理图

回馈制动具有以下特点:

（1）电动机转子的转速高于同步转速;

（2）只能高速下放重物,安全性差;

（3）制动时电动机不从电网吸取有功功率,反而向电网回馈有功功率,制动很经济。

4. 电容制动

电容制动是在运行着的电动机切断电源后,迅速在定子绕组的端线上接入电容器而实现制动的一种方法。三相电容器可以接成星形或三角形,与定子出线端组成闭合电路。

当旋转着的电动机切断电源时,转子内仍有剩磁,转子具有惯性仍然继续转动,就相当于在转子周围形成一个转子旋转磁场。这个磁场切割定子绕组,在定子绕组内产生感应电动势,通过电容器组成的闭合电路,对电容器充电,在定子绕组中形成励磁电流,建立一个磁场,这个磁场与转子感应电流相互作用,产生一个阻止转子旋转的制动转矩,使电动机迅速停车,完成制动过程,其制动原理接线图如图2-32所示。

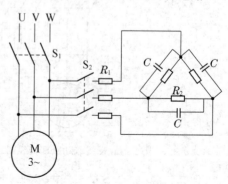

图2-32 电容制动原理接线图

5．机械制动

机械制动应用较普遍的是电磁抱闸制动,图2-33是电磁抱闸结构图。它的构成主要有两部分:一部分是电磁铁,另一部分是闸瓦制动器。闸瓦制动器包括弹簧、闸轮、杠杆、闸瓦和轴等。闸瓦与电动机装在同一根轴上。

电动机启动时,同时给电磁抱闸的电磁铁线圈通电,电磁铁的动铁芯被吸合,通过一系列杠杆作用,动铁芯克服弹簧拉力,迫使闸瓦和闸轮分开,闸轮可以自由转动,电动机就正常运转起来。当切断电动机电源时,电磁铁线圈的电源也同时被切断,动铁芯和静铁芯分离,使闸瓦在弹簧作用下,把闸轮紧紧抱住,摩擦力矩将使闸轮

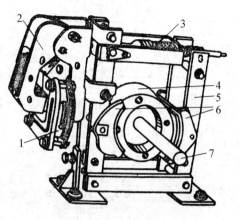

1—电磁铁线圈;2—铁芯;3—弹簧;
4—闸轮;5—杠杆;6—闸瓦;7—轴。

图 2-33 电磁抱闸结构图

迅速停止转动,电动机也就停止转动了。制动器的抱紧和松开由弹簧和电磁铁相互配合完成。调节弹簧可在一定范围内调节制动力矩,以便控制制动时间。

由于电磁铁和电动机共用一个电源和一个控制电路,只要电动机不通电,闸瓦总是把闸轮紧紧抱住,电动机总是制动着的。

电磁抱闸制动,制动力大,被广泛应用在起重设备上。它安全可靠,不会因突然断电而发生事故。不足之处是制动器磨损严重,快速制动时产生振动,另外电磁抱闸体积较大。

(二) 三相异步电动机的反转

在生产上常需要使电动机反转。由三相异步电动机的工作原理可知:三相异步电动机的转动方向始终与定子绕组所产生的旋转磁场方向相同,而旋转磁场方向与通入定子绕组的电流相序有关,因此,只要改变通入三相电动机定子绕组的相序,即把接到电动机上的3根电源线中的任意两根对调一下,电动机便会反向旋转。

六、三相异步电动机常见故障检修

电动机经长期运行后,会发生各种故障。及时判断故障原因、进行相应处理,是防止故障扩大、保证设备正常运行的重要工作。表2-2中,列出了三相异步电动机的常见故障现象、故障原因和处理方法,供分析处理故障时参考。

表 2-2 三相异步电动机常见故障分析

故障现象	故障原因	处理方法
通电后电动机不启动,无异常声音,也无异味和冒烟	(1) 无三相电源(至少两相断路) (2) 熔丝熔断(至少两相熔断) (3) 过流继电器整定值调得过小,通电后即起作用,断开电路 (4) 控制设备接线错误	(1) 检查电源回路开关,熔丝、接线盒处是否有断点、修复 (2) 检查熔丝型号、熔断原因、换新熔丝 (3) 调节继电器整定值与电动机配合 (4) 改正接线

故障现象	故障原因	处理方法
通电后电动机不启动,然后熔丝烧断	(1) 定子绕组相间短路 (2) 电动机缺一相电源,或定子线圈一相反接 (3) 新修的电动机定子绕组接线错误 (4) 定子绕组接地 (5) 熔丝截面过小 (6) 电源线短路或接地	(1) 查出短路点,予以修复 (2) 检查刀闸是否有一相未合好,或电源回路有一相断线;消除反接故障 (3) 查出误接处,并予以更正 (4) 消除接地 (5) 更换熔丝 (6) 消除接地点
通电后电动机不启动,电机内有"嗡嗡"声	(1) 绕组引出线末端接错或绕组内部接反 (2) 定、转子绕组有断路(一相断线)或电源一相失电 (3) 电动机负载过大或转子卡住 (4) 电源回路接点松动,接触电阻大 (5) 电源电压过低 (6) 小型电动机装配太紧或轴承内油脂过硬 (7) 轴承卡住	(1) 检查绕组极性;判断绕组首末端是否正确 (2) 查明断点,予以修复 (3) 减轻电动机负载或查出并消除机械故障 (4) 紧固松动的接线螺丝,用万用表判断各接头是否假接,予以修复 (5) 检查是否把规定的△接法误接为Y接法;是否由于电源导线过细使压降过大,予以修正 (6) 重新装配使之灵活;更换合格油脂 (7) 修复轴承
额定负载运行时转速低于额定值	(1) 电源电压过低(低于额定电压) (2) 三角形(△)接法的电动机误接成了星形(Y)接法 (3) 笼形电动机的转子断笼或脱焊 (4) 定、转子局部线圈错接、反接 (5) 修复电动机绕组里增加匝数过多 (6) 电机过载 (7) 绕线转子绕组中断相或某一相接触不良 (8) 绕线电动机的集电环与电刷接触不良,从而使接触电阻增大,损耗增大,输出功率减少 (9) 控制单元接线松动 (10) 电源缺相 (11) 定子绕组的并联支路或并绕导体断路 (12) 绕线电动机转子回路串电阻过大 (13) 机械损耗增加,从而使总负载转矩增大	(1) 测量电源电压,设法改善 (2) 检测接线方式,纠正接线错误 (3) 采用焊接法或冷接法修补笼形电动机的转子断条 (4) 查出误接处,予以改正 (5) 恢复电动机的正确匝数 (6) 减少电动机负载 (7) 对于绕线式电动机滑环接触不良,应及时修理与更换 (8) 调整电刷压力,用细砂布磨好电刷与集电环的接触面 (9) 检查控制回路的接线,特别是给定端与反馈接头的接线,保持接线正确可靠 (10) 对于由于熔断器断路出现的断相运行,应检查出原因,处理所更换熔断器熔丝 (11) 检查断路处并修复 (12) 适当减小转子回路串接的变阻器阻值 (13) 对于机械损耗过大的电动机,应检查损耗原因,处理故障
电动机三相电流相差大	(1) 绕组首尾端接错 (2) 重绕时,定子三相绕组匝数不相等 (3) 电源电压不平衡 (4) 绕组存在匝间短路、线圈反接等故障	(1) 检查绕组首尾端接错处,并纠正 (2) 重新绕制定子绕组,保证三相绕组匝数相同 (3) 测量电源电压,设法消除不平衡 (4) 查找匝间短路故障点,将反接线圈纠正,消除绕组故障

故障现象	故障原因	处理方法
电动机空载、过负载时,电流表指针不稳,摆动	(1) 笼形转子导条开焊或断条 (2) 绕线形转子故障(一相熔断)或电刷集电环短路装置接触不良	(1) 查出断条予以修复或更换转子 (2) 检查绕线转子回路并加以修复
电动机空载电流大	(1) 电源电压过高 (2) 修复时,定子绕组匝数减少过多 (3) Y 连接电动机误接为△连接 (4) 电机装配中,转子装反,使定子铁芯未对齐,有效长度减短 (5) 气隙过大或不均匀 (6) 大修拆除旧绕组时,使用热拆法不当,使铁芯烧损	(1) 检查电源,设法恢复额定电压 (2) 重绕定子绕组,恢复正确匝数 (3) 改接为 Y 连接 (4) 重新装配 (5) 更换新转子或调整气隙 (6) 检查铁芯或重新计算绕组,适当增加匝数
电动机运行时有异常响声	(1) 轴承磨损或油内有沙粒等异物 (2) 新修电动机的转子与定子绝缘纸或槽楔相擦 (3) 定子、转子铁芯松动 (4) 轴承缺油 (5) 风道填塞或风扇擦风罩 (6) 定、转子铁芯相擦 (7) 电源电压过高或不平衡 (8) 定子绕组错接或短路 (9) 电动机安装基础不平 (10) 转子不平衡 (11) 轴承严重磨损 (12) 电动机缺相运行	(1) 更换轴承或清洗轴承 (2) 修剪绝缘,削低槽楔 (3) 检修定、转子铁芯,固定松动的铁芯 (4) 加润滑油 (5) 清理风道、重新安装风罩 (6) 消除擦痕,必要时车小转子 (7) 检查并调整电源电压 (8) 消除定子绕组故障 (9) 检查紧固安装螺栓及其他部件,保持平衡 (10) 校正转子中心线 (11) 更换磨损的轴承 (12) 检查定子绕组供电回路,查出缺相原因,作相应的处理
电动机运行中振动过大	(1) 气隙不均匀 (2) 由于磨损轴承间隙过大 (3) 转子平衡 (4) 铁芯变形或松动 (5) 轴承弯曲 (6) 联轴器(皮带轮)中心未校正 (7) 风扇不平衡 (8) 机壳或基础强度不够 (9) 电动机地脚螺丝松动 (10) 笼形转子开焊,断路;绕线转子断路 (11) 定子绕组故障	(1) 调整气隙,使之均匀 (2) 检修轴承,必要时更换 (3) 校正转子动平衡 (4) 校正重叠铁芯 (5) 校直轴承 (6) 重新校正,使之符合规定 (7) 检修风扇,校正平衡,纠正其几何形状 (8) 进行加固 (9) 紧固地脚螺丝 (10) 修复转子绕组 (11) 修复定子绕组

故障现象	故障原因	处理方法
轴承过热	(1) 润滑脂过多或过少 (2) 润滑油污染或混入铁屑 (3) 轴承与轴颈或端盖配合不当(过松或过紧) (4) 轴承盖内孔偏心,与轴相擦 (5) 电动机两侧端盖或轴承未装平 (6) 电动机与负载间联轴器未校正,或皮带过紧 (7) 轴承间隙过大或过小 (8) 转轴弯曲,使轴承受外力 (9) 轴承损坏 (10) 传动带过紧;联轴器装配不良	(1) 调整润滑油,使其容量不超过轴承润滑室容积的2/3 (2) 更换清洁的润滑脂 (3) 过松可用粘结剂修复,过紧应车、磨轴颈或端盖内孔,使之合适 (4) 修理轴承盖,消除擦点 (5) 重新装配 (6) 重新校正,调整皮带张力 (7) 更换新轴承 (8) 校正电动机轴或更换转子 (9) 更换轴承 (10) 对于轴承装配不正,应将端盖或轴承盖装平,旋紧螺栓
电动机过热甚至冒烟	(1) 电源电压过高,使铁芯发热大大增加 (2) 电源电压过低,电动机又带额定负载运行,电流过大使绕组发热 (3) 铁芯硅钢片间的绝缘损坏,使铁芯涡流增大,损耗增大 (4) 定、转子铁芯相擦 (5) 电动机过载或频繁启动 (6) 笼形转子断条 (7) 定子缺相运行 (8) 重绕后定子绕组浸漆不充分 (9) 电动机的通风不畅或积尘太多 (10) 环境温度过高 (11) 电动机风扇故障,通风不良 (12) 定子绕组有短路或断路故障;定子绕组内部连接错误 (13) 电动机受潮或浸漆后烘干不够	(1) 降低电源电压,若是电动机Y、△接法错误引起,则应改正接法 (2) 提高电源电压或换粗供电导线 (3) 检修铁芯,排除故障 (4) 消除擦点(调整气隙或锉、车转子) (5) 降低负载或更换容量较大的电动机;按规定次数控制启动 (6) 检查并消除转子绕组故障 (7) 检查三相熔断器有无熔断及启动装置的三相触点是否接触良好,排除故障或更换 (8) 采用二次浸漆及真空浸漆工艺 (9) 检查风扇是否脱落,使空气流通,清理电动机内部的粉尘,改善散热条件 (10) 采取降温措施,避免阳光直晒或更换绕组 (11) 检查并修复风扇,必要时更换 (12) 检查定子绕组的短路或断路点,进行局部修复或更换绕组检修定子绕组,消除故障 (13) 检查绕组受潮情况,必要时进行烘干处理
电动机外壳带电	(1) 误将电源线与接地线搞错 (2) 电动机的引出线破损 (3) 电动机绕组绝缘老化或损坏,对机壳短路 (4) 电动机受潮,绝缘能力降低	(1) 检测电源线与接地,纠正接线 (2) 修复引出线端口的绝缘 (3) 用兆欧表测量绝缘电阻是否正常,决定受潮程度。若较严重,则应进行干燥处理 (4) 对绕组绝缘严重损坏情况应及时更换

任务实施

工作任务 1：三相异步电动机的拆装

一、任务描述

　　准备好拆卸电动机的工具和器材，将三相异步电动机的电源线路断开，做好有关拆卸前的记录工作，按照正确的拆卸顺序拆卸电动机，仔细观察各组成部件的结构，检查各组成部件的质量；认真做好各组成部件的装配准备工作，按照拆卸顺序相反的方法装配电动机，通电试车检查装配质量。

二、训练内容

1. 拆卸前的准备工作

（1）准备好拆卸工具，特别是拉具、套筒等专用工具。

（2）选择和清理拆卸现场。

（3）熟悉待拆电动机结构及故障情况。

（4）做好标记。

① 标出电源线在接线盒中的相序；

② 标出联轴器或皮带轮在轴上的位置；

③ 标出机座在基础上的位置，整理并记录好机座垫片；

④ 拆卸端盖、轴承、轴承盖时，记录好哪些属负荷端，哪些在非负荷端。

（5）拆除电源线和保护接地线，测定并记录绕组对地绝缘电阻。

（6）把电动机拆离基础，搬至修理拆卸现场。

2. 拆卸步骤

三相异步电动机的拆卸步骤如图 2-34 所示。

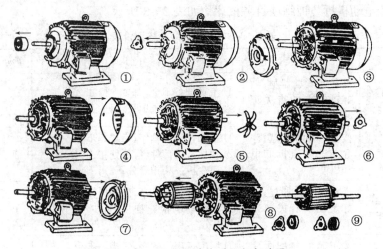

图 2-34　三相异步电动机拆卸步骤

（1）用拉具从电机轴上拆下皮带轮或联轴器；

（2）用螺丝刀等工具卸掉前轴承（负荷侧）外盖；

（3）用螺丝刀和撬棍等工具拆下前端盖；

（4）用螺丝刀等工具拆下风罩；

（5）用撬棍等工具拆下风扇；

（6）用螺丝刀等工具拆下后轴承（非负荷侧）外盖；

（7）用螺丝刀和撬棍拆下后端盖；

（8）抽出转子，注意不应划伤定子，不应损伤定子绕组端口，平稳地将转子抽出；

（9）拆下转子上前、后轴承和前、后轴承内盖。

3. 装配前的准备工作

（1）认真检查装配工具、场地是否清洁、齐备；

（2）彻底清扫定、转子内部表面的尘垢，最后用汽油沾湿的棉布擦拭（汽油不能太多，以免浸入绕组内部破坏绝缘）；

（3）用灯光检查气隙、通风沟、止口处和其他空隙有无杂质和漆瘤，如有，则必须清除干净；

（4）检查槽楔、绑扎带、绝缘材料是否松动脱落，有无高出定子铁芯内表面的地方，如有，应清除掉；

（5）检查各相绕组冷态直流电阻是否基本相同，各相绕组对地绝缘电阻和相间绝缘电阻是否符合要求。

4. 装配步骤

原则上按拆卸相反步骤进行电动机的装配。

5. 通电试车

接通电动机电源电路，通电试车，检查装配质量。

为保证人身安全，在通电试车时，应认真执行安全操作规程的有关规定：一人监护，一人操作。

三、项目评价

三相异步电动机拆装训练项目考核评价如表 2-3 所示。

表 2-3　电动机拆装考核评价表

序号	项目内容	考核要求	评分细则	配分	扣分	得分
1	拆卸前的准备工作	准备好工具器材；做好拆卸前的有关记录工作	① 工具准备不全，每少一样扣 2 分 ② 拆卸前的记录项目，每少一项扣 2 分	10		
2	拆卸过程	按正确的拆卸顺序和工艺要点拆卸电动机	① 拆卸过程的顺序，每错一步扣 5 分 ② 损坏有关部件者，每处扣 10 分 ③ 每少拆一项扣 5 分	30		
3	装配前的准备工作	准备好工具器材；做好装配前有关部件的检查工作	① 工具准备不全，每少一样扣 2 分 ② 装配前的检查项目，每少检一项扣 2 分	10		
4	装配过程	按正确的装配顺序和工艺要点装配电动机	① 装配过程的顺序，每错一步扣 5 分 ② 损坏有关部件者，每处扣 10 分 ③ 每少装或装错一项扣 5 分	30		

续表

序号	项目内容	考核要求	评分细则	配分	扣分	得分
5	通电试车	电动机通电正常工作,且各项功能完好	① 一次通电试车不转或其他异常情况,扣3分 ② 没有找到不转或其他异常情况的原因,扣5分 ③ 电机开机烧电源,本项记0分	10		
6	6S规范	整理、整顿、清扫、安全、清洁、素养	① 没有穿戴防护用品,扣4分 ② 未清点工具、仪器,扣2分 ③ 未经试电笔测试前,用手触电动机,扣5分 ④ 乱摆放工具,乱丢杂物,完成任务后不清理工位,扣2~5分 ⑤ 违规操作,扣5~10分	10		
定额时间90 min		每超时5 min及以内,扣5分		成绩		
备注		除定额时间外,各项目扣分不得超过该项配分				

工作任务 2:三相异步电动机定子绕组首尾端的判别

一、任务描述

在维修电动机时,常常会遇到线端标记已丢失或标记模糊不清,从而无法辨识的情况。为了正确接线,就必须重新确定定子绕组的首尾端。分别应用直流法、交流法与灯泡检测法3种方法判别三相异步电动机定子绕组的首尾端。

二、训练内容

1. 用低压交流电源与电压表测定定子绕组的首尾端

(1) 首先用万用表电阻挡查明每相绕组的两个出线端,并做标记。

(2) 将三相绕组中任意两相绕组相串联,另两端与电压表相连,接线图如图2-35(a)所示。

(3) 将余下一相绕组与单相调压器或36 V照明变压器的输出端相连接。

(4) 经指导教师检查许可后,将调压器输出电压调到零,接通开关S,调节输出电压,使输出电压逐渐升高,同时观察电压表有无读数。若电压表无读数,即电压表指针不偏转,说明连接在一起的两绕组的出线端同为首端或尾端;若电压表有读数,则说明连接在一起的两绕组出线端中一个是首端、一个是尾端。这样,可以将任意一端定为已知首端,其余3个端即可定出首尾端,并标注U1U2、V1V2。

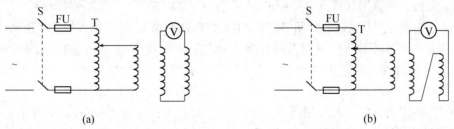

(a)   (b)

图 2-35   用低压交流电源与电压表测定首尾端

（5）将确定出首尾端的其中一相绕组接调压器，另两相又串联相接，再与电压表相连，如图 2-35(b)所示。重复步骤（4）的过程，即可根据已知的一相首尾端，确定未知一相绕组的首尾端，并标上 W1W2。

2. 用 220 V 交流电源和灯泡测定定子绕组的首尾端

注意应用 220 V 交流电源这种方法测定时，通电时间应尽量短，以免绕组过热，破坏绝缘，有条件时，可用 36 V 机床照明变压器及 36 V 灯泡代替。

（1）可先用万用表查明每相绕组的两个出线端。也可将灯泡与 1 个出线端相串联后，再与其余 5 个出线端中的 1 个和电源相接，灯泡发光者为同一相的两出线端。同样办法测定两绕组后，余下一组不测自明。

（2）将任意两绕组相串联，另两端接在电压相符的灯泡上（即用 36 V 交流电源接 36 V 灯泡），如图 2-36(a)所示。

（3）将另一相两出线端与 220 V 交流电源相接，经指导教师检查许可后，方可通电进行实验。

（4）观察灯泡亮与不亮。若灯泡不亮，说明连在一起的两出线端同为首端或尾端；若灯泡亮，则说明连接在一起的两出线端中一个首端、一个是尾端。可任意设定其中 1 个出线端为首端，即可确定出其余 3 个出线端的首端或尾端。将标记做好，即标上 U1U2、V1V2。做此项实验时，如果灯泡不亮，应改换接线，让灯泡亮起来，使实验成功的现象明显，增加可见度和可信度。

（5）将已有标记的一相绕组与未知的一相绕组相串联，再连接好灯泡。将已有标记的另一相绕组接通电源，如图 2-36(b)所示。重复步骤（4）的过程，即可确定未知一相绕组的首尾端。

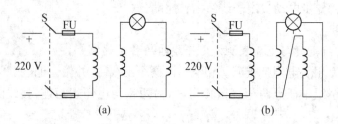

图 2-36 用交流电源与灯泡测定首尾端

3. 用低压直流电源和万用表测定定子绕组的首尾端

注意应用此方法时，接通电源时间应尽量短，若时间过长，极易损坏电源。

（1）用万用表查明每相绕组的两个出线端。

（2）将任意两相绕组串联后，接于万用表的直流毫安挡。

（3）将另一相绕组与直流电源相接，作短暂的接通与断开，如图 2-37(a)所示。

（4）在接通与断开电源的瞬间，观察万用表指针是否摆动，若万用表指针不摆动，将其串联的两绕组出线端调换一下，这时万用表指针应该有摆动，说明接在一起的两出线端中，一个是首端、一个是尾端。若调换端线后，接通或断开电源的瞬间，万用表指针仍不摆动，可能是各接点有接触不良的地方，或者是万用表量程较大，做适当调整，万用表指针就能摆动了。

（5）将确定出首尾端的一相绕组与未知首尾端的一相绕组相串联，再接万用表。将已确定出首尾端的另一相绕组接电源，如图 2-37(b)所示。重复步骤（4）的过程，就可以确定出未知一相绕组的首尾端出线端。

（6）如图 2－37（c）所示，将万用表较小量程的毫安挡与任意一相的两出线端相连，再把另一相绕组的两出线端通过开关 S 接电源，并首先指定准备接电源的"＋"端的绕组出线端为首端，接"－"端的为尾端。当电源开关 S 闭合时，如果万用表的指针右摆，则与万用表正极相连接的出线端是尾端，与万用表负极相连接的出线端是首端。如果万用表指针左摆，则调换电源正负极，使其右摆进行测定。另一相也作相应的判断就可以了。

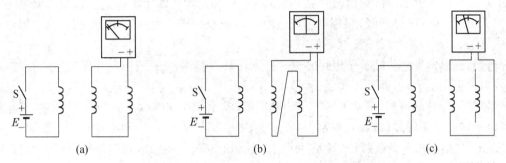

图 2－37 用低压直流电源与万用表测定首尾端

三、项目评价

三相异步电动机定子绕组首尾端判别训练项目考核评价如表 2－4 所示。

表 2－4 三相异步电动机定子绕组首尾端判别训练考核评价表

序号	项目内容	考核要求	评分细则	配分	扣分	得分
1	用低压交流电源与电压表测定首尾端	按正确的接线图接线，会正确使用仪表，注意安全，判别结果正确	① 接线错误，每错一处扣 5 分 ② 不会使用万用表，扣 10 分 ③ 注意安全不够，扣 5～10 分 ④ 结果错误，扣 30 分	30		
2	用交流电源与灯泡测定首尾端	按实训原理图正确接线，注意安全，判别结果正确	① 接线错误，每错一处扣 5 分 ② 注意安全不够，扣 5～10 分 ③ 结果错误，扣 30 分	30		
3	用低压直流电源与万用表测定首尾端	按正确的接线图接线，会正确使用仪表，注意安全，判别结果正确	① 接线错误，每错一处扣 5 分 ② 不会使用万用表，扣 10 分 ③ 注意安全不够，扣 5～10 分 ④ 结果错误，扣 30 分	30		
4	6S 规范	整理、整顿、清扫、安全、清洁、素养	① 没有穿戴防护用品，扣 4 分 ② 未清点工具、仪器，扣 2 分 ③ 未经试电笔测试前，用手触电动机，扣 5 分 ④ 乱摆放工具，乱丢杂物，完成任务后不清理工位，扣 2～5 分 ⑤ 违规操作，扣 5～10 分	10		
定额时间 90 min	每超时 5 min 及以内，扣 5 分			总分		
备注	除定额时间外，各项目扣分不得超过该项配分					

研讨与练习

【研讨 1】　哪些原因会造成三相异步电动机断相？断一相后三相异步电动机会出现什么故障现象？断相有什么危害？应怎样处理？

分析研究：

（1）三相异步电动机断相的可能原因主要有三相电动机的定子绕组一相断线或电动机的电源电缆、进线一相断线；三相电动机电源的熔断器一相熔断或一相接触不良；三相电动机的开关、刀闸一相接触不良或一相断开等。

（2）三相异步电动机断一相后出现的故障现象：原来停着的三相电动机发生断相时，一旦通电不但不能启动，而且还会发出"嗡嗡"作响的声音，用手拨一下电动机转子的轴，也许电动机能慢慢转动起来；正常运转的三相电动机，发生断相造成缺相运行时，若负载不是很大，电动机会继续转动，很难发现是否是断相运行了。

（3）三相异步电动机断相运行的危害：若三相电动机一相断电后仍带额定负载运行，电动机的转子、定子电流将增大，电动机的转子、定子损耗都会显著增加，电动机的发热加剧而造成过热，严重时将烧毁电动机。

（4）运行中的三相异步电动机断相后线电流的变化情况：对绕组为星形连接的三相异步电动机系列，运行中若一相断线，则另两相的电流会增大，由于 $I_{相}＝I_{线}$，线电流也增大；对绕组为三角形连接的三相异步电动机系列，当电动机重载或满载的情况下，运行中断一相，则另两相的电流同样会增大；但是当电动机处于轻载（如 58%）的情况时，当电动机一相断路，其线电流不会超过电动机的额定值，而某一相的相电流可超过电动机的额定值（约为额定值的 1.15 倍），运行时间稍长，电动机会烧坏。

检查处理：加强对运行中设备的巡视以及电动机运行参数的监视，发现三相电动机发生断相变成缺相运行时，应尽快启动备用设备运行，及时对发生故障的电动机进行检查处理。

正确地选配热继电器作为电动机运行中过载或断相保护装置：对绕组为星形连接的三相异步电动机系列，用普通两相或三相热继电器即可正常保护；对绕组为三角形连接的三相异步电动机系列，则应装设带断相保护装置的三相热继电器进行过载和断相保护。

【研讨 2】　在选择电动机时，其中电动机额定转速的选择由哪些因素确定。

分析研究：电动机的额定功率大小取决于额定转矩与额定转速的乘积。其中额定转矩的大小又取决于额定磁通与额定电流的乘积。因为额定磁通的大小决定了铁芯材料的多少，额定电流的大小决定了绕组用铜的多少，所以电动机的体积是由额定转矩决定的，可见电动机的额定功率正比于它的体积与额定转速的乘积。对于额定功率相同的电动机来说，额定转速愈高，体积愈小，对于体积相同的电动机来说，额定转速愈高，额定功率愈大。电动机的用料和成本都与体积有关，额定转速愈高，用料愈少，成本愈低。这就是电动机大都制成具有较高额定转速的缘故。

大多数工作机构的转速都低于电动机的额定转速，因此需要采用传动机构进行减速。当传动机构已经确定时，电动机的额定转速只能根据工作机构要求的转速来确定。但是，为了使过渡过程的能量损耗最小且时间最短，应该选择合适的转速比，可以证明，过渡过程的能量损耗最小和时间最短的条件是运动系统的动能最小。当转速比小时，电动机的额定转速低,电动机的体积大,因而飞轮矩大;当转速比大时,电动机的额定转速高,电动机的体积小,因而飞轮矩小。在这两种情况下,选择合适的转速比,才能使过渡过程的能量损耗最小和时间最短,符合这种条件的转速比称为最佳速比。

检查处理:为了使电力拖动系统具有最佳速比,传动机构的设计应当同电动机的额定转速选择结合起来进行,还应综合考虑电动机和生产机械两方面的因素来确定。

(1) 对不需要调速的高、中速生产机械,可选择相应额定转速的电动机,从而省去减速传动机构。

(2) 对不需要调速的低速生产机械,可选用相应的低速电动机或者传动比较小的减速机构。

(3) 对经常启动、制动和反转的生产机械,选择额定转速时则应主要考虑缩短启、制动时间以提高生产率,启、制动时间的长、短主要取决于电动机的飞轮矩和额定转速,应选择较小的飞轮矩和额定转速。

(4) 对调速性能要求不高的生产机械,可选用多速电动机或者选择额定转速稍高于生产机械的电动机配以减速机构,也可以采用电气调速的电动机拖动系统,在可能的情况下,应优先选用电气调速方案。

(5) 对调速性能要求较高的生产机械,应使电动机的最高转速与生产机械的最高转速相适应,直接采用电气调速。

【课堂练习】 三相异步电动机的启动电流为什么会很大? 启动电流大有什么危害? 为减少启动电流,常用哪些启动方法? 各应用于什么场合?

巩固与提高

一、填空题

1. 三相异步电动机的定子绕组是一个_____位置对称的_____绕组,如果其中通入_____对称的交流电流,可建立一个_____旋转的旋转磁场。

2. 转子转速 n 恒_____于旋转磁场的转速 n_1,这种电动机称为异步电动机,n_1 称为_____,转速 n_1 与 n 的差称为_____。

3. 异步电动机旋转磁场的转速 n_1 与电源的频率成_____比,与磁极对数成_____比。

4. 三相异步电动机,若铭牌上写"接法 Y/△",额定电压"380/220 V",表明电源线电压为 380 V 时应接成_____形,电源线电压为 220 V 时应接成_____形。

5. 机械特性是异步电动机的主要特性,它表明电动机_____与_____之间的关系。

6. 三相异步电动机输出的功率总是_____于输入的电功率,是因为在运行中总会有功率_____。

7. 三相异步电动机存在启动电流过_____,而启动转矩过_____的问题。

8. 笼形异步电动机的降压启动的方法有定子回路_____降压启动、_____降压启动、_____降压启动和_____降压启动。

9. 采取 Y-△减压启动的电动机,正常运行时其定子绕组应是_____形联结,减压启动时的电流可下降为直接启动电流的_____，启动转矩可下降为直接启动转矩的_____。

10. 线绕转子异步电动机的启动，采用转子回路串_____或串_____启动。

11. 异步电动机可采用改变_____、改变_____和改变_____进行调速。

12. 异步电动机采用改变_____或改变_____或采用_____调速，这些都属于改变转差率调速。

二、判断题（对的打"√"，错的打"×"）

13. 在交流电机的三相相同绕组中，通以三相相等电流，可以形成圆形旋转磁场。
（ ）

14. 三相异步电动机定子极数越多，则转速越高，反之则越低。 （ ）

15. 电动机定子、转子间有匝间短路故障，会引起绕组发热。 （ ）

16. 三相异步电动机的转差率在 0～1 之间。 （ ）

17. 为了提高三相异步电动机的启动转矩，可使电源电压高于额定电压，从而获得较好的启动性能。 （ ）

三、计算题

18. 一台三相异步电动机，额定功率 $P_N = 55$ kW，电网频率为 50 Hz，额定电压 $U_N = 380$ V，额定效率 $\eta_N = 0.79$，额定功率因数 $\cos\varphi_N = 0.89$，额定转速 $n_N = 570$ r/min。试求：(1) 同步转速；(2) 极对数 p；(3) 额定电流 I_N；(4) 额定转差率 s_N。

19. 一台 Y225M-4 型的三相异步电动机，定子绕组△联结，其额定数据为 $P_N = 45$ kW，$n_N = 1\,480$ r/min，$U_N = 380$ V，$\eta_N = 0.923$，$\cos\varphi_N = 0.88$，$I_Q/I_N = 7.0$，$T_Q/T_N = 1.9$，$T_{max}/T_N = 2.2$。求：(1) 额定电流 I_N；(2) 额定转差率 s_N；(3) 额定转矩 T_N、最大转矩 T_{max} 和启动转矩 T_Q；(4) 采用 Y-△换接启动时，启动电流和启动转矩；(5) 当负载转矩为启动转矩的 80% 和 50% 时，电动机能否启动？

项目 3　单相异步电动机的使用与检修

学习目标

(1) 熟悉单相交流异步电动机的基本结构、工作原理及分类方法。
(2) 掌握单相交流异步电动机的反转和调速方法。
(3) 掌握单相交流异步电动机常见故障的检修方法。

任务描述

通过对单相交流异步电动机的拆装及试运行试验,熟悉其基本结构和工作原理;通过对单相交流异步电动机反转和调速特点的分析,正确选择反转和调速方法;根据单相交流异步电动机的结构和工作原理,分析单相交流异步电动机可能出现的故障现象,并分析其故障产生的可能原因,提出故障处理的方法。

知识链接

一、单相交流异步电动机的认知

单相交流异步电动机是利用单相交流电源供电的一种小容量交流电机。由于单相交流异步电动机具有结构简单、成本低廉、运行可靠、维修方便等优点,并且可以直接在单相220 V 交流电源上使用的特点,所以被广泛应用于办公场所、家用电器等方面,在工厂、农业生产及其他领域也使用着不少单相交流异步电动机,如电风扇、洗衣机、电冰箱、吸尘器、小型鼓风机、小型车床、医疗器械等等。

单相交流异步电动机与同容量的三相异步电动机相比较,具有体积较大、运行性能较差、效率较低的缺点,因此一般只制成小型和微型系列,容量在几瓦到几百瓦之间。

(一) 单相交流异步电动机的基本原理

前面我们已经分析过,给三相异步电动机的定子三相绕组中通入三相交流电时,会形成一个旋转磁场,在旋转磁场的作用下,转子将获得启动转矩而自行启动。下面我们来分析单相交流异步电动机的基本原理。

1. 脉动磁场

如图 3-1 所示,单相交流异步电动机单相绕组中通入单相交流电后,产生磁场。图 3-1(a) 所示为单相交流电的波形图,假设在交流电的正半周,电流从单相定子绕组的左半侧流入,右半侧流出,则由电流产生的磁场如图 3-1(b) 所示,该磁场的大小随电流的变化而变化,但方向则保持不变。当电流为零时,磁场也为零。当电流变为负半周时,产生的磁场方向也随之发生变化,如图 3-1(c)所示。

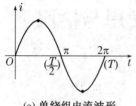
(a) 单绕组电流波形

(b) 正半周电流产生的磁场

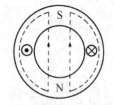
(c) 负半周电流产生的磁场

图 3-1 单相脉动磁场

由此可见,向单相交流异步电动机单相绕组通入单相交流电后,产生的磁场大小及方向在不断变化,但磁场的轴线却固定不动,这种磁场空间位置固定,只是幅值和方向随时间变化,即只脉动而不旋转的磁场,称为脉动磁场。脉动磁场可以分解为两个大小相等、方向相反的旋转磁场 Φ_1 和 Φ_2,如图 3-2 所示,图中表明了在不同瞬时两个转向相反的旋转磁场的幅值 Φ_{1m} 和 Φ_{2m} 在空间的位置,以及由它们合成的脉动磁场 Φ 随时间而交变的情况。

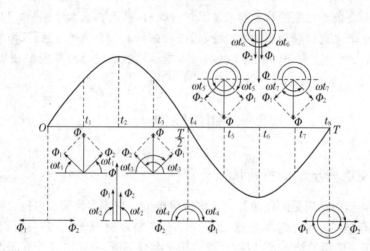

图 3-2 脉动磁场的分解

在 $t=0$ 时,两个旋转磁场 Φ_1 和 Φ_2 的大小相等、方向相反,其合成磁场 $\Phi=0$,到 $t=t_1$ 时,Φ_1 和 Φ_2 按相反的方向各在空间转过 ωt_1,故其合成磁通

$$\Phi=\Phi_{1m}\sin\omega t_1+\Phi_{2m}\sin\omega t_1=2\times\frac{\Phi_m}{2}\sin\omega t_1=\Phi_m\sin\omega t_1$$

由此可见,在任何时刻 t,合成磁场为

$$\Phi=\Phi_m\sin\omega t$$

即两个大小相等、方向相反的旋转磁场的合成磁场为脉动磁场;也可以说脉动磁场可分解为两个大小相等、方向相反的旋转磁场。

在这两个旋转磁场的作用下,原来静止的电机转子绕组上产生的两个电动势和两个电磁力矩也会大小相等、方向相反,即两个电磁力矩的合成电磁转矩为零,所以单相交流异步电动机如果原来静止不动,在脉动磁场的作用下,转子仍然静止不动,即单相交流异步电动机没有启动转矩,不能自行启动,这是单相交流异步电动机的一个主要缺点。若用外力去拨动一下电动机的转子,则转子导体就切割定子脉动磁场,产生电流,从而受到电磁力的作用,转子将顺着拨动的方向转动起来。为说明该问题,我们可以借助于单相交流异步电动机的转矩特性曲线,即 $T=f(s)$ 曲线来加以分析。单相交流异步电动机的 $T=f(s)$ 曲线如图 3-3 所示,该曲线可通过理论分析或实验得到。其特点如下:

(1) 当 $s=1$ 时,即表示转子不动、转速为零,由图中可见,此时电动机产生的电磁转矩 T 也为零,即单相交流异步电动机启动转矩为零。

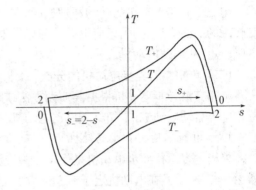

图 3-3 单相交流异步电动机的 $T=f(s)$ 曲线

(2) 如采取适当措施,在单相交流异步电动机接入单相交流电源的同时,使转子向正方向旋转一下(即转速假设为正,$s<1$),从图 3-3 中可见,此时电磁转矩 T 也为正,即转矩方向与电动机转向一致,因此为拖动转矩,当拖动转矩大于电动机的负载阻力矩时,就和三相异步电动机的启动情况一样,使转子加速,最后在某一转差率下(对应某一转速下)稳定运行。

(3) 当电动机转速接近同步转速(即 s 接近零)时,电磁转矩也接近零。因此,单相交流异步电动机同样不能达到同步转速。

(4) 当转差率大于 1 而小于 2 时,即转子向反方向旋转,则此时的电磁转矩也为负,故电磁转矩的方向仍和转子旋转方向一致,所以同样可以使转子反方向加速到接近同步转速并稳定运转。因此单相交流异步电动机没有固定的转向,两个方向都可以旋转,究竟朝哪个方向旋转,由启动转矩的方向决定。因此,必须解决单相交流异步电动机的启动问题。

2. 旋转磁场

可以证明,具有 90° 相位差的两个电流通过空间位置相差 90° 的两相绕组时,产生的合成磁场为旋转磁场。图 3-4 说明了产生旋转磁场的过程。

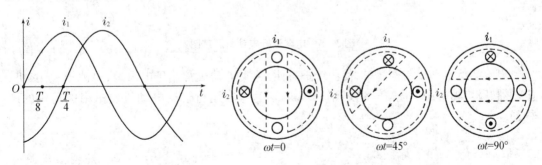

(a) 两绕组支路的电流波形   (b) 单相交流异步电动机的旋转磁场

图 3-4 单相交流异步电动机旋转磁场的产生

与项目 2 中三相旋转磁场的产生分析方法相同,画出对应于不同瞬间定子绕组中的电流所产生的磁场,如图 3-4 所示,由图中我们可以得到如下的结论:向空间位置互差 90°电角度的两相定子绕组内通入在时间上互差 90°电角度的两相电流,产生的磁场也是沿定子内圆旋转的旋转磁场。

3. 转动原理

与三相异步电动机的转动原理相同,在旋转磁场的作用下,鼠笼式结构的转子绕组切割旋转磁场的磁力线,产生感应电动势和感应电流,该感应电流又与旋转磁场作用使转子获得电磁转矩,从而使电动机旋转。

(二)单相交流异步电动机的分类

单相交流异步电动机根据其启动方法或运行方法的不同,可分为单相电容运行电动机、单相电容启动电动机、单相电阻启动电动机、单相罩极电动机等。下面我们分别予以介绍。

1. 单相电容运行异步电动机

单相电容运行异步电动机是使用较为广泛的一种单相交流异步电动机,其原理线路图如图 3-5 所示。在电动机定子铁芯嵌放两套绕组:主绕组 U_1U_2(又称工作绕组)和副绕组 Z_1Z_2(又称启动绕组),它们的结构相同(或基本相同),但在空间位置则互差 90°电角度。在启动绕组 Z_1Z_2 中串入电容器 C 以后再与工作绕组并联在单相交流电源上,适当地选择电容器 C 的容量,可以使流过工作绕组中的电流 I_U 和流过启动绕组中的电流 I_Z 相差约 90°电角度,如图 3-4(a)所示,从而满足了旋转磁场的产生和电动机转动的条件。

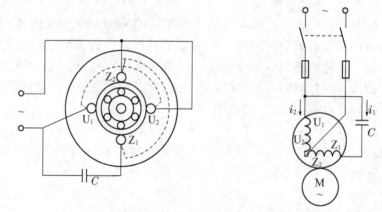

图 3-5 电容运行电动机原理图

电容运行电动机结构简单、使用维护方便,这类电动机常用于电风扇、电冰箱、洗衣机、空调器、吸尘器等中。图 3-6 及图 3-7 分别为电容运行台扇电动机及吊扇电动机的结构图。

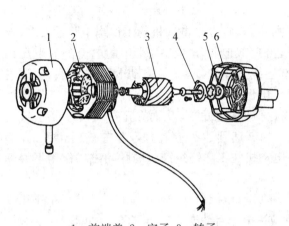

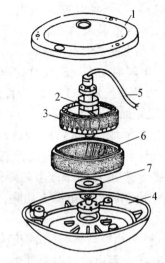

1—前端盖；2—定子；3—转子；
4—轴承盖；5—油毡圈；6—后端盖。

图 3-6　电容运行台扇电动机结构图

1—上端盖；2—挡油罩；3—定子；
4—下端盖；5—引出线；6—外转子；7—挡油罩。

图 3-7　电容运行吊扇电动机结构图

2. 单相电容启动异步电动机

如果在电容运行异步电动机的启动绕组中串联一个离心开关 S，就构成单相电容启动异步电动机，图 3-8 为单相电容启动异步电动机线路图，图 3-9 为离心开关动作示意图。当电动机转子静止或转速较低时，离心开关的两组触头在弹簧的压力下处于接触位置，即图 3-8 中的 S 闭合，启动绕组与工作绕组一起接在单相电源上，电动机开始转动，当电动机转速达到一定数值后，离心开关中的重球产生的惯性力大于弹簧的弹力，则重球带动触头向右移动，使两组触头断开，即图 3-8 中的 S 断开，将启动绕组从电源上切除。此后，电动机在工作绕组产生的脉动磁场作用下继续运转下去。

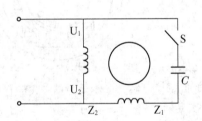

图 3-8　单相电容启动异步电动机线路图

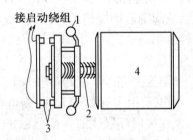

1—重球；2—弹簧；3—触头；4—转子。

图 3-9　离心开关动作示意图

电容启动电动机与电容运转电动机比较，前者有较大的启动转矩，但启动电流也较大，适用于各种满载启动的机械，如小型空气压缩机、部分电冰箱压缩机等。

3. 单相双值电容异步电动机

单相双值电容异步电动机电路如图 3-10 所示，C_1 为启动电容，容量较大；C_2 为工作电容，容量较小。两只电容并联后与启动绕组串联，启动时两只电容都工作，电动机有较大启动转矩，转速上升到 80% 左右额定转速后，启动开关将启动电容 C_1 断开，启动绕组上只串

联工作电容 C_2，电容量减少。因此，双值电容电动机既有较大的启动转矩（约为额定转矩的 2～2.5 倍），又有较高的效率和功率因数，被广泛应用于小型机床设备。

4. 单相电阻启动电动机

单相电阻启动电动机线路如图 3-11 所示，其特点是电动机的工作绕组匝数较多，导线较粗，因此感抗远大于绕组的直流电阻，可近似地看作流过绕组中的电流滞后电压约 90°电角度。而启动绕组 Z_1Z_2 的匝数较少，导线直径较细，又与启动电阻 R 串联，则该支路的总电阻远大于感抗，可近似认为电流与电源电压同相位，因此就可以看成工作绕组中的电流与启动绕组中的电流两者相位差近似 90°电角度，从而在定子与转子及空气隙中产生旋转磁场，使转子产生转矩而转动。当转速到达额定值的 80%左右时，离心开关 S 动作，把启动绕组从电源上切除。此后，电动机在工作绕组产生的脉动磁场作用下继续运转下去。

在一些专用电动机上，如冰箱压缩机电动机等，电阻启动异步电动机获得广泛的采用。

此外，电冰箱电动机中的启动开关 S 常应用电磁启动继电器和 PTC 元件等。

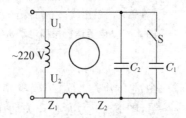

图 3-10 单相双值电容异步电动机电路图

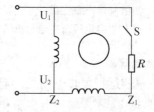

图 3-11 单相电阻启动电动机线路图

5. 单相罩极式异步电动机

罩极式电动机定子一般都采用凸极式的，工作绕组集中绕制，套在定子磁极上。在极靴表面的 1/4～1/3 处开有一个小槽，并用短路环把这部分磁极罩起来，故称罩极电动机。短路环起到启动绕组的作用，称为启动绕组。罩极电动机的转子仍做成笼形。图 3-12 为罩极异步电动机结构示意图。

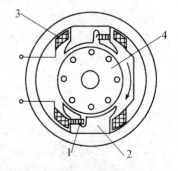

1—短路环；2—凸极式定子铁芯；
3—定子绕组；4—转子。

图 3-12 单相罩极式交流异步
电动机结构示意图

当工作绕组中通入单相交流电时，定子内磁场变化如下：

（1）当电流由零开始增大时，则电流产生的磁通也随之增大，但在被铜环罩住的一部分磁极中，根据楞次定律，变化的磁通将在铜环中产生感应电动势和感应电流，并阻止磁通的增加，从而使被罩磁极中的磁通较疏，未罩磁极中的磁通较密，如图 3-13(a) 所示。

（2）当电流达到最大值时，电流产生的磁通虽然最大，但因此时电流的变化率近似为零，所以磁通基本不变，这时铜环中基本没有感应电流产生，铜环对整个磁极的磁场无影响，因而整个磁极中的磁通均匀分布，如图 3-13(b) 所示。

（3）当电流由最大值下降时，由电流产生的磁通也随之下降，铜环中又有感应电流产生，以阻止被罩极部分中磁通的减小，因而被罩部分磁通较密，未罩部分磁通较疏，如图 3-13(c) 所示。

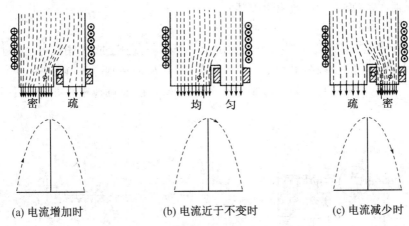

(a) 电流增加时　　　　　(b) 电流近于不变时　　　　　(c) 电流减少时

图 3-13　单相罩极式电动机中的磁场分布

由以上分析可知,罩极电动机磁极的疏密分布在空间上是移动的,由未罩部分向被罩部分移动,好似旋转磁场一样,从而使笼形结构的转子获得启动转矩,并且也决定了电动机的转向是由未罩部分向被罩部分旋转,其转向是由定子内部结构决定的,改变电流接线不能改变电动机的转向。

罩极电动机的主要优点是结构简单、制造方便、成本低、运行时噪声小、维护方便。按磁极形式的不同,可分为凸极式和隐极式两种,其中凸极式结构较为常见。罩极电动机的主要缺点是启动性能及运行性能较差,效率和功率因数都较低,方向不能改变。主要用于小功率空载启动场合,如计算机后面的散热风扇、各种仪表风扇、电唱机等。

(三) 单相交流异步电动机的反转与调速

1. 反转

(1) 只要任意改变工作绕组或启动绕组的首端、末端与电源的接线,即可改变旋转磁场的方向,从而使电动机反转。因为异步电动机的转向是从电流相位超前的绕组向电流相位落后的绕组旋转的,如果把其中的一个绕组反接,等于把这个绕组的电流相位改变了 $180°$,假如原来这个绕组是超前 $90°$,则改接后就变成了滞后 $90°$,结果旋转磁场的方向随之改变。

(2) 改变电容器的接法也可改变电动机转向。如洗衣机需经常正、反转,如图 3-14 所示。当定时器开关处于图中所处位置时,电容器串联在 U_1U_2 绕组上,U_1U_2 绕组上电流 I_U 超前于 Z_1Z_2 绕组上电流 I_Z 相位约 $90°$,经过一定时间后,定时器开关将电容从 U_1U_2 绕组切断,串联到 Z_1Z_2 绕组上,则电流 I_Z 超前于 I_U 相位约 $90°$,从而实现了电动机的反转。这种单相交流异步电动机的工作绕组与启动绕组可以互换,所以工作绕组、启动绕组的线圈匝数、粗细、占槽数都应相同。

外部接线无法改变罩极式电动机的转向,因为它的转向是由内部结构决定的,所以它一般用于不须改变转向的场合。

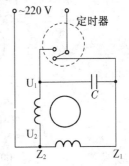

图 3-14　洗衣机电动机的正、反向控制

2. 调速

单相交流异步电动机和三相异步电动机一样,恒转矩负载的转速调节是较困难的。在

风机型负载情况下,调速一般有以下方法:

(1) 串电抗器调速

串串电抗器调速方法将电抗器与电动机定子绕组串联,通电时,利用在电抗器上产生的电压降,使加到电动机定子绕组上的电压低于电源电压,从而达到降压调速的目的。因此用串电抗器调速时,电动机的转速只能由额定转速向低速调速,其调速电路如图 3-15 所示。

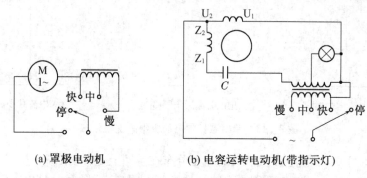

(a) 罩极电动机　　　　(b) 电容运转电动机(带指示灯)

图 3-15　单相交流异步电动机串电抗器调速电路图

串电抗器调速方法线路简单、操作方便,但只能有级调速,且电抗上消耗电能,另外电压降低后,电动机的输出转矩和功率明显降低,因此只适用于转矩及功率都允许随转速降低而降低的场合,目前只用于吊扇上。

(2) 绕组抽头调速

电容运转电动机在调速范围不大时,普遍采用定子绕组抽头调速。这种调速方法是在定子铁芯上再放一个调速绕组 D_1D_2(又称中间绕组),它与工作绕组 U_1U_2 及启动绕组 Z_1Z_2 连接后引出几个抽头(一般为 3 个),通过改变调速绕组与工作绕组、启动绕组的连接方式,调节气隙磁场大小来实现调速的目的。这种调速方法通常有 L 形接法和 T 形接法两种,如图 3-16 所示。

与串电抗器相比,绕组抽头调速省去了调速电抗器铁芯,降低了产品成本,节约了电抗器的能耗。其缺点是绕组嵌线和接线比较复杂,电动机与调速开关的接线较多。

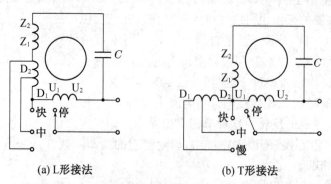

(a) L形接法　　　　　(b) T形接法

图 3-16　单相交流电动机绕组抽头调速接线图

(3) 串电容调速

将不同容量的电容器串入单相交流异步电动机电路中,也可调节电动机的转速。电容器容抗与电容量成反比,故电容量越小,容抗就越大,相应的电压降也就越大,电动机转速就越低;反之电容量越大,容抗就越小,相应的电压降也就越小,电动机转速就越高。

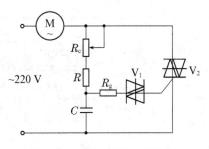

图 3 - 17　晶闸管调速原理图

(4) 自耦变压器调速

可以通过调节自耦变压器来调节加在单相交流异步电动机上的电压,从而实现电动机的调速。

(5) 晶闸管调压调速

前面介绍的各种调速电路都是有级调速,目前采用晶闸管调压的无级调速已越来越多。如图 3 - 17 所示,利用改变晶闸管 V_2 的导通角来实现调节加在单相交流异步电动机上的交流电压的大小,从而达到调节电动机转速的目的。本调速方法可以实现无级调速,缺点是有电磁干扰。目前常用于吊扇的调速。

(6) 变频调速

变频调速适合各种类型的负载,随着交流变频调速技术的发展,单相变频调速已在家用电器上应用,如变频空调等,它是交流调速控制的发展方向。

二、单相交流异步电动机常见故障及处理

单相交流异步电动机的许多故障,如机械构件故障和绕组断线、短路等故障,无论在故障现象和处理方法上都和三相异步电动机相同。但由于单相交流异步电动机结构上的特殊性,它的故障与三相异步电动机有些不同,如启动装置故障、辅助绕组故障、电容器故障及由于气隙过小引起的故障等。表 3 - 1 列出了单相交流异步电动机的常见故障,并对故障产生的原因和处理方法进行了分析,可供检修时参考。

表 3 - 1　单相交流异步电动机常见故障、原因及处理

故障现象		故障原因	处理方法
通电后电动机不能启动	电动机发出"嗡嗡"声,用外力推动后可正常旋转	(1) 辅助绕组内开路 (2) 启动电容器损坏 (3) 离心开关或启动继电器触点未合上 (4) 罩极电动机短路环断开或脱焊	(1) 用万用表或试灯找出开路点,加以修复 (2) 更换电容器 (3) 检修启动装置触点 (4) 焊接或更换短路环
	电动机发出"嗡嗡"声,外力也不能使之旋转	(1) 电动机过载 (2) 轴承损坏或卡住 (3) 端盖装配不良 (4) 转子轴弯曲 (5) 定、转子铁芯相擦 (6) 主绕组接线错误 (7) 转子断条	(1) 测负载电流判断负载大小,若过载则减载 (2) 修理或更换轴承 (3) 重新调整端盖,使之装正 (4) 校正转子轴 (5) 若系轴承松动造成,应更换轴承,否则应锉去相擦部位,校正转子轴线 (6) 重新接线 (7) 修理转子
	没有"嗡嗡"声	(1) 电源断线 (2) 进线线头松动 (3) 主绕组内有断路 (4) 主绕组内有短路,或因过热烧毁	(1) 检查电源恢复供电 (2) 重接线 (3) 用万用表或试灯找出断点并修复 (4) 修复

故障现象		故障原因	处理方法
电机转速达不到额定值		(1) 过载 (2) 电源电压过低 (3) 主绕组有短路或错接 (4) 笼形转子端环和导条断裂 (5) 机械故障(轴弯、轴承损坏或污垢过多) (6) 启动后离心开关故障使辅助绕组不能脱离电源(触头焊牢、灰屑阻塞或弹簧太紧)	(1) 检查负载、减载 (2) 调整电源 (3) 检查修理主绕组 (4) 检修转子 (5) 校正轴,清洗修理轴承 (6) 修理或更换触头及弹簧
电动机发热	启动后很快发热	(1) 主绕组短路 (2) 主绕组接地 (3) 主、辅绕组间短路 (4) 启动后,辅助绕组断不开,长期运行而发热烧毁 (5) 主、辅绕组相互间接错	(1) 拆开电动机检查主绕组短路点,并修复 (2) 用摇表或试灯找出接地点,垫好绝缘,刷绝缘漆,烘干 (3) 查找短路点并修复 (4) 检修离心开关或启动继电器,修复 (5) 重新接线,更换烧毁的绕组
	运行中电动机温升过高	(1) 电源电压下降过多 (2) 负载过重 (3) 主绕组轻微短路 (4) 轴承缺漆或损坏 (5) 轴承装配不当 (6) 定、转子铁芯相擦 (7) 大修重绕后,绕组匝数或截面搞错	(1) 提高电压 (2) 减载 (3) 修理主绕组 (4) 清洗轴承并加油 (5) 重新装配轴承 (6) 找出相擦原因 (7) 重新换绕组
	电动机运行中冒烟发出焦煳味	(1) 绕组短路烧毁 (2) 绝缘受潮严重,通电后绝缘击穿烧毁 (3) 绝缘老化脱落,造成短路烧毁	检查短路点和绝缘状况,根据检查结果进行局部或整体更换绕组
	发热集中在轴承端盖部位	(1) 新轴承装配不当,扭歪,卡住 (2) 轴承内润滑脂固结 (3) 轴承损坏 (4) 轴承与机壳不同心,转子转起来很紧	(1) 重新装配、调整 (2) 清洗、换油 (3) 更换轴承 (4) 用木槌轻敲端盖,按对角顺序逐次上紧端盖螺栓;拧紧过程中不断试转轴是否灵活,甚至全部上紧
电动机运行中噪音大		(1) 绕组短路或接地 (2) 离心开关损坏 (3) 转子导条松脱或断条 (4) 轴承损坏或缺油 (5) 轴承松动 (6) 电动机端盖松动 (7) 电动机轴向游隙过大 (8) 有杂物落入电动机 (9) 定、转子相擦	(1) 查找故障点,修复 (2) 修复或更换离心开关 (3) 检查导条并修复 (4) 更换轴承或加油 (5) 重新装配或更换轴承 (6) 紧固端盖螺钉 (7) 轴向游隙应小于 0.4 mm,过松则应加垫片 (8) 拆开电动机,清除杂物 (9) 进行相应修理

续表

故障现象	故障原因	处理方法
触摸电动机外壳有触电、麻手感	(1) 绕组接地 (2) 接线头通地 (3) 电机绝缘受潮漏电 (4) 绕组绝缘老化而失效	(1) 查出接地点,进行处理 (2) 重新接线,处理其绝缘 (3) 对电动机进行烘潮 (4) 更换绕组
电动机通电时,保险丝熔断	(1) 绕组短路或接地 (2) 引出线接地 (3) 负载过大或由于卡住电动机不能转动	(1) 找出故障点修复 (2) 找出故障点修复 (3) 负载过大应减载,卡住时应拆开电动机进行修理

任务实施

工作任务:单相交流异步电动机的拆装及其电容器的检测

一、任务描述

准备好拆卸电动机和检测电容器的工具和器材,按三相交流异步电动机相似的方法拆卸单相交流异步电动机,仔细观察各组成部件的结构,用万用表检测电动机使用电容器的质量,按照拆卸顺序相反的方法装配电动机,通电试车检查装配质量。

二、训练内容

1. 拆卸单相交流异步电动机

(1) 做好拆卸前的准备工作。

(2) 按照拆卸三相交流异步电动机相同的方法拆卸单相交流异步电动机。

(3) 仔细检查电动机的各组成部分,熟悉其结构。

2. 检测电容器

(1) 用指针式万用表进行检测

对本台电机所用的电容器和另外准备的几个电容器进行标记,再用检测电容器的方法逐个用万用表进行测试,并将测试结果及参数记录在表 3-2 中。

把万用表拨至"×100 kΩ"或"×1 kΩ"挡,用螺丝刀或导线短接电容两接线端进行放电后,把万用表两表笔接电容两出线端。表针摆动可能为以下情况:

① 指针先大幅度摆向电阻零位,然后慢慢返回表面数百千欧的位置——电容器完好;

② 指针不动——电容有开路故障;

③ 指针摆到电阻零位后不返回——电容器内部已击穿短路;

④ 指针摆到刻度盘上某较小阻值处,不再返回——电容器泄漏电流较大;

⑤ 指针能正常摆动和返回,但第一次摆幅小——电容器容量已减小;

⑥ 把万用表拨至"×100 kΩ"挡,用表笔测电容器两接线端对地电阻,若指针为零说明电容已接地。

表 3-2　用指针式万用表检测电容器

检测电容序号	万用表型号及使用挡次	万用表表笔第一次接通放电后的电容时,表指针的最大偏转刻度	最大偏转后缓慢返回到达的刻度	电容器两端对外壳的电阻值	结论
1					
2					
3					
4					
⋮					

测定电容量:

有的万用表可通过外接电源直接测定电容器的电容量。电容器 C 接入 220 V 交流电路,用电流、电压表测得 C 的端压 U 和流过 C 的电流 I。测量时,为了保证安全,应设置熔丝作为保护。通电后,尽快(1~2 s 内)记录下 U、I 值,用下列公式估算电容量:

$$C = 3\,180\,\frac{I}{U}$$

式中: C 为被测电容的电容量(μF); I 为电流表读数(A); U 为电压表读数(V)。

应注意,上式仅适用于工频 50 Hz 的电源。如果测出电容量比电容额定值低 20% 以上,则电容已失效,应予以更换。

(2)用数字式万用表进行检测

现在的数字万用表一般都可以直接测出电容器的电容量。用数字万用表逐个地对每个电容器进行测试,并将测试结果及参数记录在表 3-3 中。

表 3-3　用数字万用表检测电容器

检测电容序号	万用表型号	电容器标称容量	实测电容容量	结论
1				
2				
3				
4				
⋮				

3. 装配单相交流异步电动机

原则上按拆卸相反的步骤进行电动机的装配。

4. 通电试车

接通电动机电源电路,通电试车,检查装配质量。

三、项目评价

单相交流异步电动机拆装及其电容器的检测训练项目考核评价如表 3-4 所示。

表 3 - 4　单相交流异步电动机的拆装及其电容器的检测考核评价表

序号	项目内容	考核要求	评分细则	配分	扣分	得分
1	拆卸检测前的准备工作	准备好工具器材;做好拆卸前的有关记录工作	① 工具准备不全,每少一样扣 2 分 ② 拆卸前的记录项目,每少一项扣 2 分	10		
2	拆卸过程	按正确的拆卸顺序和工艺要点拆卸电动机	① 拆卸过程的顺序,每错一步扣 5 分 ② 损坏有关部件者,每处扣 10 分 ③ 每少拆一项扣 5 分	15		
3	电容器的检测	按正确的方法用万用表和试灯检测电容器的质量	① 不会使用万用表检测,扣 10 分 ② 不会用试灯法检测,扣 10 分 ③ 检测结果每错一处,扣 5 分	30		
4	装配前的准备工作	准备好工具器材;做好装配前的有关部件的检查工作	① 工具准备不全,每少一样扣 2 分 ② 装配前的检查项目,每少检一项扣 2 分	10		
5	装配过程	按正确的装配顺序和工艺要点装配电动机	① 装配过程的顺序,每错一步扣 5 分 ② 损坏有关部件者,每处扣 10 分 ③ 每少装或装错一项扣 5 分	15		
6	通电试车	电动机通电正常工作,且各项功能完好	① 一次通电试车不转或有其他异常情况,扣 3 分 ② 没有找到不转或其他异常情况的原因,扣 5 分 ③ 电机开机烧电源,本项记 0 分	10		
7	6S 规范	整理、整顿、清扫、安全、清洁、素养	① 没有穿戴防护用品,扣 4 分 ② 未清点工具、仪器,扣 2 分 ③ 未经试电笔测试前,用手触电动机,扣 5 分 ④ 乱摆放工具,乱丢杂物,完成任务后不清理工位,扣 2～5 分 ⑤ 违规操作,扣 5～10 分	10		
定额时间 90 min		每超时 5 min 及以内,扣 5 分		成绩		
备注		除定额时间外,各项目扣分不得超过该项配分				

研讨与练习

【研讨】　型号为 Y - 802 - 2 的小型三相异步电动机,额定功率为 1.1 kW,定子绕组额定电流为 2.5 A,怎样将它改成电压为 220 V 单相电动机运行。

分析研究:各种电动机均是按照一定的运行条件设计制造而成的,只有按照设计规定的条件运行,电动机的性能才能达到最佳状态。然而在生产当中,如果有单相电动机突然损坏而无备件时,可以将小功率三相电动机改接成单相电动机使用(常用于 1 kW 以下电动机)。三相电动机改成单相电动机以后,运行状态不在最佳状态,输出功率将比原来减少。因此,必须考虑电动机的负载情况,以免过载损坏电动机,一般先将电动机带实际负载试运行后,才正式投入运行。

电动机从原来的三相运行变成单相运行,必须依靠串接电容来移相(分开电流相位),才能产生旋转磁场。三相电动机内没有离心开关,一般接成电容运行式。

电容器与定子三相绕组的接法有以下两种接法:

(1) 三相绕组星形接法

电容跨接在 W_1、V_1 上,如图 3-18(a)所示。电源从 U_1、V_1 接入时,电动机顺时针旋转;电源从 U_1、W_1 接入时,电动机逆时针旋转。电容器的电容量和电压计算如下:

$$C=(800\sim1\,600)\frac{I}{U}$$

$$U_C=1.6U$$

式中:C 为运行电容容量(μF);U_C 为电容器上的电压(V);U 为电动机绕组上的电压,一般为 220 V;I 为三相电动机相电流额定值(A)。

上述电动机若改为 Y 形接法,则串接电容器的电容值和耐压值为

$$C=(800\sim1\,600)\frac{I}{U}=(800\sim1\,600)\times\frac{2.5}{220}\approx9.1\sim18.2(\mu F)$$

$$U_C=1.6U=1.6\times220=352(V)$$

电容器的耐压值实际取值交流 400 V,电容量实际取值 12 μF。根据图 3-18(a)接好线路以后,在负载情况下测量 3 个绕组的实际电流,不能超过定子绕组的额定电流。

(2) 三相绕组三角形接法

电容并接在 V 相绕组上,如图 3-18(b)所示,电源从 U_1W_2、U_2V_1 接入时,电动机顺时针旋转;电源从 U_1W_2、V_2W_1 接入时,电动机逆时针旋转。电容器的电容量和耐压值计算如下:

$$C=(2\,400\sim3\,600)\frac{I}{U}$$

$$U_C=1.6U$$

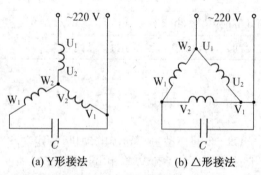

(a) Y形接法 (b) △形接法

图 3-18 三相异步电动机改接成单相交流异步电动机接线图

上述电动机若改为△形接法,则串接电容器的电容值和耐压值为

$$C=(2\,400\sim3\,600)\frac{I}{U}=(2\,400\sim3\,600)\times\frac{2.5}{220}\approx27.3\sim41.1(\mu F)$$

$$U_C=1.6U=1.6\times220=352(V)$$

电容器的耐压值实际取值交流 400 V,电容量实际取值 30 μF。根据图 3-18(b)接好线路以后,同样在负载情况下测量三个绕组的实际电流,不能超过定子绕组的额定电流。

【课堂练习】　一台电容运行台式风扇,通电时只有轻微振动,但不转动。如用手拨动风扇叶则可以转动,但转速较慢,这是什么故障? 应如何检查?

巩固与提高

一、填空题

1. 单相异步电动机按其启动或运行方式的不同,可分五类:＿＿＿＿＿、＿＿＿＿＿、＿＿＿＿＿、＿＿＿＿＿和＿＿＿＿＿。

2. 单相异步电动机启动绕组和主绕组上的电流在相位上相差＿＿＿＿＿度。

3. 给单相异步电动机加额定电压时,而离心开关没有闭合,电动机＿＿＿＿＿(选填"能够启动""不能启动")。

4. 所谓脉动磁场,是指它的＿＿＿＿＿＿＿＿和＿＿＿＿＿＿＿＿按正弦规律变化,而轴线的＿＿＿＿＿＿。

5. 为解决单相异步电动机的启动问题,通常单相异步电动机定子上安装两套绕组,一套是主绕组,又称＿＿＿＿＿,另一套是副绕组,又称＿＿＿＿＿,它们的空间位置相差＿＿＿＿＿电角度。

6. 单相双值电容异步电动机中的两只电容是＿＿＿＿＿、＿＿＿＿＿,其中＿＿＿＿＿电容容量较大,两只电容分别＿＿＿＿＿联后与启动绕组＿＿＿＿＿联。

二、判断题(对的打"√",错的打"×")

7. 单相异步电动机,在没副绕组的情况下也能产生旋转磁场。　　　　　　　　(　　)

8. 单相异步电动机只要调换两根电源线就能改变转向。　　　　　　　　　　(　　)

9. 单相异步电动机工作绕组直流电阻小,启动绕组直流电阻大。　　　　　　(　　)

10. 单相异步电动机上电容的作用是平稳电压。　　　　　　　　　　　　　(　　)

11. 离心开关作用是当电动机达到额定转速时,切断电容所在的支路。　　　(　　)

12. 家用吊扇的电容器损坏拆除后,每次启动拨动一下,照样可以转动起来。(　　)

13. 给在空间互差 90°电角度的两相绕组内通入同相位交流电,就可产生旋转磁场。

　　　　　　　　　　　　　　　　　　　　　　　　　　　　　　　　(　　)

14. 要改变罩极式异步电动机的转向,只要改变电源接线即可。　　　　　　(　　)

三、选择题

15. 家用台扇最常用的调速方法是(　　　　)。

　　A. 抽头调速　　　　　B. 电抗器调速　　　　C. 晶闸管调带　　　　D. 自耦变压器调速

16. 电容如果串入单相异步电动机工作绕组中会发生的现象是(　　　　)。

　　A. 电动机反转　　　　　　　　　　　B. 电动机立即烧掉

　　C. 电动机正常运行　　　　　　　　　D. 电动机转向不变,但转速增大

17. 单相异步电动机中电容器容量变小,会使电动机(　　　　)。

　　A. 启动性能变差　　　B. 电动机立即烧毁　　C. 没有任何影响

18. 用万用表电阻挡测电容器好坏时，发现万用表指针指到零欧不动，说明（　　）。

    A. 电容器是好的　　　B. 断路　　　　　　C. 短路

19. 单相交流电通入单相绕组产生的磁场是（　　）。

    A. 旋转磁场　　　　　B. 恒定磁场　　　　C. 脉动磁场

20. 改变单相电容启动式异步电动机的转向，只要将（　　）。

    A. 主、副绕组对换

    B. 主、副绕组中任意一组首尾端对调

    C. 电源的"相"线与"零"线对调

四、简答题

21. 单相异步电动机的工作原理是什么？

22. 如何用万用表来判别吊扇电动机的工作绕组和启动绕组？

23. 改变单相异步电动机的转向有几种方法？分别是如何实现的？

24. 在单相异步电动机达到额定转速时，离心开关不能断开，会有什么后果？

25. 家用吊风扇电容电动机有三个出线头 a、b、c，如何判断它们中哪两个端子直接接电源？哪一个端子与电容串联后接电源的哪一端？

项目 4　控制电机的应用

学习目标

(1) 熟悉控制电机的特点、分类方法及应用情况。
(2) 掌握步进电机的结构、工作原理及其特点。
(3) 掌握伺服电机的结构、工作原理及其特点。

任务描述

根据对实际应用情况的分析,熟悉控制电机的特点及分类方法;通过对步进电机和伺服电机的拆装及试运行试验,熟悉其基本结构和工作原理,了解步进电机和伺服电机的特点,根据实际需要会选择步进电机和伺服电机。

知识链接

在现代的生产和科研领域中,除广泛使用前面所讲的普通电机外,一些具有某种特殊性能的小功率电机也得到了越来越广泛的应用,它们在自动控制系统和计算装置中作为执行、检测和解算元件,这类电机统称为控制电机。

一、常用控制电机的认知

控制电机的基本原理和普通电机相同,也是依据电磁感应的原理进行能量转换的,但它们在结构、性能和用途等方面却有很大差别。普通电机一般是作为动力使用的,其主要任务是进行能量转换,如将其他形式的能转化成电能(发电机),或将电能转化成机械能(电动机),因此它们的功率、体积、质量都较大。而作为控制使用的电机,其主要任务是转换和传送信号,因此其功率、体积和质量都较小,且制造精度要求高。为满足自动控制系统的要求,作为控制使用的控制电机必须运行可靠,动作迅速、准确。

控制电机的种类很多,若按电流分类,可分为直流和交流两种。按用途分类,直流控制电机又可分为电机扩大机、伺服电动机和测速发电机 3 种;交流控制电机可分为自整角机、伺服电动机、测速发电机和步进电机等。

控制电机与一般旋转电机无原则上的差别,特性也大致相同。但由于用途不同,一般旋转电机着重于启动和运行状态时输出机械转矩,而特种电机着重于输出量的大小、特性的精确度和快速反应。

控制电机的容量一般从数百毫瓦到数百瓦,在大功率自动控制系统中,容量可达数千瓦。

各种控制电机的用途和功能尽管不同,但它们基本上可分为信号元件和功率元件两大类。如作为执行元件使用的伺服电动机、步进电动机、直线电动机及作为信号元件使用的测速发电机、自整角机、旋转变压器等。

(一)作为信号元件用的控制电机

1. 交直流测速发电机

测速发电机的输出电压与转速精确地成正比,在系统中用来检测转速或进行速度反馈,也可以作为微分、积分和计算元件。

2. 自整角机

自整角机一般是两个以上元件对接使用,用于角度数据测量中,其中输出电压信号的属于信号元件,输出转矩的属于功率元件。

自整角机的基本用途是角度数据传输。作为信号元件时,输出电压是两个元件转子角差的正弦函数。作为功率元件时,输出转矩也近似为两个元件转子角差的正弦函数,即在随动系统中作为自整步元件或实现角度传输、变换和接收。

3. 旋转变压器

普通旋转变压器都做成一对磁极,其输出电压是转子转角的正弦、余弦或其他函数。主要用于坐标变换、三角运算,也可以作为角度数据传输和移相元件使用。

多极旋转变压器是在普通旋转变压器的基础上发展起来的一种多极的、精度可达角秒级的元件。在高精度解算装置和多通道系统中用作解算和检测元件或实现数-模传递。

(二)作为功率元件用的控制电机

1. 交流和直流伺服电动机

交、直流伺服电动机在系统中作为执行元件,受输入信号控制并能做出快速响应。其启动转矩正比于控制电压,机械特性近似于线性,即转速随转矩的增加近似线性下降。使用时,通常经齿轮减速后带动负载,所以又称为执行电机。

2. 步进电动机

步进电动机是一种将脉冲信号转为相应的角位移或线位移的机电元件。当输入一个电脉冲信号时,它就前进一步,输出角位移或线位移量与输入脉冲数成正比,而转速与脉冲频率成正比,在数控系统中作为执行元件而得到广泛应用。

3. 电机扩大机

电机扩大机可以利用较小的功率输入来控制较大的功率输出,在系统中作为功率放大元件。

电机扩大机的控制绕组上所加电压一般不高,励磁电流不大,而输出电动势较高,电流较大,这个作用就是功率放大。放大倍数可达 1 000~10 000 倍,可作为自动调节系统中的调节元件用。

4. 微型同步电动机

微型同步电动机具有转速恒定、结构简单、应用方便的特点,可用在自动控制和其他需要恒定转速的仪器上。

二、步进电动机的应用

步进电动机是一种将输入脉冲信号转换成输出轴的角位移或直线位移的执行元件。这种电动机每输入一个脉冲信号,输出轴便转过一个固定的角度,即向前迈进一步,故称为步进电动机或脉冲电动机。因而,步进电动机输出轴转过的角位移量与输入脉冲数量成正比,而输出轴的转速或线速度与脉冲频率成正比。

(一) 步进电动机的分类、结构和工作原理

1. 步进电动机的分类

步进电动机分类方法很多,根据不同的分类方式,可将步进电动机分为多种类型,如表4-1所示。

表 4-1 步进电动机的分类

分类方式	种类	结构特点及应用情况
按力矩产生的原理	反应式	步距角小,转子无绕组,由被激磁的定子绕组产生反应力矩实现步进运行,响应速度快,结构简单
	激磁式	定子、转子都有激磁绕组(或转子用永久磁钢),由电磁力矩实现步进运行
按输出力矩大小	伺服式	输出力矩在百分之几到十分之几(N·m),只能驱动较小的负载,要与液压扭矩放大器配用,才能驱动机床工作台等较大的负载
	功率式	输出力矩在 5~50 N·m 以上,可以直接驱动机床工作台等较大的负载
按各相绕组分布	径向分相式	电机各相按圆周依次排列
	轴向分相式	电机各相按轴向依次排列

2. 步进电动机的结构

图4-1所示是一典型的单定子、径向分相、反应式步进电动机结构原理图。它与普通电动机一样,也是由定子和转子构成,其中定子又分为定子铁芯和定子绕组。定子铁芯由电工钢片叠压而成,定子绕组是绕置在定子铁芯6个均匀分布的齿上的线圈,在直径方向上相对的两个齿上的线圈串联在一起,构成一相控制绕组。独立绕组数称为步进电动机的相数。图4-1所示的步进电动机可构成A、B、C三相控制绕组,故称三相步进电动机。除三相以外,步进电动机还可以做成四、五、六等相数。

若任一相绕组通电,便形成一组定子磁极,其方向即图中所示的N、S极。在定子的每个磁极上面向转子的部分,又均匀分布着5个小齿,这些小齿呈梳状排列,齿槽等宽,齿间夹角为9°。转子上没有绕组,只有均匀分布的40个齿,其大小和间距与定子上的完全相同。此外,三相定子磁

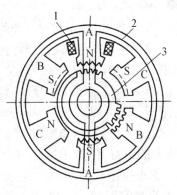

1—绕组;2—定子铁芯;
3—转子铁芯。

图 4-1 单定子径向分相反应式步进电动机结构原理图

极上的小齿在空间位置上依次错开1/3齿距,当A相磁极上的小齿与转子上的小齿对齐时,B相磁极上的齿刚好超前(或滞后)转子齿1/3齿距角,C相磁极上的齿超前(或滞后)转子齿2/3齿距角。步进电动机每走一步所转过的角度称为步距角,其大小等于错齿的角度。错齿角度

的大小取决于转子上的齿数,磁极数越多,转子上的齿数越多,步角距越小,步进电动机的位置精度越高,其结构也越复杂。

图 4-2 所示是一个轴向分相、反应式步进电动机的结构原理图。从图 4-2(a)中可以看出,步进电动机的定子和转子在轴向分为 5 段。各段定子铁芯形如内齿轮,由硅钢片叠成。转子形如外齿轮,也由硅钢片叠成。各段定子上的齿在圆周方向均匀分布,彼此之间错开 1/5 齿距,其转子齿彼此不错位。当设置在定子铁芯环形槽内的定子绕组通电时,形成一相环形绕组,构成图中所示的磁力线。

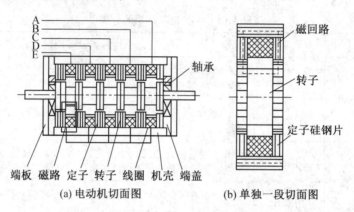

(a) 电动机切面图 (b) 单独一段切面图

图 4-2 轴向分相反应式步进电动机结构原理图

除上面介绍的两种形式的反应式步进电机外,常见的步进电机还有永磁式步进电动机和永磁反应式步进电动机,它们的结构虽不相同,但工作原理相同。

3. 步进电动机的工作原理

图 4-3 为一种三相反应式步进电动机的原理图。其定子装有 6 个均匀分布的磁极,3 个控制绕组接成星形,转子上没有绕组,具有图中所示的 4 个均匀分布的齿。

当 A 相绕组通入电脉冲时,转子的齿与定子 AA 上的齿对齐。若 A 相断电、B 相通电,由于磁力的作用,转子的齿与定子 BB 上的齿对齐,转子沿顺时针方向转过 30°,如果控制线路不停地按 A→B→C→A…的顺序控制步进电动机绕组的通断电,步进电动机的转子便不停地顺时针转动。若通电顺序改为 A→C→B→A…,步进电动机的转子将逆时针转动。该通电方式被称为三相单三拍。所谓"三相",是指三相步进电动机具有三相定子绕组;"单"是指每次

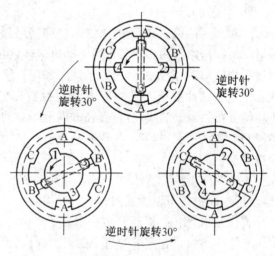

图 4-3 步进电动机工作原理图

只有一相绕组通电;"三拍"指通电三次完成一个通电循环。

此外,还有三相双三拍和三相六拍两种运行方式。三相双三拍运行方式是按 AB→BC→CA→AB…或相反的顺序通电的,即每次同时给两相绕组通电。通常步进电动机的通

电方式为三相六拍,其通电顺序为 A→AB→B→BC→C→CA→A…及 A→AC→C→CB→B→BA→A…,相应的,定子绕组的通电状态每改变一次,转子转过 15°。

综上所述,可得到如下结论:

(1) 步进电动机定子绕组的通电状态每改变一次,它的转子就转过一个确定的度数,即步距角 α。本例中,三相三拍的通电方式其步距角等于 30°,三相六拍通电方式其步距角等于 15°。

(2) 改变步进电动机定子绕组的通电顺序,转子的旋转方向随之改变。

(3) 步进电动机定子绕组通电状态的改变速度越快,其转子旋转的速度越快,即通电状态的变化频率越高,转子的转速越高。

(4) 步进电动机步距角 α 与定子绕组的相数 m、转子的齿数 Z、通电方式 K 有关,可表示为

$$\alpha = \frac{360°}{mzK} \qquad\qquad (4-1)$$

式中:m 相 m 拍时,K=1;m 相 2m 拍时,K=2。

对于图 4-1 所示的单定子、径相分相、反应式步进电动机(转子为 40 齿),当它以三相三拍通电方式工作时,其步距角为

$$\alpha = \frac{360°}{mzK} = \frac{360°}{3 \times 40 \times 1} = 3°$$

若以三相六拍通电方式工作,则步距角为

$$\alpha = \frac{360°}{mzK} = \frac{360°}{3 \times 40 \times 2} = 1.5°$$

在实际应用中,为了保证加工精度,一般步进电动机的步距角不是 30°或 15°,而是 3°或 1.5°。为此把转子做成许多齿(如 40 个),并在定子每个磁极上还做几个小齿。

(二) 步进电动机的主要特性

1. 步距角 α 和静态步距误差 Δα

每改变一次步进电动机定子绕组的通电状态,转子所转过的角度称为步距角。步距角取决于电动机的结构和控制方式。

步进电动机的实际步距角与理论步距角之差称为步距误差。步进电动机的静态步距误差通常在 10′ 以内。步距误差主要由步进电动机齿距制造误差、定转子气隙不均匀、各相电磁转矩不均匀等因素造成。

步进电动机每走一步,转子实际的角位移与设计的步距角存在步距误差。连续走若干步时,上述误差形成累积值。转子转过一圈后,回至上一转的稳定位置,因此步进电动机步距的误差不会长期积累。步进电动机步距的积累误差,是指一转范围内步距积累误差的最大值,步距误差和积累误差通常用度、分或者步距角的百分比表示。影响步距误差和累积误差的主要因素有齿与磁极的分度精度、铁芯叠压及装配精度、各相距角特性之间差别的大小、气隙的不均匀程度等。

2. 静态矩角特性

当步进电动机不改变通电状态时,转子处在不动状态。如果在电动机轴上外加一个负

载转矩,使转子按一定方向转过一个角度 θ,此时转子所受的电磁转矩 T 称为静态转矩,角度 θ 称为失调角。描述静态时 T 与 θ 的关系叫矩角特性,该特性上的电磁转矩最大值称为最大静转矩。在静态稳定区内,当外加转矩除去时,转子在电磁转矩作用下,仍能回到稳定平衡点位置($\theta=0$),如图 4-4 所示。

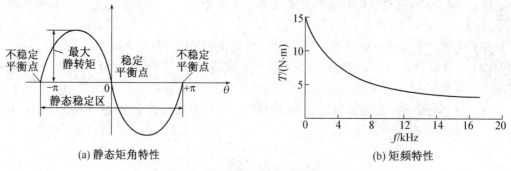

(a) 静态矩角特性　　　　　　　　　(b) 矩频特性

图 4-4　步进电动机工作特性

各相距角特性差异不应过大,否则会影响步距精度及引起低频振荡。最大静转矩与通电状态和各相绕组电流有关,但电流增加到一定值时使磁路饱和,就对最大静转矩影响不大了。

3. 最高启动频率 f_q 及启动惯频特性

空载时,步进电动机由静止状态突然启动,并不失步地进入稳速运行,所允许的启动频率的最高值,称为最高启动频率或突跳频率。加给步进电动机的指令脉冲频率如大于启动频率,就不能正常工作。启动惯频特性指步进电动机启动时惯性负载与启动频率的关系,步进电动机在负载(尤其是惯性负载)下的启动频率比空载要低,而且随着负载加大(在允许范围内),启动频率会进一步降低。

4. 连续运行的最高工作频率 f_{max}

步进电动机启动以后,其运行速度能跟踪指令脉冲频率连续上升而不丢步的最高工作频率,称为最高工作频率,其值远大于启动频率。它也随电动机所带负载的性质和大小而异,与驱动电源也有很大关系。

5. 矩频特性与动态转矩

矩频特性描述步进电动机连续稳定运行时输出转矩与连续运行频率之间的关系。该特性上每一个频率对应的转矩称为动态转矩。电动机的定子绕组是一个电感性负载,输入频率越高,激磁电流越小;另一方面频率越高,磁通量的变化加剧,铁芯的涡流损失加大,故输出转矩要降低。使用时,一定要考虑动态转矩随连续运行频率的上升而下降的特点。

6. 加减速特性

步进电动机的加减速特性是描述步进电机由静止到工作频率和由工作频率到静止的加减速过程中,定子绕组通电状态的变化频率与时间的关系。当要求步进电机启动到大于突跳频率的工作频率时,变化速度必须逐渐上升;同样,从最高工作频率或高于突跳频率的工作频率停止时,变化速度必须逐渐下降。逐渐上升和下降的加速时间、减速时间不能过小,否则会出现失步或超步。我们用加速时间常数 T_a 和减速时间常数 T_d 来描述步进电机的升速和降速特性,如图 4-5 所示。

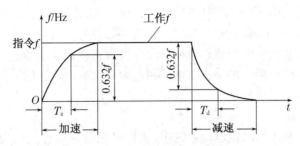

图 4‑5 步进电动机加减速特性曲线

除以上介绍的几种特性外,惯频特性和动态特性等也都是步进电动机很重要的特性。其中,惯频特性所描述的是步进电动机带动纯惯性负载时启动频率和负载转动惯量之间的关系;动态特性所描述的是步进电动机各相定子绕组通、断电时的动态过程,它决定了步进电动机的动态精度。

(三) 步进电动机的驱动电源

步进电动机应由专用的驱动电源来供电,步进电动机的运行特性是电动机及其驱动电源两者配合的综合结果。驱动电源的基本组成部分如图 4‑6 所示,主要包括变频信号源、脉冲分配器和脉冲放大器三部分。

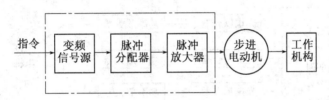

图 4‑6 步进电动机的驱动电源

1. 变频信号源

变频信号源是一个频率从几赫兹到几十千赫兹的频率连续可调的脉冲信号发生器。它的作用是按照运行指令把不同频率的脉冲输送到脉冲分配器,对步进电动机实行各种运行状态的控制。

2. 脉冲分配器

脉冲分配器接受输入脉冲和方向指令,并把脉冲信号按它的顺序关系加到脉冲放大器上。例如三相单拍驱动方式,供给脉冲的顺序为 A→B→C→A 或 A→C→B→A,称为环形脉冲分配。脉冲分配有两种方式:一种是硬件脉冲分配(或称为脉冲分配器),另一种是软件脉冲分配,是由计算机的软件完成的。

(1) 脉冲分配器

脉冲分配器可以用门电路及逻辑电路构成,提供符合步进电动机控制指令所需的顺序脉冲。目前已经有很多可靠性高、尺寸小、使用方便的集成电路脉冲分配器供选择,按其电路结构不同,可分为 TTL 集成电路和 CMOS 集成电路。

目前市场上提供的国产 TTL 脉冲分配器有三相(YBO13)、四相(YBO14)、五相(YBO15)和六相(YBO16),均为 18 个管脚的直插式封装。CMOS 集成脉冲分配器也有不同型号,例如 CH250 型用来驱动三相步进电动机,封装形式为 16 脚直插式。

这两种脉冲分配器的工作原理基本相同,当各处引脚连接好之后,主要通过一个脉冲输入端控制步进的速度;一个输入端控制电动机的转向,并有与步进电动机相数同数目的输出端分别控制电动机的各相。这种硬件脉冲分配器通常直接包含在步进电动机驱动控制电源内,通过输出接口,只要向步进电动机驱动控制电源定时发出位移脉冲信号和正、反转信号,就可实现步进电动机的运动控制。

(2) 软件脉冲分配

在计算机控制的步进电动机驱动系统中,可以采用软件的方法实现环形脉冲分配。软件环形分配器的设计方法有很多,如查表法、比较法、移位寄存器法等,它们各有特点,其中常用的是查表法。

图 4-7 所示是一个 8031 单片机与步进电动机驱动电路接口连接的框图。P1 口的 3 个引脚经过光电隔离、功率放大之后,分别与电动机的 A、B、C 三相连接。当采用三相六拍的方式时,电动机正转的通电顺序为 A→AB→B→BC→C→CA→A,电动机反转的顺序为 A→AC→C→CB→B→BA→A。它们的环形分配如表 4-2 所示。把表中的数值按顺序存入内存的 EPROM 中,并分别设定表头的地址为 TAB0,表尾的地址为 TAB5。计算机的 P1 口按从表头开始逐次加 1 的顺序变化,电动机正向旋转。如果按从 TAB5,逐次减 1 的顺序变化,电动则反向旋转。

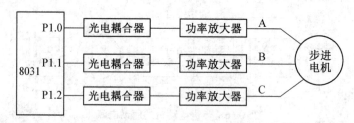

图 4-7 单片机控制的步进电动机驱动电路框图

采用软件进行脉冲分配虽然增加了软件编程的复杂程度,但它省去了硬件环形脉冲分配器,系统减少了器件,降低了成本,也提高了系统的可靠性。

表 4-2 计算机的三相六拍环形分配表

步序 正转　反转	导电相	工作状态 CBA	数值(16 进制)	程序的数据表 TAB
	A	001	01H	TAB0 DB 01H
	AB	011	03H	TAB1 DB 03H
↓　↑	B	010	02H	TAB2 DB 02H
	BC	110	06H	TAB3 DB 06H
	C	100	04H	TAB4 DB 04H
	CA	101	05H	TAB5 DB 05H

3. 脉冲放大器

脉冲放大器是驱动系统最为重要的部分,为功率放大装置,为步进电动机提供足够的电流、电压。步进电动机在一定转速下的转矩取决于它的动态平均电流而非静态电流(而样本上的电流均为静态电流)。平均电流越大,电动机力矩越大,要达到平均电流大,就需要驱动系统尽量克服电动机的反电势。因此,不同的场合采取不同的驱动方式,到目前为止,驱动方式一般有恒压、恒压串电阻、高低压驱动、恒流、细分数等。

环形脉冲分配器输出的电流很小,必须经过功率放大。过去常采用高低压驱动电源,现在则多采用恒流斩波和调频调压等形式驱动。

(1) 单电压驱动电路

单电压驱动电路的工作原理如图 4-8 所示。图中 L 为步进电动机励磁绕组的电感,R_a 为绕组电阻,R_c 为外接电阻,为了减少回路的时间常数 $L/(R_a+R_c)$,电阻 R_c 并联一电容 C (可提高负载瞬间电流的上升率),从而提高电动机的快速响应能力和启动性能。续流二极管 VD 和阻容吸收回路 RC 是功率管 VT 的保护线路。

单电压驱动电路是早期的功率驱动电路,其优点是电路简单,缺点是电流上升不够快,高频时带负载能力较差,其波形如图 4-11(a)所示。

(2) 高低压驱动电路

高低压驱动电路的特点是供给步进电动机绕组有两种电压:一种是高电压 U_1,由电机参数和晶体管特性决定,一般在 80 V 至更高范围;另一种是低电压 U_2,即步进电动机绕组额定电压,一般为几伏至 20 V。

图 4-9 为高低压驱动电路原理图。在相序输入信号 I_H、I_L 到来时,VT_1、VT_2 同时导通,给绕组加上高压 U_1,以提高绕组中电流上升率,当电流达到额定值时,VT_1 关断,VT_2 仍然导通(t_H 脉宽小于 t_L),则自动切换到低电压 U_2。

该电路的优点是在较宽的频率范围有较大的平均电流,能产生较大且稳定的平均转矩,其缺点是电流波形有凹陷,电路较为复杂,其波形如图 4-11(b)所示。

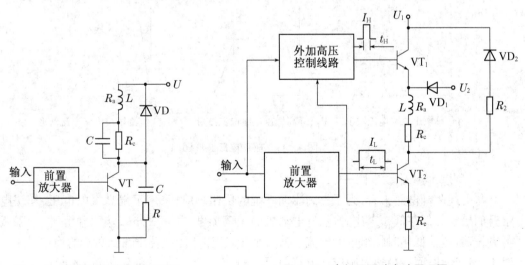

图 4-8　单电压驱动电路原理图　　　　图 4-9　高低压驱动电路原理图

（3）斩波驱动电路

高低压驱动电路的电流波形在波顶会出现凹形,造成高频输出转矩的下降,为了使励磁绕组中的电流维持在额定值附近,需采用斩波驱动电路,如图4-10所示。斩波驱动电路的原理是:环形分配器输出的脉冲作为输入信号,若为正脉冲,则VT_1、VT_2导通,由于U_1电压较高,绕组回路又没串联电阻,所以绕组中的电流迅速上升,当绕组中的电流上升到额定值以上某个数值时,由于采样电阻R_e的反馈作用,经整形、放大后送至VT_1的基极,使VT_1截止。接着绕组由U_2低压供电,绕组中的电流立即下降,但刚降到额定值以下时,由于采样电阻R_e的反馈作用,使整形电路无信号输出,此时高压前置放大电路又使VT_1导通,电流上升。如此反复进行,形成一个在额定电流值上下波动呈锯齿状的绕组电流波形,近似恒流,其波形如图4-11(c)所示。所以,斩波驱动电路也称斩波恒流驱动电路。锯齿波的频率可通过调整采用电阻R和整形电路的电位器来调整。

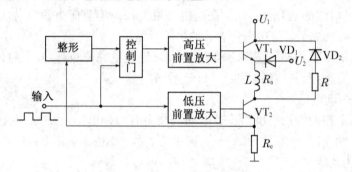

图4-10　斩波驱动电路原理图

斩波电路具有响应快速、功耗小、电动机共振小、转矩恒定的优点,但电路复杂,低频时会使电动机产生严重振荡。斩波驱动是20世纪80年代以来应用广泛的驱动电路,它使步进电动机的运行矩频特性和启动矩频特性都有明显提高,是一种较好的实用驱动电路。

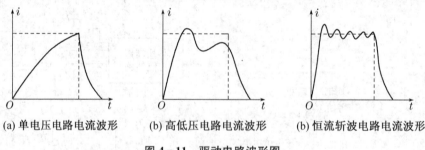

(a) 单电压电路电流波形　　　(b) 高低压电路电流波形　　　(b) 恒流斩波电路电流波形

图4-11　驱动电路波形图

（4）调频调压驱动电路

从上述驱动电路来看,为了提高驱动系统的快速响应,采用了提高供电电压、加快电流上升的措施。但在低频工作时,步进电动机的振荡加剧,甚至失步。从原理上讲,为了减小低频振荡,应使低频时绕组中的电流上升较平缓,这样才能使转子在到达新的稳定平衡位置时不产生过冲;而在高速时则应使电流前沿陡峭,以产生足够的绕组电流,才能提高步进电动机的带负荷能力。这就要求驱动电源对绕组提供电压与电动机运行频率建立直接关系,即低频时用较低电压供电、高频时用较高电压供电。

调频调压驱动综合了高低压驱动和斩波驱动的优点,是一种值得推广的步进电动机驱动电路。

(5) 细分驱动电路

上述各种驱动电路都是按照环形分配器决定分配方式,控制步进电动机各相绕组的通断电,从而使电动机产生步进运动,其步距角由步进电动机结构所确定。如果每次输入脉冲切换时,不是将绕组中额定电流全部通入或切断,而是将方波电流分成 N 个台阶的阶梯波电流,台阶式地通入或切断电流,则电动机转子每步运动只有 $1/N$ 个步距角,这种细分步距角的驱动方式称为细分驱动或微分驱动。

细分前后角位移的变化如图 4-12 所示。细分驱动的优点是使步距角减小,减弱或消除振荡,使步进电动机运动平稳。

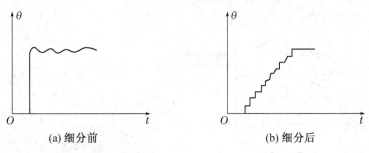

(a) 细分前　　　　　　　　　　(b) 细分后

图 4-12　细分前后的角位移比较

(四) 步进电动机的应用

1. 步进电动机的选择

步进电动机的选择要考虑步距角(涉及相数)、静转矩及电流三大要素。一旦这三大要素确定,步进电动机的型号便确定下来了。

(1) 步距角的选择

步进电动机的步距角取决于负载精度的要求,将负载的最小分辨率(当量)换算到电机轴上,每个当量电机应走多少角度(包括减速)。电机的步距角应等于或小于此角度。目前市场上步进电动机的步距角一般有 $0.36°/0.72°$(五相电机)、$0.9°/0.18°$(二、四相电机)、$1.5°/3°$(三相电机)。

(2) 静力矩的选择

步进电动机的动态力矩一下子很难确定,一般先确定电机的静力矩。静力矩选择的依据是电机工作的负载,而负载可分为惯性负载和摩擦负载两种。单一的惯性负载和单一的摩擦负载是不存在的。直接启动时(一般由低速)两种负载均要考虑,加速启动时主要考虑惯性负载,恒速运行时只考虑摩擦负载。一般情况下静力矩应为摩擦负载的 $2\sim3$ 倍,静力矩一旦选定,电机的机座及长度(几何尺寸)便能确定下来。

(3) 电流的选择

静力矩相同的电机,由于电流参数不同,其运行特性差别很大,可依据矩频特性曲线图,判断电机的电流(参考驱动电源及驱动电压)。

2. 在数控机床中的应用

由于步进电动机的步距角只取决于电脉冲频率,并与频率成正比,而且它具有结构简单,维护方便,精确度高,调速范围大,启动、制动、反转灵敏等优点,所以被广泛应用于数字控制系统,如数控机床、绘图机、自动记录仪表、检测仪表和数模转换装置中。图4-13是步进电动机在数控机床中应用的一例。

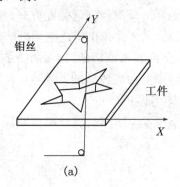

(a)

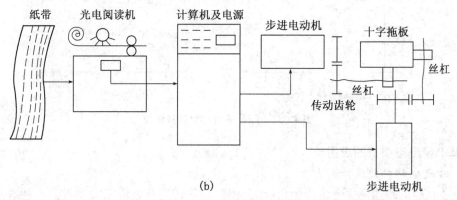

(b)

图 4‑13   线切割机的工作示意图

数控线切割机是采用专门计算机进行控制,并利用钼丝与被加工工件之间电火花放电所产生的电蚀现象来加工复杂形状的金属冲模或零件的一种机床。在加工过程中钼丝的位置是固定的,而工件固定在十字拖板上,如图4-13(a)所示,通过十字拖板的纵横运动,对加工工件进行切割。

图4-13(b)所示是线切割机的工作原理示意图。数控线切割机在加工零件时,先根据图样上零件的形状、尺寸和加工工序编制计算机程序,并将该程序记录在穿孔纸带上,而后由光电阅读机读出后送入计算机,计算机就对每一方向的步进电动机给出控制电脉冲(这里十字拖板 X、Y 方向的两根丝杆分别由两台步进电动机拖动),指令两台步进电动机运转,通过传动装置来拖动十字拖板按加工要求连续移动进行加工,从而切割出符合要求的零件。

3. 应用中的注意点

(1)步进电动机应用于低速场合,可通过减速装置使其在此间工作,此时电机工作效率高、噪音低。

(2)步进电动机最好不使用整步状态,整步状态时振动大。

(3)根据驱动器选择驱动电压,当电压有差异时要考虑温升。

(4)转动惯量大的负载应选择大机座号电机。

(5)电机在较高速或大惯量负载时,一般不在工作速度启动,而采用逐渐升频提速,这样既可保证电机不失步,也可以减少噪音,同时可以提高停止的定位精度。

(6)高精度时,应通过提高电机速度,或采用高细分数的驱动器来解决,也可以采用五相电机。

(7)电机不应在振动区内工作,如若必需,则可通过改变电压、电流或加一些阻尼的方法解决。

(8)电机在超低速下工作时,应采用小电流、大电感、低电压驱动。

(9)应遵循先选电机后选驱动器的原则。

三、伺服电动机的应用

在自动控制系统中伺服电动机常作为执行元件使用,所以伺服电动机亦称为执行电动机,它的作用是将输入的电信号转换成电机轴上的角位移或角速度输出,以驱动控制对象。伺服电动机具有一种服从控制信号的要求而动作的职能,在信号来到之前,转子静止不动;信号来到之后,转子立即转动;当信号消失,转子立刻自行停转。

自动控制系统对伺服电动机提出以下要求:

(1)无自转现象,即当控制电压为零时,电动机应迅速自行停转。

(2)具有较大斜率的机械特性,在控制电压改变时,电动机能在较宽的转速范围内稳定运行。

(3)具有线性的机械特性和调节特性,以保证控制精度。

(4)快速响应性好,即伺服电动机的转动惯性小。

伺服电动机接收的信号称为控制信号或控制电压,改变控制电压的大小和极性,就可以改变伺服电动机的转速和转向。伺服电动机按其使用的电源性质可分为直流伺服电动机和交流伺服电动机两大类。

(一)直流伺服电动机

1. 直流伺服电动机的结构和工作原理

普通直流伺服电动机结构与小型普通直流电动机基本相同,也是由定子、转子和电刷等部分组成,在定子上有励磁绕组和补偿绕组,转子绕组通过电刷供电。由于转子磁场和定子磁场始终正交,因而产生转矩使转子转动。由图4-14可知,定子励磁电流产生定子磁势 F_s,转子电枢电流 i_a 产生转子磁势 F_r,F_s 和 F_r 垂直正交,补偿磁组与电枢绕组串联,电流 i_a 又产生补偿磁势 F_c,F_c 与 F_r 方向相反,它的作用是抵消电枢磁场对定子磁场的扭斜,使电动机有良好的调整特性。

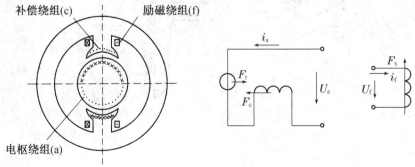

图4-14　直流伺服电动机的结构和工作原理

永磁式直流伺服电动机转子绕组是通过电刷供电，并在转子的尾部装有测速发电机和旋转变压器（或光电编码器），它的定子磁极是永久磁铁。我国稀土永磁材料有很大的磁能积和极大的矫顽力，把永磁材料用在电动机中不但可以节约能源，还可以减少电动机发热，减小电动机体积。永磁式直流伺服电动机与普通直流电动机相比过载能力更高，转矩转动惯量比更大，调整范围更宽等优点。因此，永磁式直流伺服电动机曾广泛应用于数控机床进给伺服系统。由于近年来出现了性能更好的转子为永磁铁的交流伺服电动机，永磁直流电动机在数控机床上的应用才越来越少。

2. 直流伺服电动机的类型及特点

(1) 按定子磁场产生方式分类：永磁式和他励式。永磁式直流伺服电动机的磁极采用永磁材料制成，充磁后即可产生恒定磁场。他励式直流伺服电动机的磁极由冲压硅钢片叠加而成，外加线圈，靠外加励磁电流产生磁场。由于永磁式直流伺服电动机不需要外加励磁电源，因而在伺服系统中应用广泛。

(2) 按电枢的结构与形状分类：平滑电枢形、空心电枢形和有槽电枢形等。平滑电枢形的电枢无槽，其绕组用环氧树脂粘固在电枢铁芯上，因而转子形状细长，转动惯量小，如图4-15所示。空心电枢形的电枢无铁芯，且常做成环形，其转子转动惯量最小。有槽电枢形的电枢与普通直流电动机的电枢相同，因而转子转动惯量较大，其结构如图4-16所示。

(3) 按转子转动惯量的大小分类：大惯量、中惯量和小惯量直流伺服电动机。小惯量直流伺服电动机的转子无槽，线圈直接粘在铁芯表面，转子长而直径小，可以得到较小的惯量，其结构如图4-15所示。小惯量直流伺服电动机具有转动惯量小（约为普通电动机的0.1倍）、加速能力强、响应速度快、低速运行平稳、较大的扭矩（约为额定值的10倍）、能频繁启动与制动的特点，但因其过载能力低，只在早期的数控机床上应用广泛。大惯量直流伺服电动机（又称直流力矩伺服电动机或宽调整直流伺服电动机）的结构如图4-16所示，它用提高转矩的方法来改善其性能，负载能力强，既有普通直流电动机的各项优点，又有小惯量直流伺服电动机的快速响应特性，易于与机械系统匹配，广泛应用在闭环伺服系统中。

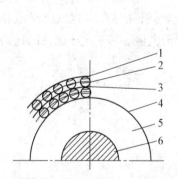

1—B级环氧无纬玻璃丝带；2—高强度漆包线；
3—绝缘层；4—对地绝缘；5—转子铁芯；6—转轴。

图4-15　小惯量平滑形电动机转子

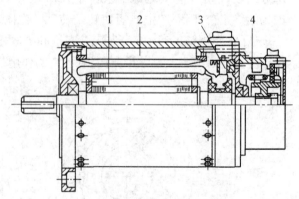

1—转子；2—定子（永磁体）；
3—电刷；4—低波纹测速机。

图4-16　大惯量宽调速电动机结构

3. 直流伺服电动机的控制方式

直流电动机的转子转速和其他参量的关系可表示为

$$n=\frac{U-IR}{K_e\Phi} \tag{4-2}$$

式中:n 为转速(r/min);U 为电枢电压(V);I 为电枢电流(A);R 为电枢回路总电阻(Ω);Φ 为励磁磁通(Wb);K_e 为由电机结构决定的电动势常数。

根据上述关系,实现电动机调速的主要方法有 3 种:改变电枢电压 U、改变励磁磁通 Φ 和改变电枢回路电阻 R。

① 调节电枢供电电压 U:电动机加以恒定励磁,用改变电枢两端电压 U 的方式来实现调速控制,这种方法也称为电枢控制。对于要求在一定范围内无级平滑调速的系统来说,以改变电枢电压的方式最好,直流伺服电动机的调速主要以电枢电压调速为主。

② 减弱励磁磁通 Φ:电枢加以恒定电压,用改变励磁磁通的方法实现调速控制,这种方法也称为磁场控制。此方法具有控制功率小和能够平滑调速等优点,但调速范围不大,往往只是配合调压方案,在基速(即电机额定转速)以上作小范围的控制。

③ 改变电枢回路电阻 R:只能有级调速,调速平滑性较差,很少使用。

要得到可调节的直流电压,常用的方法有以下 3 种:

① 旋转变流机组——用交流电机(同步或异步电机)和直流发电机组成机组,调节发电机的励磁电流以获得可调节的直流电压;该方法在 20 世纪 50 年代应用广泛,可以很容易实现可逆运行,但体积大、费用高、效率低,所以现在很少使用。

② 静止可控整流器——使用晶闸管可控整流器以获得可调的直流电压(即可控硅调整系统);该方法出现在 20 世纪 60 年代,具有良好的动态性能,但由于晶闸管只有单向导电性,所以不易实现可逆运行,且容易产生"电力公害"。

③ 斩波器和脉宽调制变换器——用恒定直流电源或可控整流电源供电,利用直流斩波器或脉宽调制变换器产生可变的平均电压;该方法是利用晶闸管来控制直流电压,形成直流斩波器或称直流调压器。

现在直流调速单元较多采用晶闸管调速系统(即可控硅)和晶体管脉宽调制调速系统(简称 PWM)。这两种调速系统都是改变电机的电枢电压,其中以晶体管脉宽调速 PWM 系统应用最为广泛。

由于电动机是电感元件,转子的质量也较大,有较大的电磁时间常数和机械时间常数,因此目前常用的电枢电压可用周期远小于电动机机械时间常数的方波平均电压来代替。在实际应用过程中,直流调压器可利用大功率晶体管的开关作用,将直流电源电压转换成频率约 200 Hz 的方波电压,送给直流电动机电枢绕组。通过对开关关闭时间长短的控制,来控制加到电枢绕组两端的平均电压,从而达到调速的目的。

随着国际上电力电子技术(即大功率半导体技术)的飞速发展,新一代的全控式电力电子器件都不断出现,如可关断晶体管(GTO)、大功率晶体管(GTR)、场效应晶闸管(PMOSFET)以及新近推出的绝缘门极晶体管(IGBT)。这些全控式功率器件的应用,使直流电源可在 1~10 kHz 的频率下交替地导通和关断,用改变脉冲电压的宽度来改变平均输出电压,调节直流电动机的转速,从而大大改善伺服系统的性能。

脉宽调制器放大器属于开关型放大器。由于各功率元件均工作在开关状态,功率损耗比较小,故这种放大器特别适用于功率较大的系统,尤其是低速、大转矩的系统。开关放大器可分为脉冲宽度调节型和脉冲频率调节型两种,也可采用两种形式的混合型,但应用最为广泛的是脉宽调制型。其中,脉宽调节简称 PWM,是在脉冲周期不变时,在大功率开关晶体管的基础上,加上脉冲可调的方波电压,改变主晶闸管的导电时间,从而改变脉冲的宽度;脉冲频率调节简称 PFM,是在导通时间不变的情况下,只改变开关频率或开关周期,也就是只改变晶闸管的关断时间;两点式控制是当负载电流或电压低于某一最低值时,使开关管 VT 导通;当电压达到某一最大值时,使开关管 VT 关断。导通和关断的时间都是不确定的。

上述方法均是用开关型放大器来改变电机电枢上的平均电压,较晶闸管调速系统具有以下优点:

① 由于调速系统的开关频率较高,仅靠电枢电感的滤波作用可能就足以获得脉动性很小的直流电流,电枢电流容易连续,系统低速运行平稳,调速范围较宽,可以达到 1∶10 000 左右。与晶闸管调速系统相比,在相同的平均电流即相同的输出转矩下,电动机的损耗和发热都较小。

② 由于 PWM 开关频率高,若与快速响应的电机相配合,系统可以获得很高频带,因此快速响应性能好,动态抗干扰能力强。

③ 由于电力电子器件只工作于开关状态,所以主线路损耗小,装置的效率较高。

④ 功率晶体管承受高峰值电流的能力差。

晶体管脉宽调速系统主要由以下两部分组成:脉宽调制器和主回路。

4. 直流伺服电动机的运行特性

下面以电枢控制方式为例,简要分析直流伺服电动机的机械特性和调节特性,以便正确使用直流伺服电动机。直流伺服电动机采用电枢电压控制时的电枢等效电路如图 4-17 所示。

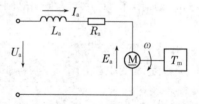

图 4-17 直流伺服电动机电枢等效电路

根据电机学的基本知识,有

$$E_a = U_a - I_a R_a, \quad E_a = C_e \Phi \omega, \quad T_m = C_m \Phi I_a$$

式中:E_a 为电枢反电势力;U_a 为电枢电压;I_a 为电枢电流;R_a 为电枢电阻;C_e 为转矩常数(仅与电动机结构有关);Φ 为定子磁场中每极气隙磁通量;ω 为转子在定子磁场中切割磁力线的角速度;T_m 为电枢电流切割磁力线所产生的电磁转矩;C_m 为转矩常数。

根据上面三式,可得到直流伺服电动机运行特性的一般表达式

$$\omega = \frac{U_a}{C_e \Phi} - \frac{R_a}{C_e C_m \Phi^2} T_m \tag{4-3}$$

在采用电枢电压控制时,磁通 Φ 是一常量。如果使电枢电压 U_a 保持恒定,则式(4-3)可写成

$$\omega = \omega_0 - kT_m \tag{4-4}$$

式中,$\omega_0 = \dfrac{U_a}{C_e\Phi}, k = \dfrac{R_a}{C_eC_m\Phi^2}$。

式(4-4)被称为电枢控制时直流伺服电动机的静态特性方程。

（1）机械特性

机械特性是指控制电压 U_a 恒定时,电动机的转速 n（或 ω）与电磁转矩 T_m 之间的关系。即 n（或 ω）$= f(T_m)$,由上述静态特性方程,可得到直流伺服电动机的机械特性表达式

$$\omega = \omega_0 - \frac{R_a}{C_eC_m\Phi^2}T_m \tag{4-5}$$

直流伺服电动机的机械特性曲线如图 4-18 所示。直流伺服电动机的机械特性曲线是一组斜率相同的直线。每条机械特性曲线和一种电枢电压相对应,与 ω 轴的交点是该电枢电压下的理想空载角速度,与 T_m 轴相交点则是该电枢电压下的启动转矩。

机械特性的斜率为负,说明在电枢电压不变时,电动机转速随负载转矩增加而降低。

（2）调节特性

调节特性是指电磁转矩 T_m 恒定时,电动机的转速 n（或 ω）与电枢电压 U_a 之间的关系。即 n（或 ω）$= f(U_a)$,由上述静态特性方程,可得到直流伺服电动机的调节特性表达式

$$\omega = \frac{U_a}{C_e\Phi} - kT_m \tag{4-6}$$

直流伺服电动机的调节特性曲线如图 4-19 所示。直流伺服电动机的调节特性曲线也是一组斜率相同的直线。每条调节特性曲线和一种电磁转矩相对应,与 U_a 轴的交点是启动时的电枢电压。

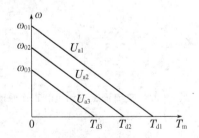

图 4-18　直流伺服电动机的机械特性曲线

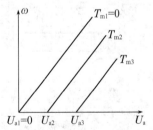

图 4-19　直流伺服电动机的调节特性曲线

调节特性的斜率为正,说明在一定负载转矩下,磁通不变时,电动机转速随电枢电压的升高而升高、随电枢电压的下降而下降。电枢电压为零时,电动机立即停转。

此外,要改变电动机转向,只需改变电枢电压极性。

上述对直流伺服电动机运行特性的分析是在理想条件下进行的,实际上电动机的功放电路、电动机内部的摩擦及负载的变动等因素都会对直流伺服电动机的运行特性有着不容忽视的影响。

（二）交流伺服电动机

直流伺服电动机具有优良的调速特性，但存在固有的缺点：直流伺服电动机的电刷和换向器容易磨损，换向时会产生火花，从而使其最高转速、应用环境均受限制。而且，直流伺服电动机的结构复杂、制造困难、铜损耗大、成本高。因此，传统上很多设备一直采用的直流伺服电动机，目前正逐步被交流伺服电动机所取代。交流伺服电动机没有机械接触部分（电刷、换向器），可实现免维护。

1. 交流伺服电动机的结构与工作原理

（1）基本结构

交流伺服电动机实质上就是一种微型交流异步电动机，由定子和转子两部分组成。其中定子结构与电容运转单相异步电动机相似，在定子圆周上装有两个空间位置互差 90°电角度的两个绕组，两个绕组结构完全相同，使用时一个绕组做励磁用，与交流励磁电源相连，另一个绕组做控制用，加控制信号电压。

交流伺服电动机的转子有笼形和杯形两种，笼式转子由高电阻率的材料制成，转子结构简单，为减小其转动惯量，一般做得细长。近年来，为了进一步提高伺服电动机的快速反应能力，采用了如图 4-20 所示的空心杯形转子。这种结构的伺服电动机其定子有内、外两个铁芯，均用硅钢片叠成。在外定子铁芯上装有在空间上相差 90°电角度的两相绕组，而内定子铁芯则用以构成闭合磁路，减小磁阻。在内、外定子之间有一个杯形的薄壁转子，由铝或铝合金的非磁性金属制成，壁厚约 0.2～0.8 mm，用转子支架装在转轴上。杯形转子的特点是转子非常轻，转动惯量很小，能迅速灵敏地启动、旋转和停止。缺点是气隙稍大，因此空载电流大，功率因素较低。

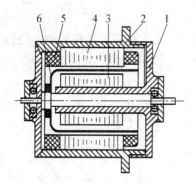

1—端盖；2—机壳；3—内定子；
4—外定子；5—定子绕组；6—杯形转子。

图 4-20 杯形转子结构

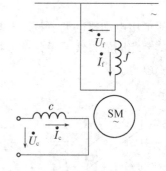

图 4-21 交流伺服电动机的工作原理图

（2）工作原理

交流伺服电动机的工作原理和电容分相式单相异步电动机相似。交流伺服电动机的工作原理如图 4-21 所示，在图中 U_f 为励磁电压，U_c 为控制电压，这两个电压均为交流，相位互差 90°，当励磁绕组和控制绕组均加交流互差 90°电角度的电压时，在空间形成圆旋转磁场（控制电压和励磁电压的幅值相等）或椭圆旋转磁场（控制电压和励磁电压幅值不等），转子在旋转磁场作用下旋转。当控制电压和励磁电压的幅值相等时，控制两者的相位差也能产生旋转磁场。

2. 交流伺服电动机的种类和特点

交流伺服电动机可分为异步型交流伺服电动机和同步型交流伺服电动机。

(1) 异步型交流伺服电动机

异步型交流伺服电动机又称为交流感应电动机。其定子由绕组构成,通入交流电后产生旋转磁场;其转子由空心的(鼠笼状或杯状)非磁性材料(如铜或铝)制成。当转子的转速与定子电路产生的旋转磁场转速存在转速差时,转子的导体将切割旋转磁场的磁力线而产生电流,电流与旋转磁场相互作用,使转子受到电磁力而转动,其方向与旋转磁场方向一致。异步型交流伺服电动机的转子重量轻、惯性小、响应速度快。

(2) 同步型交流伺服电动机

同步型交流伺服电动机的转子是一个磁极,它受到定子旋转磁场的吸引,与旋转磁场的转速始终保持同步。当电流电压和频率固定不变时,同步型交流伺服电动机的转速是不变的。由变频电源供电时,可方便地获得与频率成正比的可变转速,可得到非常硬的机械特性及较宽的调速范围。同步型交流伺服电动机又可分为永磁式、反应式等多种类型。永磁式交流伺服电动机的结构简单、运行可靠、效率高,但启动困难。

3. 交流伺服电动机调速的原理和方法

交流伺服电动机的旋转都是由定子绕组产生旋转磁场从而使转子运转的。不同点是交流永磁式伺服电动机的转速和外加电源频率之间存在严格的关系,所以电源频率不变时,它的转速是不变的;交流感应式伺服电动机由于需要转速差才能在转子上产生感应磁场,所以电动机的转速比其同步转速小,且外加负载越大,转速差越大。旋转磁场的同步速度由交流电的频率来决定:频率低,转速低;频率高,转速高。因此,这两类交流伺服电动机的调速方法主要通过改变供电频率来实现。

交流伺服电动机的速度控制可分为标量控制法和矢量控制法。标量控制法为开环控制,矢量控制法为闭环控制。对于简单的调速系统可使用标量控制法,而对于要求较高的系统则使用矢量控制法。无论用何种控制法都是改变了电动机的供电频率,从而达到调速目的。

矢量控制也称为场定向控制,它将交流电动机模拟成直流电动机,用对直流电动机的控制方法来控制交流电动机。其方法是以交流电动机转子磁场定向,把定子电流分解成与转子磁场方向相平行的磁化电流分量 i_d 和垂直的转矩分量 i_q,分别对应直流电动机中的励磁电流 i_f 和电枢电流 i_a。在转子坐标系中,分别对磁化电流分量 i_d 和转矩电流分量 i_q 进行控制,以达到对实际的交流电动机控制的目的。用矢量转换方法可实现对交流电动机的转矩和磁链控制的完全解耦。交流电动机矢量控制的提出具有划时代的意义,使得交流传动全球化时代的到来成为可能。

按照对基准坐标系的取法不同,矢量控制可分为两类,即按照转子位置定向的矢量控制和按照磁通定向的矢量控制。按转子位置定向的矢量控制系统中基准旋转坐标系水平轴位于电动机的转子轴线上,静止与旋转坐标系之间的绝对夹角就是转子位置角,该角度值可直接由装于电动机轴上的位置检测元件获得。永磁同步电动机的矢量控制就属于此类。按照磁通定向的矢量控制系统中,基准坐标系水平轴位于电动机的磁通磁链轴线上,其静止和旋转坐标系之间的夹角不能直接测量,需要计算获得。异步电动机的矢量控制属于此类。

按照对电动机的电压或电流控制还可将交流伺服电动机的矢量控制分为电压控制型和

电流控制型。由于矢量控制需要较为复杂的计算,所以矢量控制是一种基于微处理器的数字控制方案。

4. 交流伺服电动机的控制方式

电磁转矩的大小取决于气隙磁场的每极磁通量和转子电流的大小和相位,即取决于控制电压 U_c 的大小和相位,所以可采用幅值控制、相位控制和幅相控制三种方法来控制交流伺服电动机。

(1)幅值控制

控制电压和励磁电压保持相位差 90° 不变,只改变控制电压 U_c 的幅值,这种控制方法称为幅值控制。

当励磁电压为额定电压、控制电压为零时,伺服电动机转速为零,电机不转;当励磁电压为额定电压、控制电压也为额定电压时,伺服电动机转速最大,转矩也为最大;当励磁电压为额定电压、控制电压在额定电压与零电压之间变化时,伺服电动机的转速从最高转速至零转速变化。图 4-22 为幅值控制时伺服电动机的控制接线图,使用时控制电压 U_c 的幅值在额定值与零之间变化,励磁电压保持为额定值。

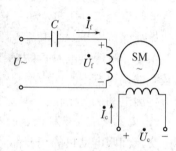

图 4-22 幅值控制接线图

(2)相位控制

与幅值控制不同,相位控制时控制电压 U_c 和励磁电压 U_f 均为额定电压,通过改变控制电压和励磁电压相位差,实现对伺服电动机的控制,这种控制方法称为相位控制。

设控制电压与额定电压的相位差为 $\beta(\beta=0\sim90°)$。根据 β 的取值可得出气隙磁场的变化情况。当 $\beta=0$ 时,控制电压与励磁电压同相位,气隙总磁通势为脉振磁通势,伺服电动机转速为零不转动;当 $\beta=90°$ 时,磁通势为圆形旋转磁通势,伺服电动机转速最大,转矩也最大;当 $\beta=0\sim90°$ 变化时,磁通势从脉振磁通势变为椭圆形旋转磁通势,最终变为圆形旋转磁通势,伺服电动机的转速由低向高变化,β 值越大越接近圆形旋转磁通势。

(3)幅相控制

幅相控制是对幅值和相位差都进行控制,即同时改变控制电压 U_c 的幅值和相位,达到控制伺服电动机转速的目的。当控制电压的幅值改变时,电机转速发生变化,此时励磁绕组中的电流随之发生变化,励磁电流的变化引起电容的端电压变化使控制电压与励磁电压之间的相位角改变。

幅相控制的机械特性和调节特性不如幅值控制和相位控制,但由于其电路简单,不需要移相器,因此在实际应用中使用较多。

5. 交流伺服电动机调速主电路

我国工业用电的频率是固定的 50 Hz,有些欧美国家工业用电的固有频率是 60 Hz,因此交流伺服电动机的调速系统必须采用变频的方法改变电动机的供电频率。常用的方法有两种:直接的交流-交流变频和间接的交流-直流-交流变频,如图 4-23 所示。交流-交流变频是用可控硅整流器直接将高频交流电变成频率较低的脉动交流电,正组输出正脉冲,反组输出负脉冲,这个脉动交流电的基波就是所需的变频电压。由这种方法获得的交流电波动较大。而间接的交流-直流-交流变频是先将交流电整流成直流电,然后将直流电压变成矩形脉冲波动电压,这个脉动交流电的基波就是所需的变频电压。由这种方法获得的交流电的波动小、调频范围宽、调节线性度好。

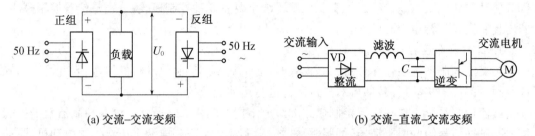

(a) 交流–交流变频   (b) 交流–直流–交流变频

图 4‑23   交流伺服电动机的调速主电路

间接的交流‑直流‑交流变频中根据中间直流电压是否可调,又可分为中间直流电压可调 PWM 逆变器和中间直流电压不可调 PWM 逆变器;根据中间直流电路上的储能元件是大电容或大电感,可分为电压型 SPWM 逆变器和电流型 PWM 逆变器。在电压型逆变器中,控制单元的作用是将直流电压切换成一串方波电压,所用器件是大功率晶体管、巨型功率晶体管 GTR 或是可关断晶闸管 GTO。交流‑直流‑交流变频中典型的逆变器是固定电流型 SPWM 逆变器。

通常交流‑直流‑交流型变频器中交流‑直流的变换是将交流电变为直流电,而直流‑交流变换是将直流变为调频、调压的交流电,采用脉冲宽度调制逆变器来完成。逆变器分为晶闸管和晶体管逆变器,晶体管逆变器克服或改善了晶闸管相位控制中的一些缺点。

6. 交流伺服电动机的应用

图 4‑24 是自动测温系统原理框图。交流伺服电动机在自动测温系统中作为执行元件,由偏差电压 ΔU 控制,用于驱动显示盘指针和电位计的滑动触头。热电偶将被测温度转换为系统的输入信号电压 U_1,比较电路的输出电压 ΔU(即 $U_1 - U_f$)经调制器调制为交流电压,再由交流放大器进行功率放大后驱动交流伺服电动机的控制绕组,使交流伺服电动机转动,从而带动显示盘指针转动、电位计滑动触点移动,电位计的输出电压 U_f 发生相应变化,使偏差电压 ΔU 逐步减小,至 $\Delta U = 0$ 时,交流伺服电动机停转,显示盘指针停留在对应于输入信号电压 U_1 的刻度上。

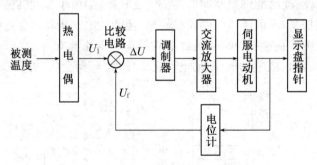

图 4‑24   自动测温系统原理框图

（三）交流伺服系统的组成

交流伺服系统是以交流伺服电动机为控制对象的自动控制系统，它主要由伺服控制器、伺服驱动器和伺服电动机组成。交流伺服系统主要有 3 种控制模式，分别是位置控制模式、速度控制模式和转矩控制模式。

1. 工作在位置控制模式时的系统组成

当交流伺服系统工作在位置控制模式时，能精确控制伺服电动机的转数，因此可以精确控制执行部件的移动距离，即可对执行部件进行运动定位控制。

交流伺服系统工作在位置控制模式的组成结构如图 4-25 所示。伺服控制器发出控制信号和脉冲信号给伺服驱动器，伺服驱动器输出 U、V、W 三相电源电压给伺服电动机，驱动电动机工作，与电动机同轴旋转的编码器会将电动机的旋转信息反馈给伺服驱动器，如电动机每旋转一周编码器会产生一定数量的脉冲送给驱动器。伺服控制器输出的脉冲信号用来确定伺服电动机的转数，在驱动器中，该脉冲信号与编码器送来的脉冲信号进行比较，若两者相等，表明电动机旋转的转数已达到要求，电动机驱动的执行部件已移动到指定的位置。控制器发出的脉冲个数越多，电动机会旋转更多的转数。

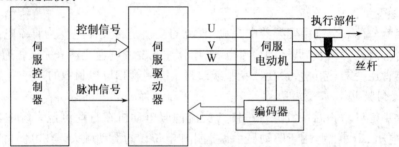

图 4-25　交流伺服系统工作在位置控制模式的组成结构

伺服控制器既可以是 PLC，也可以是定位模块。

2. 作在速度控制模式时的系统组成

当交流伺服系统工作在速度控制模式时，伺服驱动器无须输入脉冲信号也可正常工作，故可取消伺服控制器，此时的伺服驱动器类似于变频器，但由于驱动器能接收伺服电动机的编码器送来的转速信息，不但能调节电动机转速，还能让电动机转速保持稳定。

交流伺服系统工作在速度控制模式的组成结构如图 4-26 所示。伺服驱动器输出 U、V、W 三相电源电压给伺服电动机，驱动电动机工作，编码器会将伺服电动机的旋转信息反

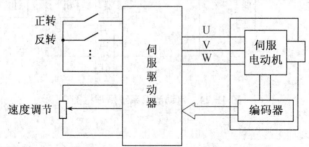

图 4-26　交流伺服系统工作在速度控制模式的组成结构

馈给伺服驱动器。电动旋转速度越快,编码器反馈给伺服驱动器的脉冲频率就越高。操作伺服驱动器的有关输入开关,可以控制伺服电动机 的启动、停止和旋转方向等。调节伺服驱动器的有关输入电位器,可以调节电动机的转速。

伺服驱动器的输入开关、电位器等输入的控制信号也可以用 PLC 等控制设备来产生。

3. 工作在转矩控制模式时的系统组成

当交流伺服系统工作在转矩控制模式时,伺服驱动器无须输入脉冲信号也可正常工作,故可取消伺服控制器,通过操作伺服驱动器的输入电位器,可以调节伺服电动机的输出转矩(又称扭矩,即转力)。

交流伺服系统工作在转矩控制模式的组成结构如图 4-27 所示。

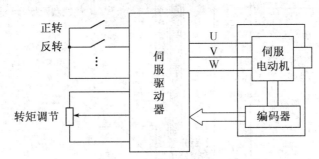

图 4-27 交流伺服系统工作在转矩控制模式的组成结构

伺服驱动器的功能是将工频(50 Hz 或 60 Hz)交流电源转换成幅度和频率均可变的交流电源提供给伺服电动机。当伺服驱动器工作在位置控制模式时,根据输入脉冲来决定输出电源的通断时间;当工作在速度控制模式时,通过控制输出电源的频 率来对电动机进行调速;当工作在转矩控制模式时,通过控制输出电源的幅度来对电动机 进行转矩控制。

任务实施

工作任务1:步进电动机的使用

一、任务描述

为了使步进电动机能正常运动,必须由步进电动机的驱动装置将较弱的电脉冲信号进行转换和放大,变为具有一定功率的脉冲信号后,送给步进电动机的定子励磁绕组顺序通电,才能使其正常运行。将上海开通数控公司 KT350 系列五相混合式步进电动机驱动器与步进电动机进行正确的接线,观察步进电动机在不同控制方式下的运行情况。

二、训练内容

(1) 对照实物,熟悉步进电动机的基本结构、铭牌、型号。

(2) 熟悉步进电动机驱动器的使用方法。

KT350 步进电动机驱动器的外形图如图 4-28 所示。

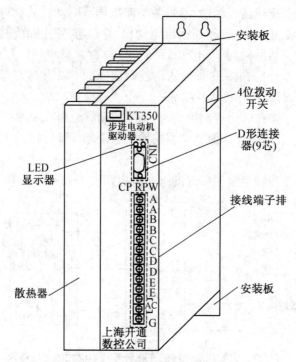

图 4-28 步进电动机驱动器的外形

① 步进电动机驱动器接线端子排的意义见表 4-3。

表 4-3 KT350 接线端子排的意义

端子记号	名称	意义	线截面积/mm²
A,$\overline{A}$,B,$\overline{B}$,C,$\overline{C}$, D,$\overline{D}$,E,$\overline{E}$	电动机接线端子	接至电动机 A,$\overline{A}$,B,$\overline{B}$, C,$\overline{C}$,D,$\overline{D}$,E,$\overline{E}$ 各相	≥1
AC	电源进线	单相交流电源 (80±15%) V,50 Hz	≥1
G	接地	接大地	≥0.75

② 图 4-28 中 D 形连接器 CN1 为一个 9 芯连接器,各脚号的意义见表 4-4。

表 4-4 连接器 CN1 脚号的意义

脚号	记号	名称	意义	线截面积/mm²
CN1-1 CN1-2	F/H $\overline{F/H}$	整步/半步控制端 (输入信号)	F/H 与 $\overline{FH}$ 间电压为 4~5 V 时,整步, 步距角 0.72°, F/H 与 $\overline{FH}$ 间电压为 0~0.5 V 时,半步,步距角 0.36°	≥0.15
CN1-3 CN1-4	CP(CW) $\overline{CP(CW)}$	正、反转运行脉冲信 号(或正转脉冲信 号)(输入信号)	单脉冲方式时,正、反转运行脉冲(CP、 $\overline{CP}$)信号,双脉冲方式时,正转脉冲 (CW、$\overline{CW}$)信号	≥0.15

脚号	记号	名称	意义	线截面积/mm²
CN1-5 CN1-6	DIR(CCW) $\overline{DIR}(\overline{CCW})$	正、反转运行方向信号（或反转脉冲信号）（输入信号）	单脉冲方式时，正、反转运行方向（DIR、$\overline{DIR}$）信号，双脉冲方式时，反转脉冲（CCW、$\overline{CCW}$）信号	≥0.15
CN1-7	RDY	控制回路正常（输出信号）	当控制电源、回路正常时，输出低电平信号	≥0.15
CN1-8	COM	输出信号公共点	RDY、ZERO输出信号的公共点	≥0.15
CN1-9	ZERO	电气循环原点（输出信号）	单步运行时，第20拍送出一电气循环原点，整步运行，第10拍送出一电气循环原点，原点信号为低电平信号	≥0.15

③ 图 4-28 所示中的拨动开关 SW（见图 4-29）是一个 4 位开关。通过该开关可设置步进电动机的控制方式，其各位的意义如下。

第 1 位：控制方式的选择。

ON 位置为双脉冲控制方式，OFF 位置为单脉冲控制方式。在双脉冲控制方式下，连接器 CN1 的 CW、$\overline{CW}$ 端子输入正转运行脉冲信号，CCW、$\overline{CCW}$ 端子则输入反转脉冲信号。在单脉冲控制方式下，连接器 CN1 的 CP、$\overline{CP}$ 端子输入正、反转运行脉冲信号，DIR、$\overline{DIR}$ 端子输入正、反转运行方向的信号。

图 4-29　设定用拨动开关

第 2 位：运行方向的选择（仅在单脉冲方式时有效）。

OFF 位置为标准设定，ON 位置为单方向转，与 OFF 状态转向相反。

第 3 位：整/半步运行模式选择。

ON 位置时步进电动机以整步方式运行，OFF 位置时步进电动机以半步方式运行。

第 4 位：自动试机。

ON 位置时自动试机运行，此时步进电动机在半步控制方式下以 50 r/min 的速度自动运行；在整步控制方式下以 100 r/min 的速度自动运行，而不需外部脉冲输入。OFF 位置时驱动器接受外部脉冲才能运行，此外，在驱动器的面板上还有两个 LED 指示灯。

CP：驱动器通电情况下，步进电动机运行时闪烁，其闪烁的频率等于电气循环原点信号的频率。

PWR：驱动器工作电源指示灯，驱动器通电时亮。

（3）按图 4-30 所示，将步进电动机与驱动器、驱动器与控制装置连接起来。

（4）通过计算机控制装置输入控制信号，通过拨动 4 位拨动开关 SW 设置不同的控制方式，观察步进电动机在不同控制方式下的运行情况。

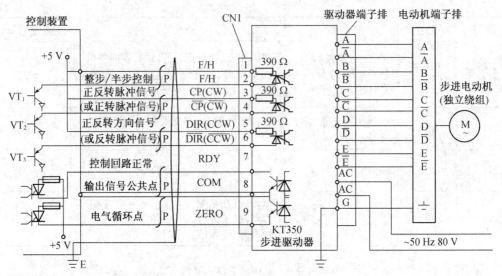

图4-30 步进电动机的典型接线图

三、项目评价

步进电动机的使用训练项目考核评价如表4-5所示。

表4-5 步进电动机的使用考核评价表

序号	项目内容	考核要求	评分细则	配分	扣分	得分
1	准备工作	准备好工具器材	工具器材准备不全,每少一样扣5分	20		
2	步进电动机的认识	熟悉步进电动机的结构;理解其铭牌上各符号的意义	① 符号不熟悉,每错一处扣10分 ② 结构不够清楚,扣10分	20		
3	驱动器的使用	熟悉驱动器的作用,各接口、各引脚的作用	① 不够熟悉,每错一处扣5分 ② 驱动器作用不理解,扣10分	20		
4	线路连接	按步进电动机典型接线图正确连接线路	① 每错一处,扣5分 ② 损坏线路或设备,扣15分	20		
5	调试运行	步进电动机正常工作	试车不转或有异常情况,扣3~10分	10		
6	6S规范	整理、整顿、清扫、安全、清洁、素养	① 没有穿戴防护用品,扣4分 ② 未清点工具、仪器,扣2分 ③ 乱摆放工具,乱丢杂物,完成任务后不清理工位,扣2~5分 ④ 违规操作,扣5~10分	10		
定额时间90 min		每超时5 min及以内,扣5分		总分		
备注		除定额时间外,各项目扣分不得超过该项配分				

工作任务 2：交流伺服电动机特性的测定

一、任务描述

测定交流伺服电动机的转速 n 与其电磁转矩 T 之间的关系 $n=f(T)$，即测定交流伺服电动机的机械特性；测定交流伺服电动机的转速 n 与控制电压 U_K 关系 $n=f(U_K)$，即测定交流伺服电动机的调节特性。

二、训练内容

(1) 采用幅值控制方式，以直接负载法测定交流伺服电动机的机械特性，$n=f(T)$；调节特性，$n=f(U_K)$。

① 测定伺服电动机的机械特性

a. 按图 4-31 所示的交流伺服电动机实验接线图连接好线路，经指导教师检查许可方能进行下列操作；

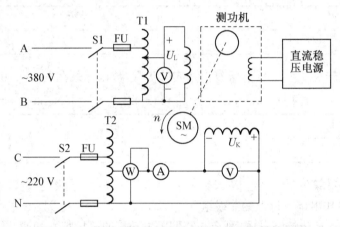

图 4-31　测定幅值控制交流伺服电动机特性接线图

b. 合上电源开关 S1、S2，调节变压器 T1、T2，使励磁电压 $U_L=U_{LN}$，控制电压 $U_K=U_{KN}=$ 常数；

c. 使电动机空载运行，用转速表记录空载转速 n_0；

d. 调节测功机，逐渐增加电动机轴上的负载，测量转速 n 和相应的转矩 T，测 5 组数据，记入表 4-6 中；

e. 将电动机堵转，使 $n=0$，测出堵转转矩 T_d，也一并记入表 4-6 中；

表 4-6　$U_L=U_{LN}=$＿＿＿＿ V，$U_K=U_{KN}=$＿＿＿ V

$T/(N \cdot m)$					
$n/(r \cdot min^{-1})$					

f. 取 $U_K=0.5U_N=$ 常数（即在实验中不改变），重复上述实验步骤，数据记录于表 4-7 中；

表 4 - 7　$U_L = U_{LN} =$ _____ **V**, $U_K = U_{KN} =$ ___ **V**

$T/(\text{N} \cdot \text{m})$					
$n/(\text{r} \cdot \text{min}^{-1})$					

　　g. 分别取 $U_K = 0.9U_{KN}$、$0.7U_{KN}$、$0.6U_{KN} =$ 常数，重复上述实验步骤，并记录各项数据，这样可作出机械特性曲线组 $n = f(T)$。

　　② 测定交流伺服电动机的调节特性

　　a. 实验接线图仍如前，用测功机作机械负载；

　　b. 保持励磁电压为额定电压值 $U_L = U_{LN}$，电动机轴上不加负载，$T = 0$；

　　c. 调节控制电压，使 $U_K = U_{KN}$，并由 U_{KN} 开始逐渐减小到零，分别记录控制电压 U_K，并测量各对应控制电压下的转速 n，共取 5~6 组数据记录在表 4 - 8 中；

表 4 - 8　$U_L = U_{LN} =$ _____ **V**, $T = 0$

$n/(\text{r} \cdot \text{min}^{-1})$					
U_K/V					

　　d. 保持负载转矩 $T = 0.2T_N$，重复上述实验步骤，数据记录在表 4 - 9 中；

表 4 - 9　$U_L = U_{LN} =$ _____ **V**, $T = 0.2T_N =$ _____ **N · m**

$n/(\text{r} \cdot \text{min}^{-1})$					
U_K/V					

　　e. 分别保持负载转矩 $T = 0.4T_N$、$0.6T_N$、$0.8T_N =$ 常数，重复上述实验步骤，并记录各项数据，这样便可作出调节特性的曲线组 $n = f(U_K)$。

　　(2) 采用幅值-相位控制方式，测定交流伺服电动机的机械特性和调节特性。

　　① 测定伺服电动机的机械特性

　　a. 按图 4 - 32 所示的测定幅值-相位控制交流伺服电动机特性的接线图接线，经指导教师检查许可后，方可进行下列操作；

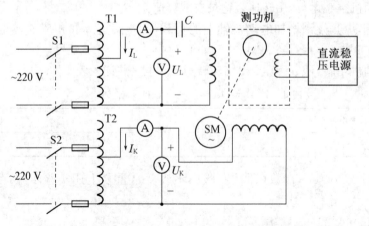

图 4 - 32　测定幅值-相位控制交流伺服电动机特性接线图

b. 合上开关 S1,调节调压器 T1 使 $I_L=I_{LN}=$ 常数,$U_L=$ 定值;

c. 合上开关 S2,调节调压器 T2 使电压 U_K 从零开始逐渐增加,交流伺服电动机 SM 开始转动;

d. 当 $U_K=U_{KN}$ 时,即 $\alpha=U_K/U_{KN}=1$ 时,测 U_L 的值;

e. 调节电机轴上的转矩 T,记录转矩 T 和转速 n,共测 5~6 组数据记录于表 4-10 中;

表 4-10 $U_L=$_____V,$\alpha=\dfrac{U_K}{U_{KN}}=1$

$T/(\text{N}\cdot\text{m})$					
$n/(\text{r}\cdot\text{min}^{-1})$					

f. 当 $\alpha=0.25$ 时,调节 T,记录 T 和 n 数据,共测 5~6 组数据记录于表 4-11 中;

表 4-11 $U_L=$_____V,$\alpha=\dfrac{U_K}{U_{KN}}=0.25$

$T/(\text{N}\cdot\text{m})$					
$n/(\text{r}\cdot\text{min}^{-1})$					

g. 当 $\alpha=0.5$、0.75 时,分别重复上述实验步骤,记录 T 和 n 数据,可作出机械特性曲线组 $n=f(T)$。

② 测定交流伺服电动机的调节特性

a. 实验接线图仍如前所示,合上开关 S1,调节 $U_L=$ 定值,$T=0$;

b. 闭合开关 S2,改变 U_K,在电机开始转动时,是 U_K 的最低值,从最低值调至额定值 U_{KN} 时,在此范围内测量 n 及 U_K 的值,共取 5~6 组数据,并记录于表 4-12 中;

表 4-12 $U_L=$_____V,$T=0$

$n/(\text{r}\cdot\text{min}^{-1})$					
U_K/V					

c. 当 $U_L=$ 定值,$T=0.25T_N$,重复上述实验步骤,数据记录于表 4-13 中。

表 4-13 $U_L=$_____V,$T=0.25T_N$

$n/(\text{r}\cdot\text{min}^{-1})$					
U_K/V					

(3) 观察有无自转现象

当交流伺服电动机处于空载运转状态时,如果将控制绕组回路闸刀开关 S2 断开,使 $U_K=0$,则电动机应立即停转。

三、项目评价

交流伺服电动机特性测定训练项目考核评价如表 4-14 所示。

表 4-14 交流伺服电动机特性测定训练考核评价表

序号	项目内容	考核要求	评分细则	配分	扣分	得分
1	训练前的准备工作	准备好工具器材;调试好训练设备	① 工具准备不全,每少一样扣2分 ② 设备未调试检查,每缺一处扣5分	10		
2	交流伺服电动机的认识	熟悉交流伺服电动机的结构;理解其铭牌上各符号的意义	① 符号不熟悉,每错一处扣10分 ② 结构不够清楚,扣10分	10		
3	训练线路的连接	按接线图连接线路	① 每错一处扣5分 ② 损坏线路和设备者,每处扣10分	20		
4	调节特性的测定	正确测出交流伺服电动机的工作特性	① 测量数据不正确,每错一处扣5分 ② 工作特性曲线未绘出,扣10分	30		
5	机械特性的测定	正确测出交流伺服电动机的机械特性	① 测量数据不正确,每错一处扣5分 ② 机械特性曲线未绘出,扣10分	20		
6	6S规范	整理、整顿、清扫、安全、清洁、素养	① 没有穿戴防护用品,扣4分 ② 未清点工具、仪器,扣2分 ③ 乱摆放工具,乱丢杂物,完成任务后不清理工位,扣2~5分 ④ 违规操作,扣5~10分	10		
定额时间 90 min		每超时5 min及以内,扣5分		成绩		
备注		除定额时间外,各项目扣分不得超过该项配分				

研讨与练习

【研讨1】 交流伺服电动机与单相电容分相式电动机在性能上主要有什么区别?

分析研究:交流伺服电动机的工作原理与单相电容分相式异步电动机虽然相似,但前者的转子电阻比后者大得多,所以伺服电动机与单相异步电动机相比,有3个显著特点:

(1) 启动转矩大

由于转子电阻很大,可使临界转差率 $s_m > 1$,转矩特性(机械特性)更接近于线性,有较大的启动转矩,一旦定子有控制电压,转子立即转动,即具有启动快、灵敏度高的特点。

(2) 运行范围宽

在较宽的转差率 s 范围内伺服电动机都能稳定运转。

(3) 无自转现象

正常运转的伺服电动机,只要失去控制电压,电机立即停止运转。这是因为失去控制电压后,伺服电动机就处于单相运行状态,由于转子电阻很大,这时定子中两个相反方向旋转的旋转磁场与转子作用所产生的两个转矩的合成转矩方向与电机旋转方向相反,是一个制动转矩,它迫使电动机迅速停止。

交流伺服电动机的输出功率一般为 0.1~100 W。当电源频率为 50 Hz 时,电压有 36、110、220、380 V;当电源频率为 400 Hz 时,电压有 20、26、36、115 V 等多种。

交流伺服电动机运行平稳、噪音小。但控制特性是非线性的，并且由于转子电阻大、损耗大、效率低，因此与同容量直流伺服电动机相比，其体积大、重量重，所以只适用于 0.5～100 W 的小功率控制系统。

【研讨 2】　试比较步进电机与伺服电机的使用性能和应用场合。

分析研究：为了适应数字控制的发展趋势，运动控制系统中大多采用步进电机或全数字式交流伺服电机作为执行电动机。虽然两者在控制方式上相似（脉冲信号和方向信号），但在使用性能和应用场合上存在着较大差异。

（1）控制精度不同

交流伺服电机的控制精度由电机轴后端的旋转编码器保证，而步进电动机的控制精度取决于步距角的大小，故交流伺服电机的控制精度比步进电动机优越得多。

（2）低频特性不同

步进电机在低速时易出现低频振动现象，故当步进电机工作在低速时一般应采用阻尼技术来克服低频振动现象，比如在电机上加阻尼器，或驱动器上采用细分技术等。交流伺服电机运转非常平稳，即使在低速时也不会出现振动现象。

（3）矩频特性不同

步进电机的输出力矩随转速升高而下降，且在较高转速时会急剧下降。交流伺服电机为恒力矩输出，即在其额定转速以内，都能输出额定转矩，在额定转速以上为恒功率输出。

（4）过载能力不同

交流伺服电机具有较强的过载能力，可用于克服惯性负载在启动瞬间的惯性力矩。步进电机一般不具有过载能力，在选型时为了克服启动瞬间的惯性力矩，往往需要选取较大转矩的电机，而机器在正常工作期间又不需要那么大的转矩，便出现了力矩浪费的现象。

（5）运行性能不同

步进电机的控制为开环控制，启动频率过高或负载过大易出现丢步或堵转的现象，停止时转速过高易出现过冲现象，所以为保证其控制精度，应处理好升、降速问题。交流伺服驱动系统为闭环控制，驱动器可直接对电机编码器反馈信号进行采样，内部构成位置环和速度环，一般不会出现步进电机的丢步或过冲现象，控制性能更为可靠。

（6）速度响应性能不同

步进电机从静止加速到工作转速（一般为每分钟几百转）需要 200～400 ms。交流伺服电机的加速性能较好，从静止加速到其额定转速（一般为每分钟几千转）仅需几毫秒，可用于要求快速启、停的控制场合。

【课堂练习 1】　试述步进电动机的步距角对电动机运动的影响及计算方法。

【课堂练习 2】　交流伺服电动机的理想空载转速为何总低于同步转速？当控制电压变化时，电动机的转速为何能发生变化？

巩固与提高

一、填空题

1. 步进电动机是利用＿＿＿＿＿原理将电脉冲信号转换成相应的＿＿＿＿＿或＿＿＿＿＿的控制电机。

2. 每当输入一个脉冲，步进电动机就转动一定的_____或前进_____，故又称_____电动机。

3. 步进电动机的工作，通常有_____拍、_____拍和_____拍控制。

4. 步进电动机在脉冲信号的控制下，按某一方向一步一步地转动，每一步转过的角度称为_____角。

5. 步进电动机的转速取决于电脉冲的_____，_____越高，转速越_____。

6. 改变步进电动机定子绕组的_____，转子的旋转方向随机改变。

7. 步进电动机_____及_____越多，则_____越小。在实际应用中，为保证加工精度，步进电动机的步距角是_____或_____。

8. 步进电动机的步距误差是指_____的步距角与_____的步距角之差 $\Delta\alpha$，它直接影响执行部件的_____精度。由于步进电动机每转一圈又回到_____位置，所以误差不会无限_____。

9. 步进电动机的驱动电路完成由_____电到_____电的_____和_____，即将_____电平信号变换成电动机绕组所需的具有一定_____的脉冲信号。驱动电路性能的好坏在很大程度上决定了电动机_____是否能充分发挥。

10. 伺服电动机又称_____电动机，在自动控制系统中作为_____元件，它将输入的_____信号变换为_____和_____输出，以驱动控制对象。

11. 按使用的电源性质不同，可分为交流和直流两种伺服电动机，交流伺服电动机输出功率一般在_____W，直流伺服电动机输出功率一般在_____W。

12. 交流伺服电动机实质上就是一种_____电动机，在定子圆周上装有两个空间位置互差_____电角度的两个绕组，使用时一个绕组作_____用，与交流励磁电源相连，另一个绕组作_____用，加控制信号电压。

13. 交流伺服电动机的转子有两种形式，一为_____形转子，一为_____形转子。

14. 负载一定时，可以通过调节交流伺服电动机的控制电压的_____或_____，来改变电动机的_____或_____。其控制方式通常有_____控制、_____控制和_____控制 3 种。

15. 直流伺服电动机是一台_____的他励直流电动机，按励磁种类可分为_____和_____两种。

16. 采用直流_____信号控制直流伺服电动机的_____和_____，其控制方式有改变_____电压的_____和_____的称为_____控制，改变_____电压的_____和_____的称为_____控制。

二、选择题

17. 下列装置常用来作数控机床的进给驱动元件的是（　　）。
   A. 感应同步器　　　B. 旋转变压器　　　C. 光电盘　　　　D. 步进电动机

18. 以下（　　）不是旋转式步进电动机所具有的形式。
   A. 反应式　　　　　B. 直线式　　　　　C. 永磁式　　　　D. 感应式

19. 以下（　　）参数不影响步进电动机的转速。
   A. 电源频率　　　　B. 转子齿数　　　　C. 电源电压　　　D. 运行拍数

20. 步进电动机的步距角的大小与运行拍数( )。

    A. 成正比   B. 成反比   C. 有关系   D. 没有关系

21. 当负载转矩一定时,不可用( )来改变交流伺服电动机的转速或转向。

    A. 幅值控制方式   B. 频率控制方式

    C. 相位控制方式   D. 幅值-相位控制方式

22. 直流伺服电动机是一种( )电动机。

    A. 他励式   B. 并励式   C. 串励式   D. 复励式

三、简答题

23. 简述伺服电动机的作用、分类。

24. 画图说明直流伺服电动机的机械特性和调节特性各有何特点。

25. 简述交流伺服电动机的工作原理。

26. 交流伺服电动机的控制方式有几种,各有何特点?

27. 简述步进电动机的工作原理。

28. 步进电动机的主要性能指标有哪些?

模块二　电动机典型控制线路的安装与调试

项目5　常用低压电器的选用、拆装与维修

学习目标

（1）熟悉接触器、继电器等电器的结构、工作原理及用途。
（2）能正确选用各种常用低压电器。
（3）能独立拆装和维修常用低压电器。
（4）培养学生安全操作、规范操作、文明生产的行为。

任务描述

正确画出各种常用低压电器的图形及文字符号，理解其工作原理，能根据电气原理图及电动机型号正确选用电器元件，并能独立对常用低压电器进行拆装与维修。

知识链接

一、低压电器的基础知识

凡是对电能的生产、输送、分配和使用起控制、调节、检测、转换及保护作用的电工器械均可称为电器。用于交流 1 200 V 以下、直流 1 500 V 以下电路，起通断、控制、保护与调节等作用的电器称为低压电器。

（一）低压电器的分类

低压电器的功能多、用途广、品种规格繁多，按电器的动作性质分为：

（1）手动电器，即人操作发出动作指令的电器，例如刀开关、按钮等。

（2）自动电器，即不需人工直接操作，按照电的或非电的信号自动完成接通、分断电路任务的电器，例如接触器、继电器、电磁阀等。

按用途可分为：

（1）控制电器，用于各种控制电路和控制系统的电器，例如接触器、继电器、电动机启动器等。

（2）配电电器，用于电能的输送和分配的电器，例如刀开关、低压断路器等。

（3）主令电器，用于自动控制系统中发送动作指令的电器，例如按钮、转换开关等。

（4）保护电器，用于保护电路及用电设备的电器，例如熔断器、热继电器等。

（5）执行电器，用于完成某种动作或传送功能的电器，例如电磁铁、电磁离合器等。

按工作原理可分为：

（1）电磁式电器，即依据电磁感应原理来工作的电器，如交直流接触器、各种电磁式继电器等。

（2）非电量控制电器，即电器的工作是靠外力或某种非电物理量的变化而动作的电器，如刀开关、速度继电器、压力继电器、温度继电器等。

（二）电器的基本结构

从结构上看，电器大都由两个基本部分组成，即触点系统和推动机构。下面以电磁式电器为例予以介绍。

1. 电磁机构

电磁机构又称为磁路系统，其主要作用是将电磁能转化为机械能并带动触头动作从而接通或断开电路。电磁机构的结构形式如图 5-1 所示。

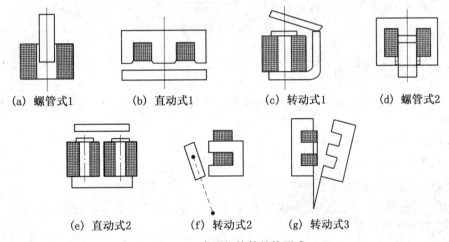

(a) 螺管式1　　(b) 直动式1　　(c) 转动式1　　(d) 螺管式2

(e) 直动式2　　(f) 转动式2　　(g) 转动式3

图 5-1　电磁机构的结构形式

电磁机构由动铁芯（衔铁）、静铁芯和电磁线圈三部分组成，其工作原理是，当电磁线圈通电后，线圈电流产生磁场，衔铁获得足够的电磁吸力，克服弹簧的反作用力与静铁芯吸合。

2. 触头系统

触头是有触点电器的执行部分，通过触头的闭合、断开来控制电路的通断。触头的结构形式有桥式和指式两种，如图 5-2 所示。

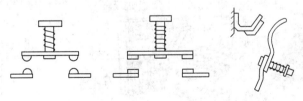

图 5-2　触头的结构形式

3. 灭弧系统

电弧：开关电器切断电流电路时，触头间电压大于 10 V，电流超过 80 mA 时，触头间会产生蓝色的光柱，即电弧。

电弧的危害：延长了切断故障的时间；电弧的高温能将触头烧损；高温引起电弧附近电气绝缘材料烧坏；形成飞弧造成电源短路事故。

灭弧措施：有吹弧、拉弧、长弧割短弧、多断口灭弧、利用介质灭弧、改善触头表面材料等方法。常采用灭弧罩、灭弧栅和磁吹灭弧装置，如图 5-3 所示。

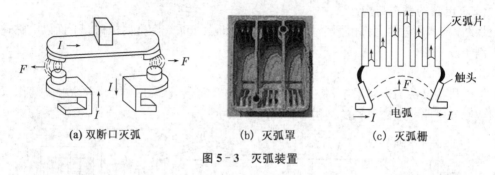

(a) 双断口灭弧　　　　(b) 灭弧罩　　　　(c) 灭弧栅

图 5-3 灭弧装置

二、开关电器的应用

开关是最为普通的电器之一，其作用是分合电路，开断电流。常用的开关有刀开关、组合开关等。

（一）闸刀开关

闸刀开关是一种手动配电电器，主要用来隔离电源或手动接通与断开交直流电路，也可用于不频繁的接通与分断额定电流以下的负载，如小型电动机、电炉等。

闸刀开关是最经济但技术指标偏低的一种刀开关。闸刀开关也称开启式负荷开关。

1. 结构与图形符号

图 5-4 是闸刀开关的外形与结构图，主要有与操作瓷柄相连的动触刀、静触头刀座、熔丝、进线及出线接线座，这些导电部分都固定在瓷底板上，且用胶盖盖着。所以当闸刀合上时，操作人员不会触及带电部分。胶盖还具有下列保护作用：（1）将各极隔开，防止因极间飞弧导致电源短路；（2）防止电弧飞出盖外，灼伤操作人员；（3）防止金属零件掉落在闸刀上形成极间短路。熔丝的装设，又提供了短路保护功能。闸刀开关的图形符号如图 5-5 所示。

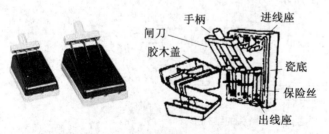

图 5-4 闸刀开关外形与结构图

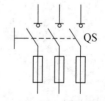

图 5-5 闸刀开关的图形符号

2. 闸刀开关技术参数与选择

闸刀开关种类很多,有两极的(额定电压 250 V)和三极的(额定电压 380 V),额定电流由 10 A 至 100 A 不等,其中 60 A 及以下的才用来控制电动机。常用的闸刀开关型号有 HK1 和 HK2 系列。表 5-1 列出了 HK2 系列部分技术数据。

表 5-1 HK2 系列胶盖闸刀开关的技术数据

额定电压/V	额定电流/A	极数	最大分断电流 (熔断器极限分断电流)/A	控制电动机 功率/kW	机械寿命/ 万次	电寿命/ 万次
250	10	2	500	1.1	10 000	2 000
	15	2	500	1.5		
	30	2	1 000	3.0		
380	15	3	500	2.2	10 000	2 000
	30	3	1 000	4.0		
	60	3	1 000	5.5		

正常情况下,闸刀开关一般能接通和分断其额定电流,因此,对于普通负载可根据负载的额定电流来选择闸刀开关的额定电流。对于用闸刀开关控制电机时,考虑其启动电流可达(4~7)倍的额定电流,选择闸刀开关的额定电流,宜选电动机额定电流的 3 倍左右。

3. 使用闸刀开关时的注意事项

(1) 将其垂直地安装在控制屏或开关板上,不可随意搁置;

(2) 进线座应在上方,接线时不能把它与出线座搞反,否则在更换熔丝时将会发生触电事故;

(3) 更换熔丝必须先拉开闸刀,并换上与原用熔丝规格相同的新熔丝,同时还要防止新熔丝受到机械损伤;

(4) 若胶盖和瓷底座损坏或胶盖失落,闸刀开关就不可再使用,以防止安全事故。

(二) 铁壳开关

铁壳开关也称封闭式负荷开关,它由安装在铸铁或钢板制外壳内的刀式触头和灭弧系统、熔断器以及操作机构等组成,图 5-6 是它的外形与结构图。

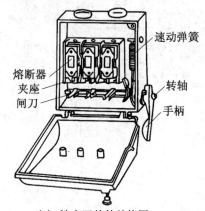

(a) 铁壳开关的外形图　　　　　(b) 铁壳开关的结构图

图 5-6 铁壳开关的外形和结构图

与闸刀开关相比它有以下特点：

（1）触头设有灭弧室（罩），电弧不会喷出，可不必顾虑会发生相间短路事故。

（2）熔断丝的分断能力高，一般为 5 kA，高者可达 50 kA 以上。

（3）操作机构为储能合闸式的，且有机械联锁装置。前者可使开关的合闸和分闸速度与操作速度无关，从而改善开关的动作性能和灭弧性能；后者则保证了在合闸状态下打不开箱盖及箱盖未关妥前合不上闸，提高了安全性。

（4）有坚固的封闭外壳，可保护操作人员免受电弧灼伤。

铁壳开关有 HH3、HH3、HH10、HH11 等系列，其额定电流由 10 A 到 400 A 可供选择，其中 60 A 及以下的可用于异步电动机的全压启动控制开关。

用铁壳开关控制电加热和照明电路时，可按电路的额定电流选择。用于控制异步电动机时，由于开关的通断能力为 $4I_N$，而电动机全压启动电流却在 4～7 倍额定电流以上，故开关的额定电流应为电动机额定电流的 1.5 倍以上。负荷开关选择的两条原则：

（1）结构形式的选择。应根据刀开关的作用和装置的安装形式来选择是否带灭弧装置。如开关用于分断负载电流时，应选择带灭弧装置的刀开关。

（2）额定电流的选择。一般应等于或大于所分断电路中各个负载电流的总和。对于电动机负载，应考虑其启动电流，所以应选额定电流大一级的刀开关。

（三）转换开关和万能转换开关

1. 转换开关

转换开关又称组合开关，是一种多挡位、多触点并能够控制多回路的主令电器。转换开关实质上是一种特殊刀开关，是操作手柄在与安装面平行的平面内左右转动的刀开关。只不过一般刀开关的操作手柄是在垂直安装面的平面内向上或向下转动，而组合开关的操作手柄则是平行于安装面的平面内向左或向右转动而已。组合开关多用在机床电气控制线路中，作为电源的引入开关，也可以用作不频繁地接通和断开电路、换接电源和负载以及控制 5 kW 以下的小容量电动机的正反转和星-三角启动等。HZ10 系列组合开关的外观和图形符号如图 5-7 所示。

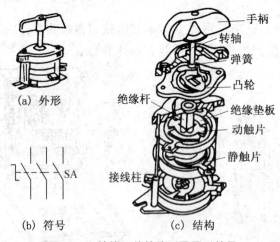

(a) 外形

(b) 符号

(c) 结构

手柄
转轴
弹簧
凸轮
绝缘杆
绝缘垫板
动触片
静触片
接线柱

图 5-7　转换开关的外形及图形符号

2. 万能转换开关

万能转换开关是比组合开关有更多的操作位置和触点、能够接多个电路的一种手动控制电器。由于挡位、触点多,万能转换开关可控制多个电路,能适应复杂线路的要求,图5-8是 LW12 万能转换开关外形图,它是有多组相同结构的触点叠装而成的,在触头盒的上方有操作机构。由于扭转弹簧的储能作用,操作呈现了瞬时动作的性质,故触头分断迅速,不受操作速度的影响。

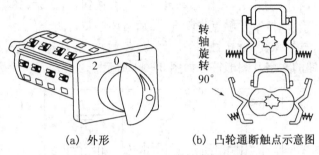

（a）外形　　　　（b）凸轮通断触点示意图

图 5-8　LW12 万能转换开关外形图

万能转换开关在电气原理图中的画法,如图 5-9 所示。图中虚线表示操作位置,而不同操作位置的各对触点通断状态与触点下方或右侧对应,规定用于虚线相交位置上的涂黑圆点表示接通,没有涂黑圆点表示断开。另一种是用触点通断状态表来表示,表中以"+"(或"×")表示触点闭合,"-"(或无记号)表示分断。

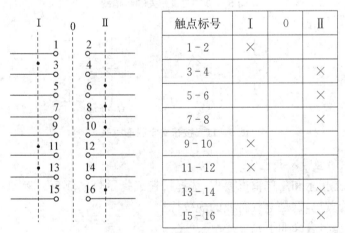

触点标号	Ⅰ	0	Ⅱ
1-2	×		
3-4			×
5-6			×
7-8			×
9-10	×		
11-12	×		
13-14			×
15-16			×

图 5-9　万能转换开关的画法

三、主令电器的应用

主令电器是在自动控制系统中发出指令或信号的操纵电器。常见主令电器有按钮开关、位置开关等。由于是专门发号施令,故称为"主令电器"。主要用来切换控制电路,使电路接通或分断,实现对电力拖动系统的各种控制,以满足生产机械的要求。

（一）按钮

1. 按钮的结构及图形符号

按钮是一种用人的手指或手掌所施加的力来实现操作,并具有储能(弹簧)复位的一种控制开关。按钮的触点允许通过的电流较小,一般不超过 5 A,因此一般情况下它不直接控制主电路的通断,而是在控制电路中发出指令或信号去控制接触器、继电器等电器,再由它们去控制主电路的通断、功能转换或电气联锁。

按钮按静态(不受外力作用)时触点的分合状态,可分为常开按钮(启动按钮)、常闭按钮(停止按钮)和复合按钮(常开、常闭组合为一体的按钮)。常开按钮:未按下时,触点是断开的,按下时触点闭合;松开后,按钮自动复位。常闭按钮:与常开按钮相反,未按下时,触点是闭合的,按下时触点断开,松开后,按钮自动复位。复合按钮:按下时,其常闭触点先断开,然后常开触点再闭合;松开时,常开触点先断开,然后常闭触点再闭合。

按钮由按钮帽、复位弹簧、桥式触头的动触点、静触点、支柱连杆及外壳等部分组成,如图 5-10 所示。按钮的文字及图形符号如图 5-11 所示。

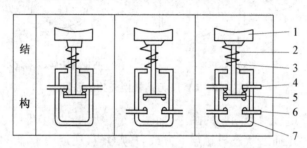

1—按钮;2—复位弹簧;3—支柱连杆;4—常闭静触头;
5—桥式动触头;6—常开静触头;7—外壳。

图 5-10 按钮开关的结构图

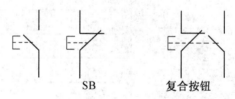

图 5-11 按钮文字图形符号

2. 常见按钮的型号及颜色

根据工作状态指示和工作情况要求,选择按钮或指示灯的颜色。例如:启动为绿色、停止为红色、故障为黄色,这是电气行业的规范标注。

常见按钮的型号含义如下:

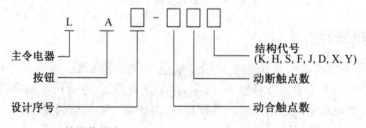

结构代号含义:
K—开启式;H—保护式;S—防水式;F—防腐式;
J—紧急式;D—带指示灯式;X—旋钮式;Y—钥匙式。

3. 按钮的选择

（1）根据用途，选用合适的型号。

（2）按工作状态指示和工作情况的要求，选择按钮和指示灯的颜色。

（3）按控制电路的需要，确定钮数。

4. 按钮的常见故障分析

（1）按下启动按钮时有触电感觉。故障的原因一般为按钮的防护金属外壳与连接导线接触或按钮帽的缝隙间充满铁屑，使其与导电部分形成通路。

（2）停止按钮失灵，不能断开电路。故障的原因一般有接线错误、线头松动或搭接在一起、铁尘过多或油污使停止按钮两动断触头形成短路。

（3）按下停止按钮，再按启动按钮，被控电器不动作。故障的原因一般为被控电器有故障、停止按钮的复位弹簧损坏或按钮接触不良。

（二）行程开关

生产机械中常需要控制某些运动部件的行程：或运动一定行程使其停止，或在一定行程内自动返回或自动循环。这种控制机械行程的方式叫"行程控制"或"限位控制"。

行程开关又称限位开关，是实现行程控制的小电流（5 A 以下）主令电器，它是利用生产机械运动部件的碰撞来发出指令的，即将机械信号转换为电信号，通过控制其他电器来控制运动部件的行程大小、运动方向或进行限位保护。

行程开关种类很多，以下介绍两种常用的系列产品。图 5-12 是行程开关图形符号。

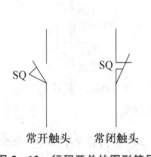

图 5-12 行程开关的图形符号

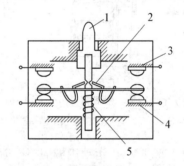

1—推杆；2—弯形片状弹簧；3—常开触头；
4—常闭触头；5—恢复弹簧。

图 5-13 微动开关

1. 微动开关

图 5-13 是 JW 系列微动开关的结构图。

微动开关的结构和动作原理与按钮相似，由于弯形片状弹簧具有放大作用，推杆只需有微小的位移，便可使触头动作，故称为微动开关。微动开关的体积小、动作灵敏，适合在小型机构中使用，但由于推杆所允许的极限行程很小，以及开关的结构强度不高，因此在使用时必须对推杆的最大行程在机构上加以限制，以免被压坏。

2. 行程开关

（1）行程开关结构和动作原理

常用的行程开关有 LX19 系列和 JLXK1 系列。各种系列的行程开关基本结构相同，区别仅在于使行程开关动作的传动装置和动作速度不同。图 5-14 是行程开关结构和动作原理图,图 5-15 是 JLXK1 系列行程开关外形图。

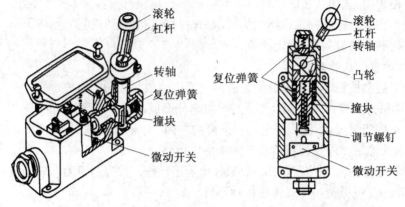

(a) 行程开关的结构图　　　　(b) 行程开关的动作原理图

图 5-14　JLXK1 系列行程开关的结构和动作原理图

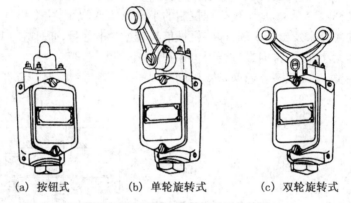

(a) 按钮式　　　(b) 单轮旋转式　　　(c) 双轮旋转式

图 5-15　JLXK1 系列行程开关外形

其动作原理是:当运动机械的挡铁撞到行程开关的滚轮上时,传动杠杆连同转轴一起转动,使凸轮推动撞块,当撞块被压到一定位置时,推动微动开关快速动作,使其常闭触头分断、常开触头闭合;当滚轮上的挡铁移开后,复位弹簧就使行程开关各部分恢复原始位置,这种单轮自动恢复的行程开关是依靠本身的恢复弹簧来复原的。图 5-15(c)中的双轮行程开关不能自动复位,它是依靠运动机械反向移动时,挡铁碰撞另一滚轮将其复位。

(2) 行程开关型号及选择

① 行程开关型号含义

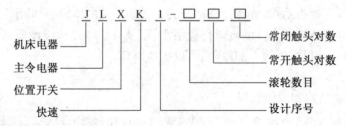

② 行程开关选择

a. 根据应用场合及控制对象选择是一般用途还是起重设备用行程开关。

b. 根据安装环境选择采用何种系列的行程开关。

c. 根据机械与行程开关的传动形式,是开启式还是防护式。

d. 根据控制回路的电压和电流,动力与位移关系选择合适的头部结构形式。

（3）行程开关的常见故障分析

① 当挡铁碰撞位置开关时触头不动作,故障的原因一般为位置开关的安装位置不对,离挡铁太远;触头接触不良或连接线松脱。

② 位置开关复位但动断触头不能闭合,故障的原因一般为触头偏斜或动触头脱落、触杆被杂物卡住、弹簧弹力减退或被卡住。

③ 位置开关的杠杆已偏转但触头不动,故障的原因一般为位置开关的位置装得太低或触头由于机械卡阻而不动作。

3. 接近开关

接近式位置开关是一种非接触式的位置开关,简称接近开关。它由感应头、高频振荡器、放大器和外壳组成。当运动部件与接近开关的感应头接近时,就使其输出一个电信号。

接近开关包括电感式和电容式两种。电感式接近开关的感应头是一个具有铁氧体磁心的电感线圈,只能用于检测金属体。振荡器在感应头表面产生一个交变磁场,当金属块接近感应头时,金属中产生的涡流吸收了振荡的能量,使振荡减弱以至停振,因而存在振荡和停振两种信号,经整形放大器转换成二进制的开关信号,从而起到"开""关"的控制作用。

常用的电感式接近开关型号有 LJ1、LJ2 等系列,电容式接近开关型号有 LXJ15、TC 等系列。

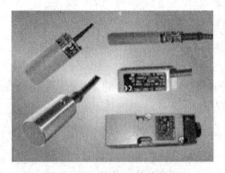

图 5‑16　接近开关外形图

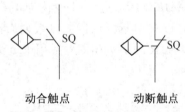

动合触点　　　　动断触点

图 5‑17　接近开关的电气符号

四、保护电器的应用

（一）熔断器

熔断器是低压配电网络和电力拖动系统中主要用作短路保护的电器。熔断器是串联连接在被保护电路中的,当电路电流超过一定值时,熔体因发热而熔断,使电路被切断,从而起到保护作用。熔体的热量与通过熔体电流的平方及持续通电时间成正比,当电路短路时,电流很大,熔体急剧升温,立即熔断,当电路中电流值等于熔体额定电流时,熔体不会熔断。所以,熔断器可用于短路保护。

1. 类型与用途

常用的熔断器外形如图 5－18 所示。

(a) 瓷插式　　　(b) 螺旋式　　　(c) 无填料密封管式　　　(d) 有填料密封管式

图 5－18　熔断器外形图

RC1A 系列熔断器如图 5－18(a) 所示，它结构简单，由熔断器瓷底座和瓷盖两部分组成。熔丝用螺钉固定在瓷盖内的铜闸片上，使用时将瓷盖插入底座，拔下瓷盖便可更换熔丝。由于该熔断器使用方便、价格低廉而应用广泛。RC1A 系列熔断器主要用于交流380 V 及以下的电路末端作线路和用电设备的短路保护，在照明线路中还可起过载保护作用。RC1A 系列熔断器额定电流为 5～200 A，但极限分断能力较差，由于该熔断器为半封闭结构，熔丝熔断时有声光现象，对易燃易爆的工作场合应禁止使用。

RL1 系列熔断器如图 5－18(b) 所示，它由瓷帽、瓷套、熔管和底座等组成，其结构如图 5－19 所示。熔管内装有石英砂、熔丝和带小红点的熔断指示器。当从瓷帽玻璃窗口观测到带小红点的熔断指示器自动脱落时，表示熔丝熔断了。熔管的额定电压为交流 500 V，额定电流为 2～200 A，常用于机床控制线路(但安装时注意上下接线端接法)。

RM10 系列熔断器如图 5－18(c) 所示，它由熔断管、熔体及插座组成。熔断管为钢纸制成，两端为黄铜制成的可拆式管帽，管内熔体为变截面的熔片，更换熔体较方便。RM10 系列熔断器的极限分断能力比 RC1A 系列熔断器有所提高，适用于小容量配电设备。

RT0 系列熔断器如图 5－18(d) 所示，它由熔断管、熔体及插座组成。熔断管为白瓷质的，与 RM10 熔断器类似，但管内充填石英砂，石英砂在熔体熔断时起灭弧作用，在熔断管的一端还设有熔断指示器。该系列熔断器的分断能力比同容量的 RM10 系列熔断器大2.5～4 倍。RT0 系列熔断器适用于短路电流大的电路或有易燃气体的场所。

　瓷帽

　熔断管

　瓷套

　下接线座　　　上接线座

　瓷座

(a) 螺旋式熔断器外形　　　(b) 螺旋式熔断器结构

图 5－19　RL1 系列螺旋式熔断器结构

2. 熔断器的型号及图形文字符号

（1）熔断器型号的含义

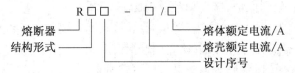

结构类型：C—瓷插式，L—螺旋式，T—有填料封闭管式，M—无填料封闭管式。

（2）图形文字符号

熔断器文字符号如图 5-20 所示。

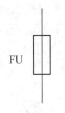

图 5-20　熔断器符号

3. 熔断器的选择

对熔断器的要求是：在电气设备正常运行时，熔断器不应熔断；在出现短路时，应立即熔断；在电流发生正常变动（如电动机启动过程）时，熔断器不应熔断；在用电设备持续过载时，应延时熔断。对熔断器的选用主要包括类型选择和熔体额定电流的确定。

选择熔断器的类型时，主要依据负载的保护特性和短路电流的大小。例如，用于保护照明和电动机的熔断器，一般考虑它们的过载保护，这时，希望熔断器的熔化系数适当小些。所以，容量较小的照明线路和电动机宜采用熔体为铅锌合金的 RC1A 系列熔断器，而大容量的照明线路和电动机，除过载保护外，还应考虑短路时分断短路电流的能力。若短路电流较小时，可采用熔体为锡质的 RC1A 系列或熔体为锌质的 RM10 系列熔断器。用于车间低压供电线路的保护熔断器，一般考虑短路时的分断能力。当短路电流较大时，宜采用具有高分断能力的 RL1 系列熔断器。当短路电流相当大时，宜采用有限流作用的 RT0 系列熔断器。

熔断器的额定电压要大于或等于电路的额定电压。

熔断器的额定电流要依据负载情况而选择：

（1）电阻性负载或照明电路，这类负载启动过程很短，运行电流较平稳，一般按负载额定电流的 1～1.1 倍选用熔体的额定电流，进而选定熔断器的额定电流。

（2）电动机等感性负载，这类负载的启动电流为额定电流的 4～7 倍，一般选择熔体的额定电流为电动机额定电流的 1.5～2.5 倍。一般来说，熔断器难以起到过载保护作用，而只能用作短路保护，过载保护应用热继电器才行。

对于多台电动机，要求

$$I_{FU} \geqslant (1.5 \sim 2.5) I_{Nmax} + \sum I_N$$

式中：I_{FU} 为熔体额定电流（A）；I_{Nmax} 为最大一台电动机的额定电流（A）。

（3）为防止发生越级熔断，上、下级（供电干、支线）熔断器间应有良好的协调配合，为此，应使上一级（供电干线）熔断器的熔体额定电流比下一级（供电支线）大 1～2 个级差。

4. 熔断器的使用注意事项及维护

(1) 应正确选用熔体和熔断器。对不同性质的负载,如照明电路、电动机电路的主电路和控制电路等,应尽量分别保护,装设单独的熔断器。

(2) 安装螺旋式熔断器时,必须注意将电源线接到瓷底座的下接线端,以保证安全。

(3) 瓷插式熔断器安装熔丝时,熔丝应顺着螺钉旋紧方向绕过去,同时应注意不要划伤熔丝,也不要把熔丝绷紧,以免减小熔丝截面尺寸或插断熔丝。

(4) 更换熔体时应切断电源,并应换上相同额定电流的熔体,不能随意加大熔体。

(二) 热继电器

1. 热继电器的结构及工作原理

热继电器是利用电流的热效应原理来保护设备,使之免受长期过载的危害,主要用于电动机的过载保护、断相保护、三相电流不平衡运行的保护及其他电气设备发热状态的控制。它的外形和结构原理图如图 5-21 所示。

（a）外形

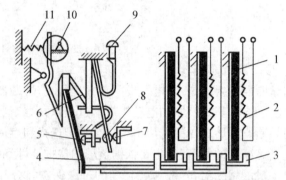

1—主双金属片;2—电阻丝;3—导板;4—补偿双金属片;
5—螺钉;6—推杆;7—静触点;8—动触点;
9—复位按钮;10—调节凸轮;11—弹簧。

（b）结构原理图

图 5-21　热继电器的外形及结构原理图

热继电器主要由热元件、双金属片和触点三部分组成。当电动机过载时,流过热元件的电流增大,热元件产生的热量使双金属片向上弯曲,经过一定时间后,弯曲位移增大,推动板将常闭触点断开。常闭触点是串接在电动机的控制电路中的,控制电路断开使接触器的线圈断电,从而断开电动机的主电路。若要使热继电器复位,则按下复位按钮即可。由于热惯性,当电路短路时热继电器不能立即动作使电路立即断开,因此不能作短路保护。同理,在电动机启动或短时过载时,热继电器也不会动作,这可避免电动机不必要的停车。每一种电流等级的热元件,都有一定的电流调节范围,一般应调节到与电动机额定电流相等,以便更好地起到过载保护作用。

热继电器的图形文字符号如图 5-22 所示。

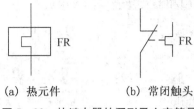

(a)　热元件　　　　　(b)　常闭触头

图 5 - 22　热继电器的图形及文字符号

2. 热继电器的使用与选择

热继电器的保护对象是电动机,故选用时应了解电动机的技术性能、启动情况、负载性质以及电动机允许过载能力等。

(1) 应考虑电动机的启动电流和启动时间

电动机的启动电流一般为额定电流的 5～7 倍。对于不频繁启动、连续运行的电动机,在启动时间不超过 6 s 的情况下,可按电动机的额定电流选用热继电器。

(2) 应考虑电动机的绝缘等级及结构

由于电动机绝缘等级不同,其容许的温升和承受过载的能力也不同。同样条件下,绝缘等级越高,过载能力就越强。即使所用绝缘材料相同,但电动机结构不同,在选用热继电器时也应有所差异。例如,封闭式电动机散热比开启式电动机差,其过载能力比开启式电动机低,热继电器的整定电流应选为电动机额定电流的 60%～80%。

(3) 长期稳定工作的电动机

可按电动机的额定电流选用热继电器。取热继电器整定电流的 0.95～1.05 倍或中间值等于电动机额定电流。使用时要将热继电器的整定电流调至电动机的额定电流值。

(4) 若用热继电器作电动机缺相保护,应考虑电动机的接法

对于 Y 形接法的电动机,当某相断线时,其余未断相绕组的电流与流过热继电器电流的增加比例相同。一般的三相式热继电器,只要整定电流调节合理,是可以对 Y 形接法的电动机实现断相保护的。对于△形接法的电动机,其相断线时,流过未断相绕组的电流与流过热继电器的电流增加比例则不同。也就是说,流过热继电器的电流不能反映断相后绕组的过载电流,因此,一般的热继电器,即使是三相式,也不能为△形接法的三相异步电动机的断相运行提供充分保护。此时,应选用 JR20 型或 T 系列这类带有差动断相保护机构的热继电器。

(5) 应考虑具体工作情况

若要求电动机不允许随便停机,以免遭受经济损失,只有发生过载事故时,方可考虑让热继电器脱扣,此时选取热继电器的整定电流应比电动机额定电流偏大一些。

热继电器只适用于不频繁启动、轻载启动的电动机进行过载保护。对于正、反转频繁转换以及频繁通断的电动机,如起重电动机则不宜采用热继电器作过载保护。

(三) 低压断路器

低压断路器又称自动空气开关,既能带负荷通断电路,又能在失压、短路和过负荷时自动跳闸,保护线路和电气设备。它是低压配电网络和电力拖动系统中常用的重要保护电器之一。

1. DZ 系列断路器的结构和工作原理

DZ5 - 20 型塑壳式低压断路器的外形结构如图 5 - 23 所示。断路器主要由动触头、静

触头、灭弧装置、操作机构、热脱扣器及外壳等部分组成。

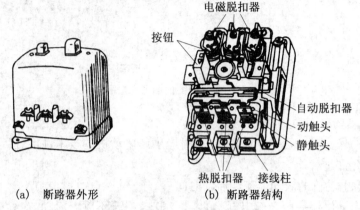

(a) 断路器外形　　　　(b) 断路器结构

图 5 - 23　断路器外形和结构图

图 5 - 24 是断路器的工作原理图,图 5 - 25 是断路器的图形符号。在正常情况下,断路器的主触点是通过操作机构手动或电动合闸的。若要正常切断电路,应操作分励脱扣器 4。

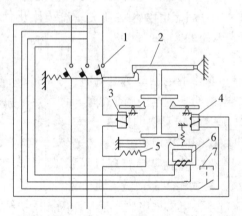

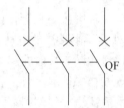

1—主触头;2—自由脱扣机构;3—过电流脱扣器;4—分励脱扣器;
　5—热脱扣器;6—失压脱扣器;7—按钮。

图 5 - 24　断路器工作原理图

图 5 - 25　断路器的图形符号

空气开关的自动分断,是由过电流脱扣器 3、热脱扣器 5 和失压脱扣器 6 完成的。当电路发生短路或过流故障时,过电流脱扣器 3 衔铁被吸合,使自由脱扣机构 2 的钩子脱开,自动开关触头分离,及时有效地切除高达数十倍额定电流的故障电流。当线路发生过载时,过载电流通过热脱扣器 5 使触点断开,从而起到过载保护作用。若电网电压过低或为零时,失压脱扣器 6 的衔铁被释放,自由脱扣机构 2 动作,使断路器触头分离,从而在过流与零压欠压时保证了电路及电路中设备的安全。根据不同的用途,自动开关可配备不同的脱扣器。

2. 低压断路器型号

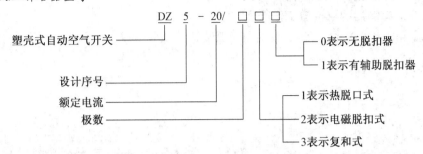

3. 低压断路器的选用

(1) 断路器的额定电压和额定电流应不小于电路的额定电压和最大工作电流。

(2) 热脱扣器的整定电流与所控制负载的额定电流一致。电磁脱扣器的瞬时脱扣整定电流应大于负载电路正常工作时的最大电流。对于单台电动机来说,电磁脱扣器的瞬时脱扣整定电流 I_z 可按 $I_z \geqslant kI_q$ 计算。其中:k 为安全系数,一般取 1.5～1.7;I_q 为电动机的启动电流。对于多台电动机来说,I_z 可按 $I_z \geqslant kI_{qmax}$ 计算。其中:k 也可取 1.5～1.7;I_{qmax} 为其中一台启动电流最大的电动机的电流。

4. 带漏电保护的断路器

(1) 作用:主要用于当发生人身触电或漏电时,能迅速切断电源,保障人身安全,防止触电事故。有的漏电保护器还兼有过载、短路保护,用于不频繁启、停电动机。

(2) 工作原理:当正常工作时,不论三相负载是否平衡,通过零序电流互感器主电路的三相电流相量之和等于零,故其二次绕组中无感应电动势产生,漏电保护器工作于闭合状态。如果发生漏电或触电事故,三相电流之和便不再等于零,而等于某一电流值 I_s。I_s 会通过人体、大地、变压器中性点形成回路,这样零序电流互感器二次侧产生与 I_s 对应的感应电动势,加到脱扣器上,当 I_s 达到一定值时,脱扣器动作,推动主开关的锁扣,分断主电路。图 5-26 为漏电断路器工作原理图。

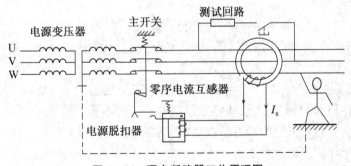

图 5-26　漏电断路器工作原理图

五、接触器的选用与维修

接触器是机床电气控制系统中使用量大、涉及面广的一种低压控制电器,用于远距离频繁地接通或断开交、直流主电路及大容量控制电路,主要控制对象是电动机。它不仅能实现远距离自动操作和欠电压释放保护功能,而且还具有控制容量大、工作可靠、操作效率高、使用寿命长等优点,在电力拖动系统中得到了广泛应用。

（一）交流接触器的结构与工作原理

接触器主要由电磁系统、触头系统和灭弧装置等部分组成,外形和结构简图如图 5‑27 所示。

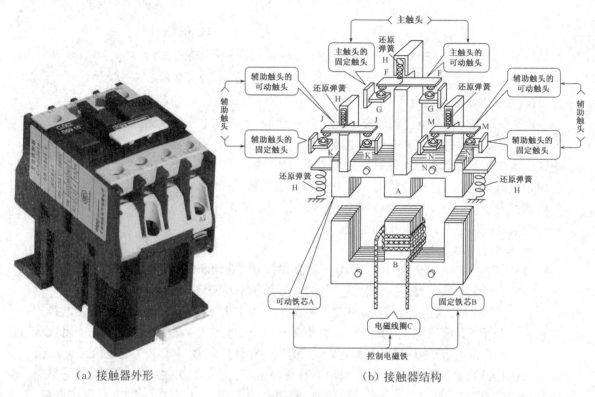

（a）接触器外形　　　　　　　　　　　（b）接触器结构

图 5‑27　接触器的外形与结构

1. 电磁系统

电磁系统是用来操作触头闭合与分断用的,包括线圈、动铁芯和静铁芯。交流接触器的铁芯一般用硅钢片叠压铆成,以减少交变磁场在铁芯中产生涡流及磁滞损耗,避免铁芯过热。

交流接触器的铁芯上装有一个短路环,又称减振环,如图 5‑28 所示。短路环的作用是减少交流接触器吸合时产生的振动和噪音。当电磁线圈中通有交流电时,在铁芯中产生的是交变的磁通,所以它对衔铁的吸力是变化的,当磁通经过零值时,铁芯对衔铁的吸力也为零,衔铁在弹簧反作用力的作用下有释放的趋势,这样,衔铁不能被铁芯紧紧吸牢,就在铁芯上产生振动,发出噪音;这使衔铁与铁芯极易磨损,并造成触头接触不良,产生电弧火花灼伤触头,且噪音使人易感疲劳。为了消除这一现象,在铁芯柱端面上嵌装一个短路环,此短路铜环相当于变压器的副绕组,当电磁线圈通入交流电后,线圈电流 I_1 产生磁通 Φ_1,短路环中产生感应电流 I_2 而形成磁通 Φ_2,由于电流 I_1 与 I_2 的相位不同,所以 Φ_1 与 Φ_2 的相位也不同,即 Φ_1 与 Φ_2 不同时为零,这样,在磁通 Φ_1 经过零时,Φ_2 不为零而产生吸力,吸住衔铁,使衔铁始终被铁芯所吸牢,振动和噪音会显著减少。气隙越小,短路环作用越大,振动和噪音就越小。短路环一般用铜或镍铬合金等材料制成。

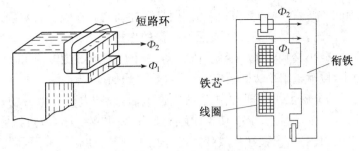

图 5 - 28　交流电磁的短路环

为了增加铁芯的散热面积,交流接触器的线圈一般采用粗而短的圆筒形电压线圈,并与铁芯之间有一定间隙,以避免线圈与铁芯直接接触而受热烧坏。

2. 触头系统

触头又称为触点,是接触器的执行元件,用来接通或断开被控制电路。因此,要求触头导电性能良好,故触头通常用紫铜制成。但是铜的表面容易氧化而产生一层不良导体氧化铜,由于银的接触电阻小,且银的黑色氧化物对接触电阻影响不大,故在接触点部分镶上银块。触头的结构形式很多,按其所控制的电路可分为主触头和辅助触头。主触头用于接通或断开主电路,允许通过较大的电流。辅助触头用于接通或断开控制电路,只能通过较小的电流。

触头按其静态可分为常开触头(动合触点)和常闭触头(动断触点)。原始状态时(即线圈未通电)断开,线圈通电后闭合的触头叫常开触头;原始状态时闭合,线圈通电后断开的触头叫常闭触头。线圈断电后所有触头复位,即恢复到原始状态。

为了使触头接触得更紧密,以减小接触电阻,并消除开始接触时发生的有害振动,在触头上装有接触弹簧,随着触头的闭合加大触头间的互压力。

3. 灭弧装置

交流接触器在分断大电流电路或高压电路时,在动、静触头之间会产生很强的电弧。电弧是触头间气体在强电场作用下产生的放电现象,会发光发热,灼伤触头,并使电路切断时间延长,甚至会引起其他事故。因此,我们希望电弧能迅速熄灭。在交流接触器中常采用下列几种灭弧方法。

(1)电动力灭弧。这种灭弧是利用触头本身的电动力把电弧拉长,使电弧热量在拉长的过程中散发而冷却熄灭。

(2)双断口灭弧。这种方法是将整个电弧分成两段,同时利用上述电动力将电弧熄灭。

(3)纵缝灭弧。灭弧罩内只有一个纵缝,缝的下部宽,上部窄些,以便电弧压缩,并和灭弧室壁有很好的接触。当触头分断时,电弧被外界磁场或电动力横吹而进入缝内,使电弧的热量传递给室壁而迅速冷却熄弧。

(4)栅片灭弧。栅片将电弧分割成若干短弧,每个栅片就成为短电弧的电极,栅片间的电弧电压低于燃弧电压,同时,栅片将电弧的热量散发,促使电弧熄灭。

4. 其他部分

交流接触器的其他部分包括反作用弹簧、缓冲弹簧、触头压力弹簧片、传动机构和接线柱等。反作用弹簧的作用是当线圈断电时,使触头复位分断。缓冲弹簧是一个安装在静铁芯与胶木底座之间的刚性较强的弹簧,它的作用是缓冲动铁芯在吸合时对静铁芯的冲击力,保护胶木外壳免受冲击,不易损坏。触头压力弹簧的作用是增加动、静触头之间的压力,从而增大接触面积,以减小接触电阻。否则,由于动、静触头之间的压力不够,使动、静触头之间的接触面积减小,接触电阻增大,会使触头因过热而灼伤。

交流接触器根据电磁工作原理,当电磁线圈通电后,线圈电流产生磁场,使静铁芯产生电磁吸力吸引衔铁,并带动触头动作,使常闭触头断开,常开触头闭合,两者是联动的。当电磁线圈断电时,电磁力消失,衔铁在释放弹簧的作用下释放,使触头复原,即常开触头断开,常闭触头闭合。接触器的图形、文字符号如图 5-29 所示。

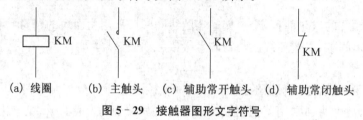

(a) 线圈　(b) 主触头　(c) 辅助常开触头　(d) 辅助常闭触头

图 5-29　接触器图形文字符号

(二) 直流接触器

直流接触器主要用于控制直流电压至 440 V、直流电流至 1 600 A 的直流电力线路,常用于频繁地操作和控制直流电动机。直流接触器的结构和工作原理与交流接触器基本相同,在结构上也是由电磁机构、触点系统和灭弧装置等组成,但也有不同之处。

交流接触器:交流接触器线圈通以交流电,主触头接通、分断交流主电路。当交变磁通穿过铁芯时,将产生涡流和磁滞损耗,使铁芯发热。为减少铁损,铁芯用硅钢片冲压而成。为便于散热,线圈做成短而粗的圆筒状绕在骨架上。为防止交变磁通使衔铁产生强烈振动和噪声,交流接触器铁芯端面上都安装一个铜制的短路环。交流接触器的灭弧装置通常采用灭弧罩和灭弧栅。

直流接触器:直流接触器线圈通以直流电流,主触头接通、切断直流主电路。直流接触器铁芯中不产生涡流和磁滞损耗,所以不发热,铁芯可用整块钢制成。为保证散热良好,通常将线圈绕制成长而薄的圆筒状。直流接触器灭弧较难,一般采用灭弧能力较强的磁吹灭弧装置。

(三) 接触器型号及主要技术参数

1. 型号含义

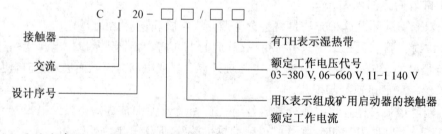

2. 主要技术参数

额定电压:交流接触器常用的额定电压等级有 127、220、380、660 V;直流接触器常用的额定电压等级有 110、220、440、660 V。

额定电流:交、直流接触器常用的额定电流等级有 10、20、40、60、100、150、250、400、600 A。

吸引线圈额定电压:交流线圈常用的额定电压等级有 36、110(127)、220、380 V;直流线圈常用的额定电压等级有 24、48、220、440 V。

常用 CJ0、CJ10 系列交流接触器的技术数据如表 5-2 所示。

表 5-2 常用 CJ0、CJ10 系列交流接触器的技术数据

型号	触头额定电压/V	主触头额定电流/A	辅助触头额定电流/A	可控制的三相异步电动机最大功率/kW			额定操作频率/(次·h⁻¹)	吸引线圈电压/V	线圈功率/(V·A)	
				127 V	220 V	380 V			启动	吸持
CJ0-10	500	10	5	1.5	2.5	4	1 200	交流 36,110,127,220,380	77	14
CJ0-20	500	20	5	3	5.5	10	1 200		156	33
CJ0-40	500	40	5	6	11	20	1 200		280	33
CJ0-75	500	75	5	13	22	4	600		660	55
CJ10-10	500	10	5		2.2	40	600		65	11
CJ10-20	500	20	5		5.5	10	600		140	22
CJ10-40	500	40	5		11	20	600		230	32
CJ10-60	500	60	5		17	30	600		495	70
CJ10-100	500	100	5		29	50	600			

(四)接触器的选择

选择接触器时应从其工作条件出发,主要考虑下列因素:

① 控制交流负载应选用交流接触器,控制直流负载选用直流接触器。

② 接触器的使用类别应与负载性质相一致。

③ 主触头的额定工作电压应大于或等于负载电路的电压。

④ 主触头的额定工作电流应大于或等于负载电路的电流。还要注意的是,接触器主触头的额定工作电流是在规定条件下(额定工作电压、使用类别、操作频率等)能够正常工作的电流值,当实际使用条件不同时,这个电流值也将随之改变。

对于电动机负载可按下列经验公式计算:

$$I_\mathrm{C}=\frac{P_\mathrm{N}}{KU_\mathrm{N}}$$

式中:I_C 为接触器主触点电流(A);P_N 为电动机额定功率(kW);U_N 为电动机的额定电压(V);K 为经验系数,一般取 1~1.4。

⑤ 吸引线圈的额定电压应与控制回路电压相一致,接触器在线圈额定电压 85% 及以上时才能可靠地吸合。

⑥ 主触头和辅助触头的数量应能满足控制系统的需要。

(五)常见故障处理方法

表 5-3 列出了交流接触器常见故障处理方法。

表5-3　交流接触器常见故障处理

故障现象	可能原因	处理方法
吸不上或吸力不足（即触头已闭合而铁芯尚未完全吸合）	(1) 电源电压过低或波动太大 (2) 操作回路电源容量不足或发生断线、配线错误及控制触头接触不良 (3) 线圈技术参数与使用条件不符 (4) 产品本身受损（如线圈断线或烧毁、机械可动部分被卡住、转轴生锈或歪斜等） (5) 触头弹簧压力与超程过大	(1) 调高电源电压 (2) 增加电源容量，更换线路修理控制触头 (3) 更换线圈 (4) 更换线圈、排除卡住故障，修理受损零件 (5) 要调整触头参数
不释放或释放缓慢	(1) 触头弹簧压力过小 (2) 触头熔焊 (3) 机械可动部分被卡住，转轴生锈或歪斜 (4) 反力弹簧损坏 (5) 铁芯极面有油污或尘埃粘着 (6) E形铁芯，当寿命终了时，因去磁气隙消失，剩磁增大，使铁芯不释放	(1) 调整触头参数 (2) 排除熔焊故障，修理或更换触头 (3) 排除卡住现象，修理受损零件 (4) 更换反力弹簧 (5) 清理铁芯极面 (6) 更换铁芯
线圈过热或烧损	(1) 电源电压过高或过低 (2) 线圈技术参数（如额定电压、频率、通电持续率及适用工作制等）与实际使用条件不符 (3) 操作频率（交流）过高 (4) 线圈制造不良或由于机械损伤、绝缘损坏等 (5) 使用环境条件差，如空气潮湿、含有腐蚀性气体或环境温度过高 (6) 运动部分卡住 (7) 交流铁芯极面不平或中间气隙过大 (8) 交流接触器派生直流操作的双线圈，因动断联锁触头熔焊不释放，而使线圈过热	(1) 调整电源电压 (2) 调换线圈或接触器 (3) 选择其他合适的接触器 (4) 更换线圈，排除引起线圈机械损伤的故障 (5) 采用特殊设计的线圈 (6) 排除卡住现象 (7) 清除铁芯极面或更换铁芯 (8) 调整联锁触头参数及更换烧坏线圈
电磁铁噪声大	(1) 电源电压过低 (2) 触头弹簧压力过大 (3) 磁系统歪斜或机械上卡住，使铁芯涌吸平 (4) 极面生锈或因异物（如油垢、尘埃）侵入铁芯极面 (5) 短路环断裂 (6) 铁芯极面磨损过度而不平	(1) 提高操作回路电压 (2) 调整触头弹簧压力 (3) 排除机械卡住故障 (4) 清理铁芯极面 (5) 调换铁芯或短路环 (6) 更换铁芯
触头熔焊	(1) 操作频率过高或产品过负载使用 (2) 负载侧短路 (3) 触头弹簧压力过小 (4) 触头表面有金属颗粒突起或异物 (5) 操作回路电压过低或机械上卡住，致使吸合过程中有停滞现象，触头停顿在刚接触的位置上	(1) 调整合适的接触器 (2) 排除短路故障、更换触头 (3) 调整触头弹簧压力 (4) 清理触头表面 (5) 调高操作电源电压，排除机械卡住故障，使接触器吸合可靠

故障现象	可能原因	处理方法
触头过热或灼伤	(1) 触头弹簧压力过小 (2) 触头上有油污或表面高低不平,有金属颗粒突起 (3) 环境温度过高或使用在密闭的控制箱中 (4) 操作频率过高或工作电流过大,触头的断开容量不够 (5) 触头的超程过小	(1) 调高触头弹簧压力 (2) 清理触头表面 (3) 接触器降容使用 (4) 调换容量较大的接触器 (5) 调整触头超程或更换触头
触头过度磨损	(1) 接触器选用欠妥,在以下场合,容量不足: 　① 反接制动 　② 有较多密接操作 　③ 操作频率过高 (2) 三相触头动作不同步 (3) 负载侧短路	(1) 接触器降容使用或改用适于繁重任务的接触器 (2) 调整至同步 (3) 排除短路故障,更换触头
相间短路	(1) 可逆转换的接触器联锁不可靠,由于误动作,致使两台接触器同时投入运行可造成相间短路,或因接触器动作过快,转换时间短,在转换过程中发生电弧短路 (2) 尘埃堆积或有水汽、油垢,使绝缘变坏 (3) 接触器零部件损坏(如灭弧室碎裂)	(1) 检查电气联锁与机械联锁;在控制电路上加中间环节或调换动作时间长的接触器,延长可逆转换时间 (2) 经常清理,保持清洁 (3) 更换损坏零件

六、继电器的选用与维修

继电器主要用于控制和保护电路中作信号转换用。它具有输入电路(又称感应元件)和输出电路(又称执行元件),当感应元件中的输入量(如电流、电压、温度、压力等)变化到某一定值时继电器动作,执行元件便接通和断开控制回路。

控制继电器种类繁多,常用的有电流继电器、电压继电器、中间继电器、时间继电器、热继电器以及温度、压力、计数、频率继电器等。

电压、电流继电器和中间继电器属于电磁式继电器,其结构、工作原理与接触器相似,由电磁系统、触头系统和释放弹簧等组成。由于继电器用于控制电路,流过触头的电流小,所以不需要灭弧装置。

(一) 电磁式继电器

1. 电磁式继电器的结构及工作原理

(1) 结构及工作原理

继电器一般由 3 个基本部分组成:检测机构、中间机构和执行机构。

低压控制系统中的控制继电器大部分为电磁式结构。图 5 - 30 为电磁式继电器的典型结构示意图。电磁式继电器由电磁机构和触头系统两个主要部分组成。电磁机构由线圈1、铁芯 2、衔铁 7 组成。触头系统由于其触点都接在控制电路中,且电流小,故不装设灭弧装置。它的触点一般为桥式触点,有动合和动断两种形式。另外,为了实现继电器动作参数的改变,继电器一般还具有改变弹簧松紧和改变衔铁打开后气隙大小的装置,即反作用调节螺钉 6。

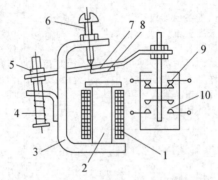

1—线圈;2—铁芯;3—磁轭;4—弹簧;5—调节螺母;6—调节螺钉;
7—衔铁;8—非磁性垫片;9—动断触点;10—动合触点。

图 5‑30 电磁式继电器结构示意图

当通过电流线圈 1 的电流超过某一定值时,电磁吸力大于反作用弹簧力,衔铁 7 吸合并带动绝缘支架动作,使动断触点 9 断开,动合触点 10 闭合。通过调节螺钉 6 来调节反作用力的大小,即调节继电器的动作参数值。

（2）继电特性

继电器的主要特性是输入-输出特性,又称继电特性,继电特性曲线如图 5‑31 所示。当继电器输入量 X 由零增至 X_0 以前,继电器输出量 Y 为零。当输入量 X 增加到 X_0 时,继电器吸合,输出量为 Y_1;若 X 继续增大,Y 保持不变。当 X 减小到 X_r 时,继电器释放,输出量由 Y_1 变为零,若 X 继续减小,Y 值均为零。

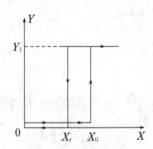

图 5‑31 继电特性曲线

图 5‑31 中,X_0 称为继电器吸合值,欲使继电器吸合,输入量必须等于或大于 X_0;X_r 称为继电器释放值,欲使继电器释放,输入量必须等于或小于 X_r。

$K_f = X_r / X_0$ 称为继电器的返回系数,它是继电器重要参数之一。K_f 值是可以调节的。例如一般继电器要求低的返回系数,K_f 值应在 0.1～0.4 之间,这样当继电器吸合后,输入量波动较大时不致引起误动作;欠电压继电器则要求高的返回系数,K_f 值在 0.6 以上。设某继电器 $K_f = 0.66$,吸合电压为额定电压的 90%,则电压低于额定电压的 50% 时,继电器释放,起到欠电压保护作用。

另一个重要参数是吸合时间和释放时间。吸合时间是指从线圈接受电信号到衔铁完全吸合所需的时间;释放时间是指从线圈失电到衔铁完全释放所需的时间。一般继电器的吸合时间与释放时间为 0.05～0.15 s,快速继电器为 0.005～0.05 s,它的大小影响继电器的操作频率。

2. 电流继电器

根据线圈中电流的大小而接通和断开电路的继电器称为电流继电器。使用时电流继电器的线圈与负载串联,其线圈的匝数少而线径粗。常用的有欠电流继电器和过电流继电器两种,其图形符号见图 5-32。

(1) 欠电流继电器:电路正常工作时,欠电流继电器吸合,当电路电流减小到某一整定值以下时($10\%I_N\sim20\%I_N$),欠电流继电器释放,对电路实现欠电流保护。

(2) 过电流继电器:电路正常工作时,过电流继电器不动作,当电路电流超过某一整定值时(一般为 $110\%I_N\sim400\%I_N$),过电流继电器吸合,对电路实现过电流保护。

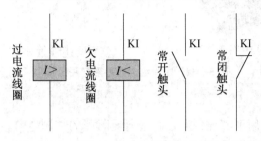

图 5-32　过电流、欠电流继电器的图形符号

3. 电压继电器

电压继电器是根据其线圈两端电压信号的大小而接通或断开电路,实际使用时,电压继电器的线圈与负载并联。常用的有欠(零)电压继电器和过电压继电器两种,其图形符号见图 5-33。

(1) 欠电压继电器:电路正常工作时,欠电压继电器吸合,当电路电压减小到某一整定值以下时($40\%U_N\sim70\%U_N$),欠电压继电器释放,对电路实现欠电压保护。

(2) 过电压继电器:电路正常工作时,过电压继电器不动作,当电路电压超过某一整定值时(一般为 $105\%U_N\sim120\%U_N$),过电压继电器吸合,对电路实现过电压保护。

(3) 零电压继电器:当电路电压降低到 $10\%U_N\sim35\%U_N$ 时释放,对电路实现零电压保护。

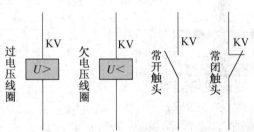

图 5-33　过电压、欠电压继电器的图形符号

4. 中间继电器

中间继电器在控制电路中主要用来传递信号、扩大信号功率以及将一个输入信号变换成多个输出信号等,其外形和图形符号见图 5-34。中间继电器的基本结构及工作原理与接触器完全相同。但中间继电器的触点对数多,且没有主辅之分,各对触点允许通过的电流大小相同,多数为 5 A。因此,对工作电流小于 5 A 的电气控制线路,可用中间继电器代替接触器实施控制。

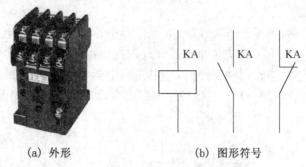

(a) 外形　　　　　　　(b) 图形符号

图 5 - 34　中间继电器外形与图形符号

(二) 时间继电器

时间继电器是一种用来实现触点延时接通或断开的控制电器,按其动作原理与构造不同,可分为电磁式、空气阻尼式、电动式和电子式等类型。机床控制线路中应用较多的是空气阻尼式时间继电器,目前电子式时间继电器获得了愈来愈广泛的应用。

1. 空气阻尼式时间继电器

空气阻尼式时间继电器,是利用空气阻尼作用获得延时的,有通电延时和断电延时两种类型,时间继电器的结构示意图如图 5 - 35 所示。它主要由电磁系统、延时机构和工作触点三部分组成。

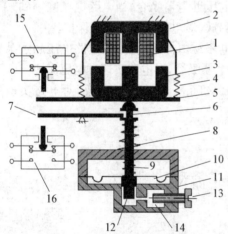

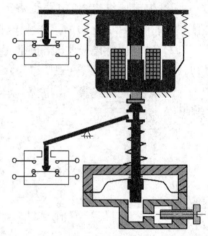

1—线圈;2—铁芯;3—衔铁;4—复位弹簧;5—推板;

6—活塞杆;7—杠杆;8—塔形弹簧;9—弱弹簧;

10—橡皮膜;11—空气室壁;12—活塞;

13—调节螺杆;14—进气孔;15、16—微动开关。

(a) 通电延时型　　　　　　　(b) 断电延时型

图 5 - 35　时间继电器的结构与动作原理图

图 5 - 35(a)为通电延时型时间继电器。当线圈 1 通电后,铁芯 2 将衔铁 3 吸合,推板 5 使微动开关 15 立即动作,活塞杆 6 在塔形弹簧的作用下,带动活塞 12 及橡皮膜 10 向上移动,由于橡皮膜下方气室空气稀薄,形成负压,因此活塞杆 6 不能迅速上移。当空气由进气孔 14 进入时,活塞杆 6 才逐渐上移,当移到最上端时,杠杆 7 才使微动开关 16 动作。延时

时间为自电磁铁吸引线圈通电时刻起到微动开关动作时为止的这段时间。通过调节螺杆13调节进气孔的大小,就可以调节延时时间。当线圈 1 断电时,衔铁 3 在复位弹簧 4 的作用下将活塞 12 推向最下端。因活塞被往下推时,橡皮膜下方气室内的空气,通过橡皮膜10、弱弹簧 9 和活塞 12 肩部所形成的单向阀,经上气室缝隙顺利排掉,因此延时与不延时的微动开关 15 与 16 都迅速复位。

将电磁机构翻转 180 度安装后,可得到图 5－35(b)所示的断电延时型时间继电器。它的工作原理与通电延时型相似,微动开关 16 是在吸引线圈断电后延时动作的。

空气阻尼式时间继电器的优点是:结构简单、寿命长、价格低廉,还附有不延时的触点,所以应用较为广泛。缺点是准确度低、延时误差大,因此在要求延时精度高的场合不宜采用。

时间继电器的图形文字符号如图 5－36 所示。

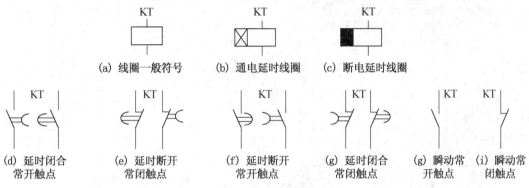

图 5－36　时间继电器的图形符号

2. 电子式时间继电器

电子式时间继电器也称半导体时间继电器,它在时间继电器中已成为主流产品,电子式时间继电器是采用晶体管或集成电路和电子元件等构成,目前已有采用单片机控制的时间继电器。电子式时间继电器具有延时范围广、精度高、体积小、耐冲击和耐振动、调节方便及寿命长等优点,所以发展很快,应用广泛。

电子式时间继电器的输出形式有两种:有触点式和无触点式,前者是用晶体管驱动小型磁式继电器,后者是采用晶体管或晶闸管输出。图 5－37 为 JSS20 系列数字式时间继电器的外形、接线图。

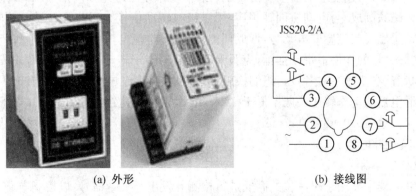

图 5－37　JSS20 系列数字式时间继电器的外形及接线图

3. 时间继电器的选用

选用时间继电器时应注意：其线圈（或电源）的电流种类和电压等级应与控制电路相同；按控制要求选择延时方式和触点形式；校核触点数量和容量，若不够时，可用中间继电器进行扩展。

时间继电器新系列产品 JS14A 系列、JS20 系列半导体时间继电器、JS14P 系列数字式半导体继电器等量具有体积小、延时精度高、寿命长、工作稳定可靠、安装方便、触点输出容量大和产品规格全等优点，广泛用于电力拖动、顺序控制及各种生产过程的自动控制中。

（三）速度继电器

速度继电器是根据电磁感应原理制成的，用于转速的检测。如用来在三相交流异步电动机反接制动转速过零时，自动断开反相序电源。速度继电器常用于铣床和镗床的控制电路中。图 5-38 为其外形、结构及符号图。

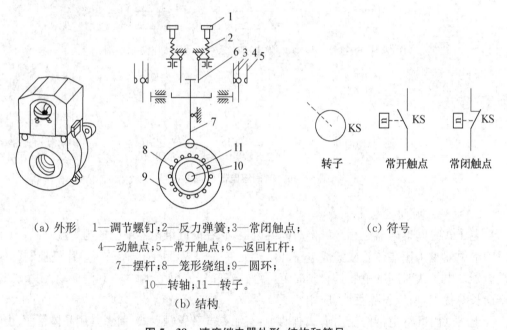

（a）外形　1—调节螺钉；2—反力弹簧；3—常闭触点；

4—动触点；5—常开触点；6—返回杠杆；

7—摆杆；8—笼形绕组；9—圆环；

10—转轴；11—转子。

（b）结构　（c）符号

图 5-38　速度继电器外形、结构和符号

据图 5-38 知，速度继电器主要由转子、圆环（笼形空心绕组）和触点三部分组成。转子由一块永久磁铁制成，与电动机同轴相连，用以接收转动信号。当转子（磁铁）旋转时，笼形绕组切割转子磁场产生感应电动势，形成环内电流，此电流与磁铁磁场相作用，产生电磁转矩，圆环在此力矩的作用下带动摆锤，克服弹簧力而顺转子转动的方向摆动，并拨动触点改变其通断状态（在摆锤左右各设一组切换触点，分别在速度继电器正转和反转时发生作用）。

速度继电器的动作转速一般不低于 120 r/min，复位转速约在 100 r/min 以下，工作时，允许的转速高达 1 000～3 600 r/min。

（四）其他继电器

1. 液位继电器

液位继电器主要用于对液位的高低进行检测并发出开关量信号，以控制电磁阀、液泵等设备对液位的高低进行控制。

下面以 JYF－02 型液位继电器为例介绍其结构及工作原理。

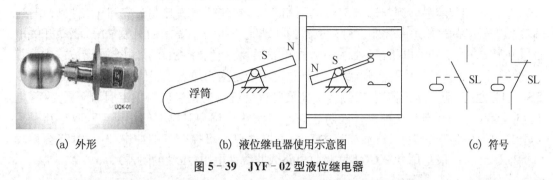

| (a) 外形 | (b) 液位继电器使用示意图 | (c) 符号 |

图 5－39 JYF－02 型液位继电器

结构及原理：由互为隔离的浮球组和触头组成，由浮球感受液位的变化，在磁钢磁性的作用下，实现对液位的控制和报警。浮球只有在上下两个极限位置时，动触头才会动作，在升降过程中，动触头保持原来状态不会摆动。

动作过程：浮筒置于液体内，浮筒的另一端为一根磁钢，靠近磁钢的液体外壁也装一根磁钢，并和动触点相连，当水位上升时，受浮力上浮而绕固定支点上浮，带动磁钢条向下，当内磁钢 N 极低于外磁钢 N 极时，由于液体壁内外两根磁钢同性相斥，壁外的磁钢受排斥力迅速上翘，带动触点迅速动作。同理，当液位下降，内磁钢 N 极高于外磁钢 N 极时，外磁钢受排斥力迅速下翘，带动触点迅速动作。液位高低的控制是由液位继电器安装的位置来决定的。

2. 固态继电器

固态继电器（Solid State Relay，SSR）是一种无触点通断电子开关，它利用电子元件（如开关三极管、双向可控硅等半导体器件）的开关特性，可达到无触点无火花地接通和断开电路的目的。整个器件无可动部件及触点，可实现相当于常用电磁继电器一样的功能，其封装形式也与传统电磁继电器基本相同。

由于固态继电器是由固体元件组成的无触点开关元件，所以它较之电磁继电器具有工作可靠、寿命长、对外界干扰小、能与逻辑电路兼容、抗干扰能力强、开关速度快和使用方便等一系列优点。因而具有很宽的应用领域，有逐步取代传统电磁继电器之势，并可进一步扩展到传统电磁继电器无法应用的领域。如计算机和可编程控制器的输入输出接口、计算机外围和终端设备、机械控制、过程控制、遥控及保护系统等。在一些要求耐振、耐潮、耐腐蚀、防爆等特殊工作环境中以及要求高可靠的工作场合，SSR 都较之传统的电磁继电器有无可比拟的优越性。

（1）固态继电器的原理及结构

SSR 按使用场合可以分成交流型和直流型两大类，它们分别在交流或直流电源上做负载的开关，不能混用。

下面以交流型的 SSR 为例来说明它的工作原理，图 5－40 是它的工作原理框图。图中的部件①～④构成交流 SSR 的主体，从整体上看，SSR 只有两个输入端（A 和 B）及两个输出端（C 和 D），是一种四端器件。工作时只要在 A、B 上加一定的控制信号，就可以控制 C、D 两端之间的"通"和"断"，实现"开关"的功能，其中耦合电路的功能是为 A、B 端输入的控制信号提供一个输入/输出端之间的通道，但又在电气上断开 SSR 中输入端和输出端之间的（电）联系，以防止输出端对输入端的影响，耦合电路用的元件是"光耦合器"，它动作灵敏、响应速度高、输入/输出端间的绝缘(耐压)等级高;由于输入端的负载是发光二极管,这使SSR的输入端很容易做到与输入信号电平相匹配,在使用可直接与计算机输出接口相接,即受"1"与"0"的逻辑电平控制。触发电路的功能是产生合乎要求的触发信号,驱动开关电路④工作,但由于开关电路在不加特殊控制电路时,将产生射频干扰并以高次谐波或尖峰等污染电网,为此特设"过零控制电路"。所谓"过零",是指当加入控制信号,交流电压过零时,SSR即为通态;而当断开控制信号后,SSR要等待交流电的正半周与负半周的交界点(零电位)时,SSR才为断态。这种设计能防止高次谐波的干扰和对电网的污染。吸收电路是为防止从电源中传来的尖峰、浪涌(电压)对开关器件双向可控硅管的冲击和干扰(甚至误动作)而设计的,一般是用"R—C"串联吸收电路或非线性电阻(压敏电阻器)。

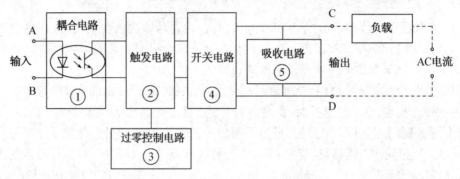

图 5-40　交流型 SSR 的工作原理框图

(2) 应用电路

① 固态继电器接线图

图 5-41 为单相固态继电器接线图。

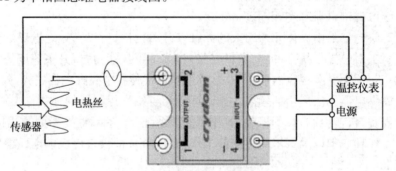

图 5-41　单相固态继电器接线图

② 计算机控制电机正反转的接口及驱动电路

图 5-42 为计算机控制三相交流电机正反转的接口及驱动电路,图中采用了 4 个与非门,用两个信号通道分别控制电动机的启动、停止和正转、反转。当改变电动机转动方向时,给出指令信号的顺序应是"停止—反转—启动"或"停止—正转—启动"。延时电路的最小延时不小于 1.5 个交流电源周期。其中 RD_1、RD_2、RD_3 为熔断器。当电机允许时,可以在 $R_1 \sim R_4$ 位置接入限流电阻,以防止当万一两线间的任意两只继电器均误接通时,限制产生的半周线间短路电流不超过继电器所能承受的浪涌电流,从而避免烧毁继电器等事故,确保

安全性;但副作用是正常工作时电阻上将产生压降和功耗。该电路建议采用额定电压为660 V 或更高一点的 SSR 产品。

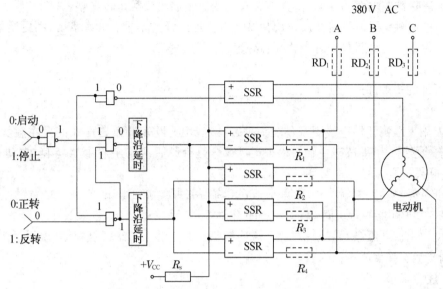

图 5 - 42　固态继电器控制三相感应电动机

任务实施

工作任务:接触器的拆装与维修

一、任务描述

了解接触器内部结构、铭牌的意义,按要求对接触器进行正确的检测、拆卸及安装,并对常见故障进行检修。

二、训练内容

1. 实物认知

(1) 仔细观察接触器的外形结构,用仪表测量各个触头的阻值。

(2) 观察接触器上的铭牌及说明书,了解它的型号及各参数的意义。

2. 拆卸

(1) 卸下灭弧罩紧固螺钉,取下灭弧罩。

(2) 压下主触头弹簧,取下主触头压力弹簧片。拆卸主触头时必须将主触头侧转 45°后才能取出。

(3) 松开辅助常开触头的线桩螺钉,取下常开静触头。

(4) 松开接触器底部盖板螺钉,取下盖板。在松螺钉时,要用手轻轻压住,慢慢取下。

(5) 慢慢按顺序取下铁芯、反力弹簧、垫片等。

(6) 最后取出线圈,用仪表测量其阻值,并记录。记住安装顺序。

3. 检修

(1) 检测灭弧罩有无破损或烧坏变形,清理灭弧罩内的灰尘。

(2)检查触头的磨损程度,磨损严重时应更换触头;若无须更换,则清除触头表面上烧毛的颗粒。

(3)清除铁芯端面的油垢,检查铁芯有无变形及端面接触是否平整。

(4)检查触头压力弹簧及反作用弹簧是否变形或弹力不足。如有需要,则更换弹簧。

(5)检查电磁线圈是否有短路、断路及发热变色现象。

4. 装配

按拆卸的逆顺序进行装配。

5. 自检

用万用表欧姆挡检查线圈及各触头是否良好;用兆欧表测量各触头间及主触头对地电阻是否符合要求;用手按动主触头检查运动部分是否灵活,以防产生接触不良、振动和噪声。

6. 触头压力的测量与调整

用纸条凭经验判断触头压力是否合适。将一张厚约 0.1 mm、比触头稍宽的纸条夹在 CJ10-20 型接触器的触头间,触头处于闭合位置,用手拉动纸条,若触头压力合适,稍用力纸条即可拉出。若纸条很容易被拉出,说明触头压力不够。若纸条被拉断,说明触头压力太大,可调整触头弹簧或更换弹簧,直至符合要求。

三、注意事项

(1)拆卸过程中,应备有盛放零件的容器,以免丢失零件。

(2)拆装过程中不允许硬撬,以免损坏电器。装配辅助静触头时,要防止卡住动触头。

(3)通电校验时,接触器应固定在控制板上,并有教师监护,以确保用电安全。

(4)通电校验过程中,要均匀、缓慢地改变调压变压器的输出电压,以使测量结果尽量准确。

(5)调整触头压力时,注意不得损坏接触器的主触头。

四、项目评价

本项目的考核评价如表5-4所示。

表5-4 接触器的拆装与维修考核评价表

序号	项目内容	考核要求	评分细则	配分	扣分	得分
1	拆卸和装配	用正确的方法,按步骤拆卸接触器;按拆卸的逆顺序进行装配	① 步骤及方法不正确,每次扣5分 ② 拆装不熟练,扣5~10分 ③ 丢失零部件,每件扣10分 ④ 拆卸不能组装,扣15分 ⑤ 损坏零部件,扣20分	20		
2	检修	正确利用工具对接触器各部分的质量进行检验	① 未进行检修或检修无效,扣30分 ② 检修步骤及方法不正确,每次扣5分 ③ 扩大故障(无法修复),扣30分	30		
3	校验	通电观测接触器能否正常工作,且各项功能是否完好	① 不能进行通电校验,扣25分 ② 检验的方法不正确,扣10~15分 ③ 检验结果不正确,扣10~20分 ④ 通电时有振动或噪声,扣10分	20		

续表

序号	项目内容	考核要求	评分细则	配分	扣分	得分
4	调整触头压力	能凭经验判断触头压力大小和能正确使用仪器测量触头压力	① 不能凭经验判断触头压力大小,扣10分 ② 不会测量触头压力,扣10分 ③ 触头压力测量不准确,扣10分 ④ 触头压力的调整方法不正确,扣15分	20		
5	6S规范	整理、整顿、清扫、安全、清洁、素养	① 没有穿戴防护用品,扣4分 ② 检修前未清点工具、仪器、耗材,扣2分 ③ 乱摆放工具。乱丢杂物,完成任务后不清理工位,扣2～5分 ④ 违规操作,扣5～10分	10		
定额时间 90 min		每超时 5 min 及以内,扣 5 分		成绩		
备注		除定额时间外,各项目扣分不得超过该项配分				

研讨与练习

【研讨】　在电动机的控制线路中,熔断器和热继电器能否相互代替? 为什么?

分析研究:热继电器和熔断器在电动机保护电路中的作用是不相同的。热继电器只做长期的过载保护,而熔断器只做短路保护,因此一个较完整的保护电路,特别是电动机电路,应该两种保护都具有。

【课堂练习】　交流接触器铁芯上的短路环起什么作用? 若此短路环断裂或脱落后,在工作中会出现什么现象? 为什么?

巩固与提高

一、填空题

1. 与交流接触器相比,中间继电器的触头对数_____,且没有_____之分,各对触头允许通过的电流大小相同,多数为_____ A。

2. CJ10 - 10 型交流接触器采用的灭弧方法是_____。

3. 交流接触器的电磁系统主要由_____、_____和_____三部分组成。

二、选择题

4. 为了保证继电器触头在磨损之后保持良好接触,在检修时要保持超程大于或等于(　　)mm。

　　A. 1.5　　　　　　　B. 1　　　　　　　C. 0.8　　　　　　　D. 0.5

5. 交流接触器在检修时,发现短路环损坏,该接触器(　　)使用。

　　A. 能继续　　　　　B. 不能　　　　　C. 额定电流下可以　D. 不影响

6. 接触器检修后由于灭弧装置损坏,该接触器(　　)使用。

    A. 仍能继续   B. 不能

    C. 额定电流下可以   D. 短路故障下也可以

7. 接触器有多个主触头,动作要保持一致。检修时根据检修标准,接通后各触头相差距离应在(　　)mm 之内。

    A. 1   B. 2   C. 0.5   D. 3

8. CJ0 - 20 型交流接触器,采用的灭弧装置是(　　)。

    A. 半封闭绝缘栅片陶土灭弧罩   B. 半封闭式金属栅片陶土灭弧罩

    C. 磁吹式灭弧装置   D. 电动力灭弧装置

三、判断题(对的打"√",错的打"×")

9. 磁吹式灭弧装置是交流电器最有效的灭弧方法。   (　　)

10. 接近开关作为位置开关,由于精度高,只适用于操作频繁的设备。   (　　)

11. 接触器触头为了保持良好接触,允许涂以质地优良的润滑油。   (　　)

12. 接触器为保证触头磨损后仍能保持可靠地接触,应保持一定数值的超程。 (　　)

四、简答题

13. 从交流接触器的自锁触头、线圈、铁芯三个方面说明交流接触器铁芯的电磁吸力不足的原因(吸力不足时铁芯有振动声或动铁芯吸合后就被释放)。

14. 电动机的启动电流很大,启动时热继电器应不应该动作? 为什么?

15. 什么是触点熔焊? 造成交流接触器触点熔焊的原因主要有哪些?

16. 某机床的电动机为 JO2 - 42 - 4 型,额定功率 5.5 kW,额定电压 380 V,额定电流为 12.5 A,启动电流为额定电流的 7 倍,现用按钮进行启、停控制,需有短路保护和过载保护。试选用接触器、按钮、熔断器、热继电器和电源开关的型号。

项目6　三相异步电动机单向运转控制线路的安装与调试

学习目标

(1) 掌握电气控制线路的读图、绘图方法。

(2) 掌握三相异步电动机单向运转控制线路的工作原理。

(3) 掌握三相异步电动机单向运转控制线路的电路安装接线步骤、工艺要求和检修方法。

(4) 培养学生安全操作、规范操作、文明生产的行为。

任务描述

正确识读三相异步电动机单向运转控制线路的电气原理图并理解其工作原理,根据电气原理图及电动机型号选用电器元件及部分电工器材,按一定步骤、工艺要求安装布线,然后进行线路检查和通电试车。能对常见的故障进行分析并排除。

知识链接

一、电气控制系统图的基本知识

电气控制系统是由许多电气元件按一定要求连接而成的。为了便于电气控制系统的设计、分析、安装、使用和检修,需要将电气控制系统中各电气元件及其连接,用一定的图形表达出来,这种图形就是电气控制系统图。

电气控制系统图有三类:电气原理图、电器元件布置图和电气安装接线图。

(一) 图形、文字符号

电气控制系统图中,电气元件必须使用国家统一规定的图形符号和文字符号。国家规定从1990年1月1日起,今后电气系统图中的图形符号和文字符号必须符合最新的国家标准。目前推行的最新标准是国家市场监督管理总局发布的《电气简图用的图形符号》(GB/4728—2022),于2023年5月1日实施,与国际电工委员会IEC标准一致。

1. 图形符号

图形符号通常用于图样或其他文件,用以表示一个设备或概念的图形、标记或字符。电气控制系统图中的图形符号必须按国家标准绘制。

2. 文字符号

文字符号分为基本文字符号和辅助文字符号。

（1）基本文字符号：有单字母和双字母两种。单字母是按拉丁字母将电气设备、装置和元件划分为若干大类，每一大类用一个专用单字母表示。如"C"表示电容器类，"R"表示电阻器类。只有当用单字母不能满足要求、需将某一大类进一步划分时，才采用双字母。如"F"表示保护器件类，而"FU"表示熔断器，"FR"表示有延时动作的限流保护器件等。

（2）辅助文字符号：用以表示电气设备、装置和元器件以及线路的功能、状态和特征，如"SYN"表示同步，"RD"表示红色，"L"表示限制等。辅助文字还可以单独使用，如"ON"表示接通、"OFF"表示断开、"M"表示中间线、"PE"表示接地等。因"I"和"O"同阿拉伯数字"1"和"0"容易混淆，因此不能单独作为文字符号使用。

（二）电气原理图的画法规则

电气原理图是为了便于阅读和分析控制线路，根据简单清晰的原则，采用电气元件展开的形式绘制成的表示电气控制线路工作原理图的图形。在电气原理图中只包括所有电气元件的导电部件和接线端点之间的相互关系，但并不按照各电气元件的实际布置位置和实际接线情况来绘制，也不反映电气元件的大小。

绘制电气原理图的基本规则：

（1）原理图一般由电源电路、主电路（动力电路）、控制电路、辅助电路四部分组成。

① 电源电路由电源保护和电源开关组成，按规定绘成水平线。

② 主电路是从电源到电动机大电流通过的电路，应垂直于电源线路，画在原理图的左边。

③ 控制电路由继电器和接触器的触头、线圈和按钮、开关等组成，用来控制继电器和接触器线圈得电与否的小电流的电路。画在原理图的中间，垂直地画在两条水平电源线之间。

④ 辅助电路包括照明电路、信号电路等，应垂直地绘于两条水平电源线之间，画在原理图的右边。

（2）同一电器的各个部件按其功能分别画在不同的支路中时，要用同一文字符号标出。若有几个相同的电器元件，则在文字符号后面标出 1、2、3…，例如 KM1，KM2…

（3）原理图中，各电器元件的导电部件如线圈和触点的位置，应根据便于阅读和发现的原则来安排，绘在它们完成作用的地方。同电器元件的各个部件可以不画在一起。

（4）原理图中所有电器的触点，都按没有通电或没有外力作用时的开闭状态画出。如：继电器、接触器的触点按线圈未通电时的状态画。

（5）原理图中，无论是主电路还是辅助电路，各电气元件一般应按动作顺序从上到下、从左到右依次排列，可水平布置或垂直布置。

（6）为了便于检索和阅读，可将图分成若干个图区，图区编号一般写在图的下面；每个电路的功能，一般在图的顶部标明。

（7）由于同一电器元件的部件分别画在不同功能的支路（图区），为了便于阅读，在原理图控制电路的下面，标出了"符号位置索引"。即在相应线圈的下面，给出触头的图形符号（有时也可省去），注明相应触头所在图区，对未使用的触头用"×"表明（或不做表明）。

对接触器各栏表示的含义如下：

左栏	中栏	右栏
主触头所在图区号	辅助常开触头所在图区号	辅助常闭触头所在图区号

对继电器各栏表示含义如下：

左栏	右栏
常开触头所在图区号	常闭触头所在图区号

（8）原理图上各电器元件连接点应编排接线号，以便检查和接线。

某车床电气原理图如图 6-1 所示。

电源电路		主电路			控制电路				辅助电路	
电源保护	电源开关	主电动机	冷却泵电动机	快速移动电动机	控制受压器	主电动机启动和停止	冷却泵启动	快速启动	指示灯	照明灯

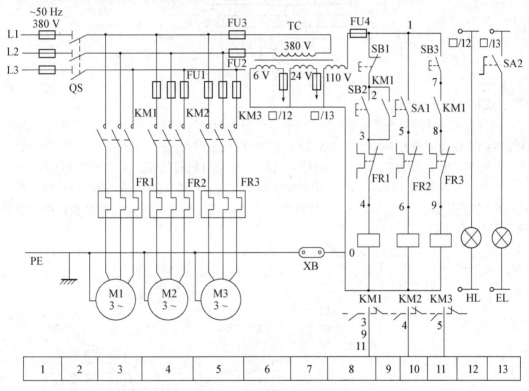

图 6-1　某车床电气原理图

（三）电气元件布置图

电气元件布置图主要用来表示各种电气设备在机械设备上和电气控制柜中的实际安装位置，为机械电气控制设备的制造、安装、检修提供必要的资料。各电气元件的安装位置是由机床的结构和工作要求来决定的，机床电气元件布置图主要由机床电气设备布置图、控制柜及控制板电气设备布置图、操纵台及悬挂操纵箱电气设备布置图等组成。在绘制电气设备布置图时，所有能见到的以及须表示清楚的电气设备均用粗实线绘制出简单的外形轮廓，其他设备（如机床）的轮廓用双点画线表示，如图 6-2 所示。

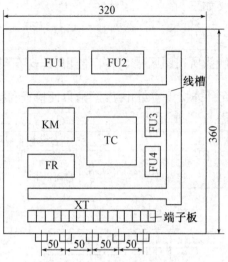

图6-2 电气元件布置图

(四) 电气安装接线图

电气安装接线图是为了安装电气设备和电气元件时进行配线或检查检修电气控制线路故障服务的。在图中要表示各电气设备之间的实际接线情况,并标注出外部接线所需的数据。在接线图中各电气元件的文字符号、元件连接顺序、线路号码编制都必须与电气原理图一致。

电气安装接线图见图6-3。图中表明了该电气设备中电源进线、按钮板、照明灯、电动机与电气安装板接线端之间的关系,也标注了所采用的包塑金属软管的直径和长度以及导线的根数、截面积。

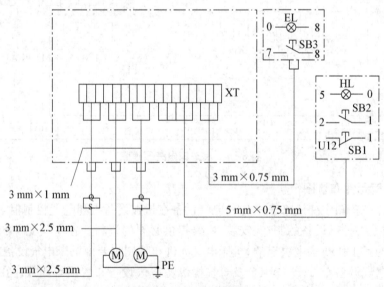

图6-3 电气安装接线图

二、电动机控制线路安装步骤和方法

安装电动机控制线路时,必须按照有关技术文件执行,并应适应安装环境的需要。

　　电动机的控制线路包含电动机的启动、制动、反转和调速等，大部分的控制线路是采用各种有触点的电器，如接触器、继电器、按钮等。一个控制线路可以比较简单，也可以相当复杂。但是，任何复杂的控制线路总是由一些比较简单的环节有机地组合起来的。因此，对不同复杂程度的控制线路在安装时，所需要技术文件的内容也不同。对于简单的电气设备，一般可把有关资料归在一个技术文件里（如原理图），但该文件应能表示电气设备的全部器件，并能实施电气设备和电网的连接。电动机控制线路安装步骤和方法如下：

（一）按元件明细表配齐电器元件，并进行检验

　　所有电气控制器件，至少应具有制造厂的名称或商标、型号或索引号、工作电压性质和数值等标志。若工作电压标志在操作线圈上，则应使装在器件的线圈的标志显而易见。

（二）安装控制箱（柜或板）

控制板的尺寸应根据电器的安排情况决定。

1. 电器的安排

　　尽可能组装在一起，使其成为一台或几台控制装置。只有那些必须安装在特定位置上的器件，如按钮、手动控制开关、位置传感器、离合器、电动机等，才允许分散安装在指定的位置上。

　　安放发热元件时，必须使箱内所有元件的温升保持在它们的容许极限内。对发热很大的元件，如电动机的启动、制动电阻等，必须隔开安装，必要时可采用风冷。

2. 可接近性

　　所有电器必须安装在便于更换、检测方便的地方。为了便于维修和调整，箱内电气元件的部位，必须位于离地 0.4～2 m 之间。所有接线端子，必须位于离地 0.2 m 处，以便于装拆导线。

3. 间隔和爬电距离

　　安排器件必须符合规定的间隔和爬电距离，并应考虑有关的维修条件。控制箱中的裸露、无电弧的带电零件与控制箱导体壁板间的间隙为：对于 250 V 以下的电压，间隙应不小于 15 mm；对于 250～500 V 的电压，间隙应不小于 25 mm。

4. 控制箱内的电器安排

除必须符合上述有关要求外，还应做到：

（1）除了手动控制开关、信号灯和测量仪器外，门上不要安装任何器件。

（2）由电源电压直接供电的电器最好装在一起，使其与只由控制电压供电的电器分开。

（3）电源开关最好装在箱内右上方，其操作手柄应装在控制箱前面和侧面。电源开关上最好不安装其他电器，否则应把电源开关用绝缘材料盖住，以防电击。

（4）箱内电器（如接触器、继电器等）应按原理图上的编号顺序，牢固安装在控制箱（板）上，并在醒目处贴上各元件相应的文字符号。

（5）控制箱内电器安装板的大小必须能自由通过控制箱和壁的门，以便装卸。

（三）布线

1. 选用导线

导线的选用要求如下：

（1）导线的类型。硬线只能用在固定安装于不动部件之间，且导线的截面积应小于 0.5 mm²。若在有可能出现振动的场合或导线的截面积大于等于 0.5 mm² 时，必须采用软

线。电源开关的负载侧可采用裸导线,但必须是直径大于 3 mm 的圆导线或者是厚度大于 2 mm 的扁导线,并应有预防直接接触的保护措施(如绝缘、间距、屏护等)。

(2) 导线的绝缘。导线必须绝缘良好,并应具有抗化学腐蚀的能力。在特殊条件下工作的导线,必须同时满足使用条件的要求。

(3) 导线的截面积。在必须承受正常条件下流过的最大稳定电流的同时,还应考虑线路允许的电压降、导线的机械强度和熔断器相配合。

2. 敷设方法

所有导线从一个端子到另一个端子的走线必须是连续的,中间不得有接头。有接头的地方应加接线盒。接线盒的位置应便于安装与检修,而且必须加盖,盒内导线必须留有足够的长度,以便于拆线和接线。敷线时,对明露导线必须做到平直、整齐、走线合理等要求。

3. 接线方法

所有导线的连接必须牢固,不得松动。在任何情况下,连接器件必须与连接的导线截面积和材料性质相适应。

导线与端子的接线,一般一个端子只连接一根导线。有些端子不适合连接软导线时,可在导线端头上采用针形、叉形等冷压接线头。如果采用专门设计的端子,可以连接两根或多根导线,但导线的连接方式,必须是工艺上成熟的各种方式,如夹紧、压接、焊接、绕接等。这些连接工艺应严格按照工序要求进行。

导线的接头除必须采用焊接方法外,所有导线应当采用冷压接线头。如果电气设备在正常运行期间承受很大振动,则不许采用焊接的接头。

4. 导线的标志

(1) 导线的颜色标志。保护导线(PE)必须采用黄绿双色;动力电路的中线(N)和中间线(M)必须是浅蓝色;交流或直流动力电路应采用黑色;交流控制电路采用红色;直流控制电路采用蓝色;用作控制电路连锁的导线,如果是与外边控制电路连接,而且当电源开关断开仍带电时,应采用橘黄色或黄色;与保护导线连接的电路采用白色。

(2) 导线的线号标志。导线的线号标志应与原理图和接线图相符合。在每一根连接导线的线头上必须套上标有线号的套管,位置应接近端子处。线号编制方法如下:

① 主电路。三相电源按相序自上而下编号为 L1、L2、L3;经过电源开关后,在出线端子上按相序依次编号为 U11、V11、W11。主电路中各支路的,应从上至下、从左至右,每经过一个电器元件的线桩后,编号要递增,如 U11、V11、W11,U12、V12、W12…单自三相交流电动机(或设备)的 3 根引出线按相序依次编号为 U、V、W(或用 U1、V1、W1 表示),多台电动机引出线的编号,为了不致引起误解和混淆,可在字母前冠以数字来区分,如 1U、1V、1W、2U、2V、2W…在不产生矛盾的情况下,字母后应尽可能避免采用双数字。如单台电动机的引出线采用 U、V、W 的线号标志时,三相电源开关后的出线编号可为 U1、V1、W1。当电路编号与电动机线端标志相同时,应三相同时跳过一个编号来避免重复。

② 控制电路与照明、指示电路。应从上至下、从左至右,逐行用数字来依次编号,经过一个电器元件的接线端子,编号要依次递增。编号的起始数字,除控制电路必须从阿伯数字 1 开始外,其他辅助电路依次递增 100 作起始数字,如照明电路编号从 101 开始、信号电路编号从 201 开始等。

5．控制箱(板)内部配线方法

一般采用能从正面修改配线的方法,如板前线槽配线或板前明线配线,较少采用板后配线的方法。

采用线槽配线时,线槽装线不要超过容积的 70%,以便安装和维修。线槽外部的配线,对装在可拆卸门上的电器接线必须采用互连端子板或连接器,它们必须牢固固定在框架、控制箱或门上。从外部控制、信号电路进入控制箱内的导线超过 10 根,必须接到端子板连接器件的过渡,但动力电路和测量电路的导线可以直接接到电器的端子上。

6．控制箱(板)外部配线方法

除有适当保护的电缆外,全部配线必须一律装在导线通道内,使导线有适当的机械保护,防止液体、铁和灰尘的侵入。

(1)对导线通道的要求。导线通道应留有余量,允许以后增加导线。导线通道必须固定可靠,内部不得有锐边和运动部件。

导线通道采用钢管,壁厚应不小于 1 mm,如用其他材料,壁厚必须有等效壁厚为 1 mm 钢管的强度。若用金属软管时,必须有适当的保护。当利用设备底座作导线通道时,无须加预防措施,但必须能防止液体、铁和灰尘的侵入。

(2)通道内导线的要求。移动部件或可调整部件上的导线必须用软线。运动的导线必须支撑牢固,使得在接线点上不致产生机械拉力,又不出现急剧的弯曲。

不同电路的导线可以穿在同一线管内,或处于同一个电缆之中。如果它们的工作电压不同,则所用导线的绝缘等级必须满足其中最高一级电压的要求。

为了便于修改和维修,凡安装在同一机械防护通道内的导线束,需要提供备用导线的根数为:当同一管中相同截面积导线的根数在 3～10 根时,应有 1 根备用导线,以后每递增 1～10 根增加 1 根。

(四) 连接保护电路

电气设备的所有裸露导体零件(包括电动机、机座等)必须接到保护接地专用端子上。

(1)连续性:保护电路的连续性必须用保护导线或机床结构上的导体可靠结合来保证。

为了确保保护电路的连续性,保护导线的连接件不得做任何别的机械紧固用、不得由于任何原因将保护电路拆断、不得利用金属软管作保护导线。

(2)可靠性:保护电路中严禁用开关和熔断器。除采用特低安全电压电路外,在接上电源电路前必须先接通保护电路,在断开电源电路后才断开保护电路。

(3)明显性:保护电路连接处应采用焊接或压接等可靠方法,连接处要便于检查。

(五) 通电前检查

控制线路安装好后,在接电前应进行如下项目的检查。

(1)各个元件的代号、标记是否与原理图上的一致、齐全。

(2)各种安全保护措施是否可靠。

(3)控制电路是否满足原理图所要求的各种功能。

(4)各个电气元件安装是否正确、牢靠。

(5)各个接线端子是否连接牢固。

(6)布线是否符合要求、整齐。

(7)各个按钮、信号灯罩、光标按钮和各种电路绝缘导线的颜色是否符合要求。

（8）电动机的安装是否符合要求。

（9）保护电路导线连接是否正确、牢固可靠。

（10）检查电气线路的绝缘电阻是否符合要求。其方法是：短接主电路、控制电路和信号电路，用 500 V 兆欧表测量与保护电路导线之间的绝缘电阻不得小于 1 MΩ。当控制电路或信号电路不与主电路连接时，应分别测量主电路与保护电路、主电路与控制电路和信号电路、控制电路和信号电路与保护电路之间的绝缘电阻。

（六）空载例行试验

通电前应检查所接电源是否符合要求。通电后应先点动，然后验证电气设备的各个部分的工作是否正确和操作顺序是否正常。特别要注意验证急停器件的动作是否正确。验证时，如有异常情况，必须立即切断电源查明原因。

（七）负载形式试验

在正常负载下连续运行，验证电气设备所有部分运行的正确性，特别要验证电源中断和恢复时是否会危及人身安全、损坏设备。同时要验证全部器件的温升不得超过规定的允许温升和在有载情况下验证急停器件是否仍然安全有效。

三、点动控制线路

所谓点动控制，就是按住启动按钮，电机启动，松开按钮电机则停止。

（一）识读电路图

点动控制线路原理图如图 6-4 所示，特点如下：

电路中 QS 为电源隔离开关，FU 为短路保护熔断器。KM 接触器用来控制电机，即 KM 线圈得电电机启动，KM 线圈失电电机停止，SB 是点动控制按钮。因点动启动时间较短，所以不需要热继电器做过载保护。

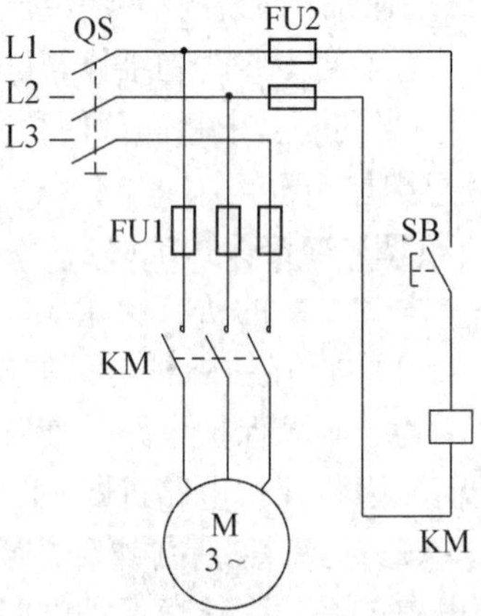

（二）电路工作原理

启动：按下启动按钮 SB→接触器 KM 线圈得电→KM 主触头闭合→电动机 M 启动运行。

停止：松开按钮 SB→接触器 KM 线圈失电→KM 主触头断开→电动机 M 失电停转。

图 6-4 点动控制线路原理图

四、单向连续运转控制线路

如要求电动机启动后能连续运行，采用上述点动控制线路就不行了。因为要使电动机 M 连续运行，启动按钮 SB 就不能断开，这是不符合生产实际要求的。为实现电动机的连续运行，可采用如图 6-5 所示的接触器自锁控制线路。

（一）识读电路图

连续运行控制电路原理图如图 6-5 所示，特点如下：

（1）和点动控制的主电路大致相同，增加了热继电器做过载保护。

（2）在控制电路中串接了一个停止按钮 SB2，并在启动按钮 SB1 的两端并接了接触器 KM 的一对常开辅助触头。接触器自锁正转控制线路不但能使电动机连续运转，而且还有一个重要的特点，就是具有欠压和失压保护作用。

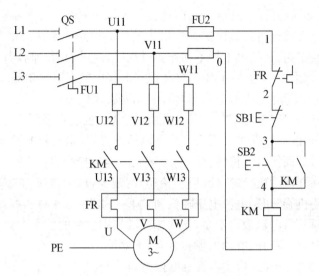

图 6-5　连续运行控制原理图

(二) 电路工作原理

合上电源开关 QS。

1. 启动

按下启动按钮 SB2→KM 线圈得电→[KM 常开触头闭合 / KM 主触头闭合]→电动机 M 启动连续运行

当松开 SB2 常开触头恢复分断后,因为接触器 KM 的常开辅助触头闭合时已将 SB2 短接,控制电路仍保持接通,所以接触器 KM 继续得电,电动机 M 实现连续运转。像这种当松开启动按钮 SB2 后,接触器 KM 通过自身常开触头而使线圈保持得电的作用叫作自锁(或自保)。与启动按钮 SB2 并联起自锁作用的常开触头叫自锁触头(也称自保触头)。

2. 停止

按下停止按钮 SB1→[KM 自锁触头分断 / KM 线圈失电]→KM 主触头分断→电动机 M 断电停转

当松开 SB1,其常闭触头恢复闭合后,因接触器 KM 的自锁触头在切断控制电路时已分断,解除了自锁,SB2 也是分断的,所以接触器 KM 不能得电,电动机 M 也不会转动。

(三) 电路的保护环节

该电路具有以下电气保护措施。

短路保护:由于热断电器的发热元件有热惯性,热继电器不会因电动机短时过载冲击电流和短路电流的影响而瞬时动作,所以在使用热继电器作过载保护的同时,还必须设有短路保护,并且选作短路保护的熔断器熔体的额定电流不应超过 4 倍热继电器发热元件的额定电流。

过载保护:电动机在运行过程中,如果由于过载或其他原因使电流超过额定值时,这将引起电动机过热。如果温度超过允许温升,就会使绝缘材料变脆,寿命减少,严重时电机损坏。因此,必须对电动机进行过载保护。常用的过载保护元件是热继电器。当电动机为额定电流时,电机为额定温升,热继电器不动作。过载时,经过一定时间,串接在主电路中的热继电器 KR 的热元件因受热弯曲,能使串接在控制电路中的 KR 常闭触点断开,切断控制电路,接触器 KM 的线圈断电,主触点断开,电动机 M 便停转。

欠压保护:是指当线路电压下降到某一数值时,电动机能自动脱离电源电压停转,避免电动机在欠压下运行的一种保护。因为当线路电压下降时,电动机的转矩随之减小,电动机的转速也随之降低,从而使电动机的工作电流增大,影响电动机的正常运行,电压下降严重时还会引起"堵转"(即电动机接通电源但不转动)的现象,以致损坏电动机。在具有自锁的控制电路中,当电动机旋转时,电源电压降低到较低(一般在工作电压的 85% 以下),接触器线圈的磁通则变得很弱,电磁吸力不足,动铁芯在反作用弹簧的作用下释放,自锁触点断开,失去自锁,同时主触点也断开,电动机停转,得到了保护。

失压保护:电动机运行时,遇到电源临时停电,在恢复供电时,如果未加防范措施而让电动机自行启动,很容易造成设备或人身事故。采用自锁控制的电路,由于自锁触点和主触点在停电时已一起断开,所以在恢复供电时,控制电路和主电路都不会自行接通,如果没有按下按钮,电动机就不会自行启动。这种在突然断电时能自动切断电动机电源的保护作用称为失压(或零压)保护。

五、既能点动又能连续运转控制线路

机床设备在正常运行时,一般电动机都处于连续运行状态。但在试车或调整刀具与工件的相对位置时,又需要电动机能点动控制,实现这种控制要求的线路是连续与点动混合控制的正转控制线路。

(一) 识读电路图

既点动又连续控制电路原理图如图 6-6 所示,特点如下:

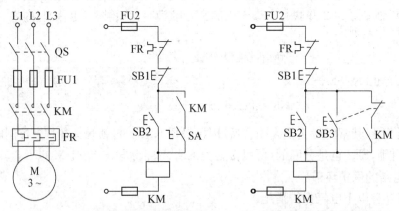

(a) 自锁支路串接转换开关 SA　　(b) 自锁支路并接复合按钮 SB3

图 6-6　连续与点动混合控制

图 6-6(a)是自锁支路串接转换开关 SA。SA 打开时为点动控制,SA 合上时为连续控制。该电路简单,但若疏忽 SA 的操作就易引起混淆。

图 6 - 6(b)是自锁支路并接复合按钮 SB3。按下 SB3 为点动启动控制,按下 SB2 为连续启动控制。该电路的连续与点动按钮分开了,但若接触器铁芯因剩磁影响而释放缓慢时就会使点动变为连续控制,这在某些极限状态下是十分危险的。

(二)电路工作原理

以图 6 - 6(b)为例说明其工作原理。

连续工作:

按下 SB2→KM 得电→┌→KM 主触头闭合─┐
　　　　　　　　　└→自锁触头闭合──┘─M 得电连续运行

点动控制:

按下 SB3→┌→SB3 常闭先分断→KM 自锁解除
　　　　　└→SB3 常开后闭合→KM 得电─┐
　　　　　　　　　　　　　　　└→主触头闭合→M 运行

松开 SB3 ──→KM 断电──→主触头断开──→M 断电停转

(三)电路的优缺点

以上两种控制电路都具有线路简单、检修方便的特点。但可靠性还不够,可利用中间继电器 KA 的常开触点来接通 KM 线圈,虽然加了一个电器,但可靠性大大提高了。

六、多地控制和顺序控制线路

(一)多地控制

能在两地或多地控制同一台电动机的控制方式叫多地控制。在大型生产设备上,为使操作人员在不同方位均能进行启、停操作,常常要求组成多地控制线路。

1. 识读电路图

如图 6 - 7 所示,多地控制特点如下:

启动按钮应并联接在一起,停止按钮应串联接在一起,这样就可以分别在甲、乙两地控制同一台电动机,达到操作方便的目的。对于三地或多地控制,只要将各地的启动按钮并联、停止按钮串联即可实现。

2. 电路工作原理

启动按钮 SB3、SB4 并联在电路中,分别在甲、乙两地可单独启动。

停止按钮 SB1、SB2 串联在电路中,分别在甲、乙两地可单独停止。

(二)顺序控制

在机床的控制线路中,常常要求电动机的

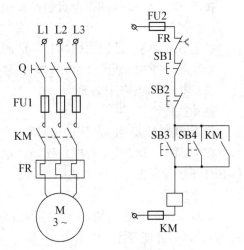

图 6 - 7 两地控制线路

启、停有一定的顺序。例如磨床要求先启动润滑油泵,然后再启动主轴电机;龙门刨床在工作台移动前,导轨润滑油泵要先启动;铣床的主轴旋转后,工作台方可移动等;顺序工作控制线路有顺序启动、同时停止控制线路,有顺序启动、顺序停止控制线路,还有顺序启动、逆序停止控制线路等。

1. 识读电路图

如图 6-8 所示,顺序控制特点如下:

M1 电机启动后,M2 才能启动,可单独停止[图 6-8(a)]。

M1 电机启动后,M2 才能启动;M2 停止后,M1 才能停止[图 6-8(b)]。

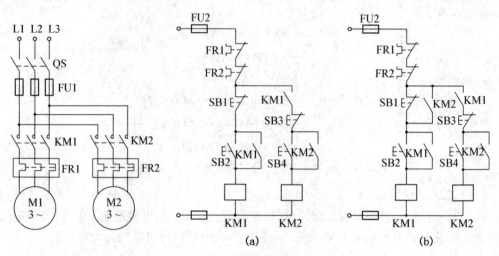

图 6-8　电动机的顺序控制线路

2. 电路工作原理

(1) 图 6-8(a)工作原理

启动过程:

按下 SB2,KM1 线圈得电自锁,M1 启动,同时 KM1 常开闭合,为 M2 启动做准备。

按下 SB4,KM2 线圈得电自锁,M2 电机启动。

停止过程:

按下 SB1,KM1 线圈失电,M1、M2 同时停止。

按下 SB3,KM2 线圈失电,M2 单独停止。

(2) 图 6-8(b)工作原理

启动过程:

按下 SB2,KM1 线圈得电自锁,M1 启动,同时 KM1 常开闭合,为 M2 启动做准备。

按下 SB4,KM2 线圈得电自锁,M2 电机启动,同时 KM2 常开触点把 SB1 按钮锁住,使得 SB1 不能单独停止 M1 电机。

停止过程:

只有先按下 SB3 按钮,KM2 线圈失电,M2 电机停止,同时 KM2 常开触点复位。再按下 SB1 按钮,才能停止 M1 电机。

任务实施

工作任务:单向连续运转控制线路的安装与调试

一、任务描述

按照电气线路布局、布线的基本原则,在给定的电气线路板上固定好电气元件,并进行布线,通电调试好三相异步电动机单向连续运转控制线路以后,对电路的故障进行分析与检修。

二、训练内容

1. 电器元件识别与检查

(1) 按表 6-1 配齐所用电气元件,并进行校验。

表 6-1　元件明细表

代号	名称	型号	规格	数量
M	三相异步电动机	Y-112M-4	4 kW,380 V,△接法,8.8 A,1 440 r/min	1
QS	组合开关	HZ10-25/3	三极,25 A	1
FU1	熔断器	RL1-60/25	500 V,60 A,配熔体 25 A	3
FU2	熔断器	RL1-15/2	500 V,15 A,配熔体 2 A	2
KM	交流接触器	CJ10-20	20 A,线圈电压 380 V	2
FR	热继电器	JR16-20/3	三极,20 A,整定电流 8.8 A	1
SB	按钮	LA4-3H	保护式,500 V,5 A,按钮数 3	1
XT	端子板	JX2-1015	10 A,15 节	1

① 电气元件的技术数据(如型号、规格、额定电压、额定电流等)应完整并符合要求,外观无损伤,备件、附件齐全完好。

② 电气元件的电磁机构动作是否灵活,有无衔铁卡阻等不正常现象。用万用表检查电磁线圈的通断情况以及各触头的分合情况。

③ 接触器线圈的额定电压与电源电压是否一致。

④ 对电动机的质量进行常规检查。

2. 电器元件安装

根据布置图 6-9 固定元器件。在控制板上按布置图安装电气元件,并贴上醒目的文字符号。

3. 配线安装

接线图如图 6-10 所示。先进行控制电路的配线,再安装主电路,最后接上按钮线。安装电气元件的工艺要求和板前明线布线的工艺要求见表 6-2。

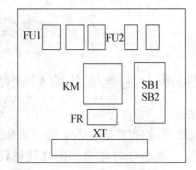

图 6-9 单向连续运转控制线路的模拟配电盘及布置图

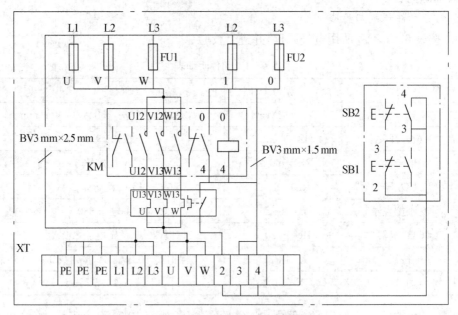

图 6-10 单向连续运转控制线路的接线图

表 6-2 安装电气元件及板前明线布线工艺要求

项目	安装电气元件	板前明线布线
工艺要求	(1) 组合开关、熔断器的受电端子应安装在控制板的外侧,并使熔断器的受电端为底座的中心端 (2) 各元器件的安装位置应整齐、匀称、间距合理,便于元件的更换 (3) 紧固各器件时要用力匀称,紧固程度适当。在紧固熔断器、接触器等易碎元器件时,应用手按住元器件一边轻轻	(1) 布线通道尽可能少,同时并行导线按主、控电路分类集中,单层密排,紧贴安装而布线 (2) 同一平面的导线应高低一致或前后一致,不能交叉。非交叉不可时,该根导线应在接线端子引出时,就水平架空跨越,但必须走线合理 (3) 布线应横平竖直,分布均匀,变换走向时应垂直 (4) 布线时严禁损伤线心和导线绝缘层 (5) 布线顺序一般以接触器为中心,由里向外、由低至高,先控制电路、后主电路进行,以不妨碍后续布线为原则 (6) 在每根剥去绝缘层导线的两端套上编码套管。所有从一个接线端子(或接线桩)到另一个接线端子(或接线桩)的导线必须连续,中间无接头

项目	安装电气元件	板前明线布线
	摇动,一边用螺钉旋具轮换旋紧对角线上的螺钉,直到手摇不动后再适当旋紧些即可	(7) 导线与接线端子或接线桩连接时,不能压绝缘层、不反圈及不露铜过长 (8) 同一元器件、同一回路的不同接点的导线间距离应保持一致 (9) 一个电气元件的接线端子上的连接导线不得多于两根,每节接线端子板上的连接导线一般只允许连接一根

4. 线路检测

安装完毕的控制电路板,必须经过认真检查后才能通电试车,以防止错接、漏接而造成控制功能不能实现或短路事故。检查内容见表 6-3。

表 6-3　检查项目

检查项目	检查内容	检查工具
接线检查	按电气原理图或电气接线图从电源端开始,逐段核对接线。 (1) 有无漏接,错接 (2) 导线压接是否牢固,接触良好	电工常用工具
检查电路通断	(1) 主回路有无短路现象(断开控制回路) (2) 控制回路有无开路或短路现象(断开主回路)。可将表笔分别搭在 U11、V11 线端上,读数应为"∞";按下 SB2 时,读数应为接触器线圈的直流电阻值 (3) 控制回路自锁、联锁装置的动作及可靠性	万用表
检查电路绝缘	电路的绝缘电阻不应小于 1 MΩ	500 V 兆欧表

●做一做

对照三相笼形异步电动机连续控制线路图,用万用表 $R \times 100$ 挡测量配电板,完成表 6-4。

表 6-4　三相笼形异步电动机连续控制线路检测

测试状态	测量点	电阻值	测量结果
按下 SB2 不放	0~4		
	0~3		
	0~2		
	0~1		
压下 KM 触点架不放	0~4		
	0~3		
	0~2		
	0~1		
测量结论	配电板_____(填能或否)实现三相笼形异步电动机连续控制,即合上 QS 后,按下 SB1,KM_____,电动机 M _____。		

5. 通电试车

为保证人身安全,在通电试车时,应认真执行安全操作规程的有关规定:一人监护,一人操作。通电试车的顺序见表6-5。

表6-5　通电试车步骤

项目	操作步骤	观察现象
空载试车 (不接电动机)	先合上电源开关,按下启动按钮,看电机是否启动。再按下停止按钮,观察电机是否停车	(1) 接触器动作情况是否正常,是否符合电路功能要求 (2) 电气元件动作是否灵活,有无卡阻或噪声过大等现象 (3) 有无异味 (4) 检查负载接线端子三相电源是否正常
负载试车 (连接电动机)	合上电源开关	
	按下启动按钮	接触器动作情况是否正常,电动机是否正常启动
	按下停止按钮	接触器动作情况是否正常,电动机是否停止
	电流测量	电动机平稳运行时,用钳形电流表测量三相电流是否平衡
	断开电源	先拆除三相电源线,再拆除电动机线,完成通电试车

三、项目评价

本项目的考核评价如表6-6所示。

表6-6　单向连续运转控制线路的安装与调试考核评价表

序号	项目内容	考核要求	评分细则	配分	扣分	得分
1	装前检查	正确选择电气元件和电动机,对元件和电动机质量进行检验	① 元器件选择不正确,每个扣2分 ② 电气元件漏检或错检,每个扣2分 ③ 电动机质量漏检或错检,每处扣2分	10		
2	元件安装	按图纸的要求,正确利用工具安装电气元件,元件安装要准确、紧固	① 元件安装不牢固,安装元件时漏装螺钉,每只扣2分 ② 元件安装不整齐、不合理,每处扣2分 ③ 损坏元件,每只扣5分	15		
3	布线	按图接线,接线正确;走线整齐、美观、不交叉;连线紧固、无毛刺;电源和电动机配线、按钮接线要接到端子排上	① 未按线路图接线,每处扣3分 ② 布线不符合要求,每处扣2分 ③ 接点松动、接头露铜过长、反圈、压绝缘层、标记线号不清楚、遗漏或误标,每处扣2分 ④ 损伤导线绝缘或线心,每根扣2分	25		
4	线路检查	在断电情况下会用万用表检查线路	漏检或错检,每个扣2分	10		
5	通电试车	线路一次通电正常工作,且各项功能完好	① 热继电器整定值错误,扣3分 ② 主、控线路配错熔体,每个扣5分 ③ 1次试车不成功,扣10分;两次试车不成功,扣20分;3次试车不成功,本项记0分 ④ 开机烧电源或其他线路,本项记0分	30		

序号	项目内容	考核要求	评分细则	配分	扣分	得分
6	6S 规范	整理、整顿、清扫、安全、清洁、素养	① 没有穿戴防护用品,扣 4 分 ② 检修前未清点工具、仪器、耗材,扣 2 分 ③ 未经试电笔测试前,用手触摸电器线端,扣 5 分 ④ 乱摆放工具、乱丢杂物,完成任务后不清理工位,扣 2~5 分 ⑤ 违规操作,扣 5~10 分	10		
定额时间 90 min		每超时 5 min 及以内,扣 5 分		成绩		
备注		除定额时间外,各项目扣分不得超过该项配分				

研讨与练习

【研讨 1】　在图 6-5 中,合上电源开关 QS,按下启动按钮 SB2,电动机 M1 不启动。

检修过程:

首先检查接触器 KM 是否吸合,若 KM 吸合,则故障必然发生在主电路,可按下列步骤检修:

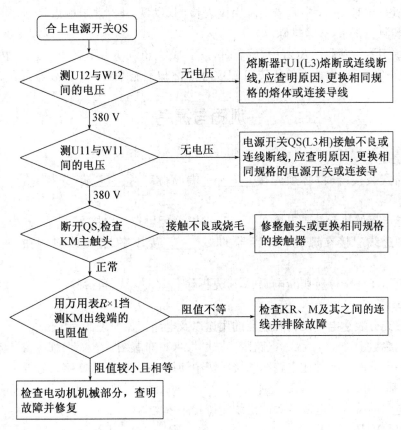

若接触器 KM 不吸合,说明故障范围在控制电路上,可按表 6-7 电压测量法检修。

表 6-7 电压法检修

故障现象	测量线路及状态	2-3	3-4	4-0	故障点	排除方法
按下 SB2, KM 不吸合	按下 SB2 不放	380 V	0	0	SB1 接触不良或接线脱落	更换 SB1 或将脱落线接好
		0	380 V	0	SB2 接触不良或接线脱落	更换 SB2 或将脱落线接好
		0	0	380 V	KM 线圈开路或接线脱落	更换线圈或将脱落线接好

【研讨2】 在图 6-6(b)中,按下 SB2 时,KM 线圈得电;但松开按钮,接触器 KM 释放。

分析研究:故障是由于 SB3 按钮常闭触头失效引起的,推测是 SB3 常闭触点已断开了。

检查处理:核对接线,并无错误。用仪表检测,发现 SB3 常闭触点接触不良。经过检修,再用仪表测量正常,故障排除。

【课堂练习】 在图 6-8(a)中,试车时,按下 SB2,电动机 M1 启动后运行,按下 SB4,电动机 M2 也正常运行,但按下停止按钮 SB3 时,M2 却不能停机。分析故障原因。

巩固与提高

一、填空题

1. 电路安装接线时,必须先接_____端,后接_____端;先接_____线,后接_____线。

2. 热继电器的热元件要串接在_____中,常闭触点要串接在_____中。

3. 电源进线应接在螺旋式熔断器的_____接线座上,出线应接在_____接线座上。

4. 通电试车完毕停转切断电源后,应先拆除_____线,再拆除_____线。

二、选择题

5. 能够充分表达电气设备和电器的用途以及电路工作原理的是( )。

    A. 接线图   B. 电路图   C. 布置图   D. 安装图

6. 同一电器的各元件在电路图和接线图中使用的图形符号、文字符号要( )。

    A. 基本相同   B. 基本不同   C. 完全相同   D. 没有要求

7. 主电路的编号在电源开关的出线端按相序依次为( )。

    A. U、V、W   B. L1、L2、L3

　　C. U11、V11、W11　　　　　　　　　　　　D. U1、V1、W1

8. 在控制板上安装组合开关、熔断器时,受电端子应装在控制板的(　　　)。

　　A. 内侧　　　　　　B. 外侧　　　　　　C. 内侧或外侧　　　D. 无要求

9. 接触器的自锁触点是一对(　　　)。

　　A. 常开辅助触点　　　B. 常闭辅助触点　　　C. 主触点　　　　D. 常闭触点

10. 要求几台电动机的启动或停止必须按一定的先后顺序来完成的控制方式,称为电动机的(　　　)。

　　A. 顺序控制　　　　B. 异地控制　　　　C. 多地控制　　　　D. 自锁控制

11. 具有过载保护的接触器自锁控制电路中,实现欠电压和失压保护的电器是(　　　)。

　　A. 熔断器　　　　　B. 热继电器　　　　C. 接触器　　　　　D. 电源开关

三、判断题(对的打"√",错的打"×")

12. 画原理图、接线图和布置图时,同一电器的各元件都要按其实际位置画在一起。

　　　　　　　　　　　　　　　　　　　　　　　　　　　　　　　　　(　　　)

13. 接线图主要用于接线安装、电路检查和维修,不能用来分析电路的工作原理。

　　　　　　　　　　　　　　　　　　　　　　　　　　　　　　　　　(　　　)

14. 安装控制电路时,对导线的颜色没有要求。　　　　　　　　　　　　　(　　　)

15. 由于热继电器在电动机控制电路中兼有短路和过载保护作用,所以不需要再接入熔断器作为短路保护器件。　　　　　　　　　　　　　　　　　　　　　　(　　　)

16. 要使电动机获得点动调整工作状态,控制电路中的自锁回路必须断开。　(　　　)

17. 所谓点动控制,是指点一下按钮就可以使电动机启动并连续运转的控制方式。

　　　　　　　　　　　　　　　　　　　　　　　　　　　　　　　　　(　　　)

18. 要保证满足两台电动机 M1 启动后、M2 才能启动的要求,只要将 M2 的控制电路与接触器 KM1 的线圈并联后再与 KM1 的自锁触点串接即可。　　　　　(　　　)

四、设计题

19. 设计一个三台电机的顺序启动电路图,其动作程序如下:

(1) 按下 SB1 后,M1 启动;按下 SB2 后,M2 启动;按下 SB3 后,M3 启动。

(2) 三台电机启动后,可以独自停止。

(3) 能够在工作异常时,急停(三台电机同时停止)。

(4) 有必要的电气保护。

项目7 三相异步电动机正反转控制线路的安装与调试

学习目标

（1）进一步掌握电机电气控制线路的读图方法。

（2）掌握三相异步电动机接触器联锁、双重联锁正反转控制电路和工作台往返控制电路的工作原理。

（3）掌握双重联锁正反转控制电路和工作台往返控制电路的安装接线步骤、工艺要求和检修方法。

（4）培养学生安全操作、规范操作、文明生产的行为。

任务描述

正确识读三相异步电动机正、反转控制电气原理图并理解其工作原理，根据电气原理图及电动机型号选用电器元件及部分电工器材，按一定步骤、工艺要求安装布线，然后进行线路检查和通电试车成功。

知识链接

一、倒顺转换开关控制的电动机正反转控制线路

（一）倒顺开关的结构、用途和使用

倒顺开关的外形结构如图7-1(a,b,c)所示。开关手柄有"倒""停""顺"三个位置，手柄只能从"停"位置左转45°或右转45°。倒顺开关在电路图中的图形符号如图7-1(d)所示。

（二）识读电路图

倒顺转换开关控制电动机正反转的控制电路如图7-2所示。由于倒顺开关无灭弧装置，若直接用来控制电动机，如图7-2(a)所示，则仅适用于控制容量为5.5 kW以下的电动机。操作倒顺开关SA，电路状态见表7-1。

表7-1 倒顺开关电路状态表

手柄位置	SA状态	电路状态	电动机状态
停	SA的动、静触点不接触	电路不通	电动机不转
顺	SA的动触点和左边的静触点相接触	电路按L1—U、L2—V、L3—W接通	电动机正转
倒	SA的动触点和右边的静触点相接触	电路按L1—W、L2—V、L3—U接通	电动机反转

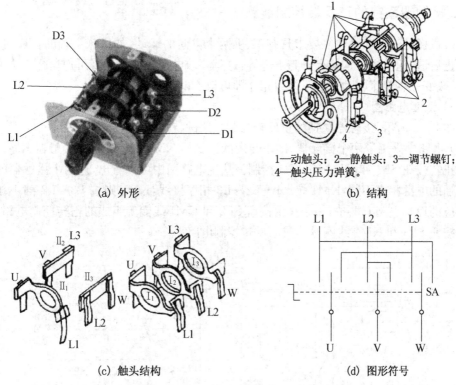

1—动触头；2—静触头；3—调节螺钉；
4—触头压力弹簧。

(a) 外形   (b) 结构

(c) 触头结构   (d) 图形符号

图 7 - 1 倒顺开关的结构及图形符号

若只用倒顺开关来预选电动机的旋转方向，由接触器 KM 来接通与断开电动机的电源，并且接入热继电器 FR，电路具有长期过载保护和欠电压保护与失电压保护，如图 7 - 2 (b)所示，则可以控制容量大于 5.5 kW 电动机。

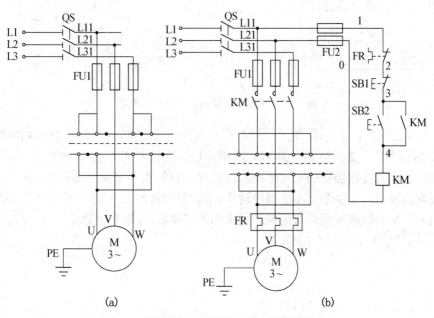

(a)   (b)

图 7 - 2 倒顺转换开关控制电动机正反转的电路

二、接触器联锁的正反转控制线路

生产机械的运动部件往往要求具有正、反两个方向的运动,如机床主轴的正反转、工作台的前进后退、起重机吊钩的上升与下降等,这就要求电动机能够实现可逆运行。从电机原理可知,改变三相交流电动机定子绕组相序即可改变电动机旋转方向。

(一)识读电路图

如图 7-3 所示,接触器联锁的正反转控制电路的特点如下:

(1)电路中采用了两个接触器,即正转用的接触器 KM1 和反转用的接触器 KM2,它们分别由正转按钮 SB2 和反转按钮 SB3 控制。从主电路图中可以看出,这两个接触器的主触点所接通的电源相序不同,KM1 按 L1—L2—L3 相序接线,KM2 则按 L3—L2—L1 相序接线。相应的控制电路有两条,一条是由按钮 SB2 和 KM1 线圈等组成的正转控制电路;另一条是由按钮 SB3 和 KM2 线圈等组成的反转控制电路。

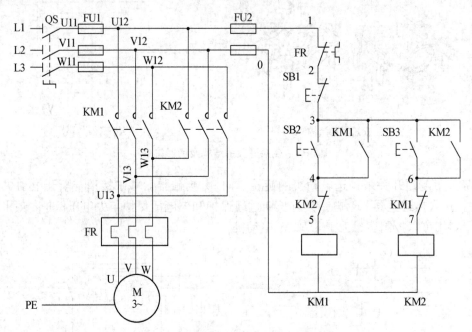

图 7-3　接触器联锁的正反转控制电路

(2)接触器 KM1 和 KM2 的主触点绝对不允许同时闭合,否则将造成两相电源(L1 相和 L3 相)短路事故。为避免两个接触器 KM1 和 KM2 同时得电动作,就在正、反转控制电路中分别串接了对方接触器的一对常闭辅助触点,这样,当一个接触器得电动作时,通过其常闭辅助触点使另一个接触器不能得电动作,接触器间这种相互制约的作用称为接触器联锁(或互锁)。实现联锁作用的常闭辅助触点称为联锁触点(或互锁触点)。连锁符号用"▽"表示。

(二) 电路工作原理

1. 正转控制

按下 SB2 ⟶ KM1 线圈得电 ⟶
- KM1 自锁触点闭合
- KM1 主触点闭合
- KM1 联锁触点分断

⟶ 电动机启动正转

2. 反转控制

按下 SB1 ⟶ KM1 线圈失电 ⟶
- KM1 自锁触点分断
- KM1 主触点分断
- KM1 联锁触点恢复闭合

⟶ 电动机失电停转

按下 SB3 ⟶ KM2 线圈得电 ⟶
- KM2 自锁触点闭合
- KM2 主触点闭合
- KM2 联锁触点分断

⟶ 电动机启动反转

3. 停止控制

停止时,按下停止按钮 SB1→控制电路失电→KM1(或 KM2)主触头分断→电动机失电停转。

(三) 电路的优缺点

接触器连锁正反转控制电路的优点是工作安全可靠,缺点是操作不便。因电动机从正转变为反转时,必须先按下停止按钮后,才能按反转启动按钮,否则由于接触器的联锁作用,不能实现反转。为克服此电路的不足,可采用按钮和接触器双重连锁的正反转控制电路。

三、按钮、接触器双重联锁的正反转控制线路

(一) 识读电路图

如图 7-4 所示,双重联锁的正反转控制电路的特点如下:

(1) 为克服接触器联锁正反转控制电路操作不便的缺点,把正转按钮 SB2 和反转按钮 SB3 换成两个复合按钮,并使两个复合按钮的常闭触点联锁。

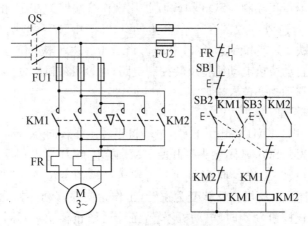

图 7-4   双重联锁的正反转控制电路

(2) 当电动机从正转变为反转时,可直接按下反转按钮 SB3 即可实现,不必先按停止按钮 SB1。因为当按下反转按钮 SB3 时,串接在正转控制电路中 SB3 的常闭触点先分断,使正转接触器 KM1 线圈失电,KM1 的主触点和自锁触点分断,电动机 M 失电。SB3 的常闭

触点分断后,其常开触点随后闭合,接通反转控制电路,电动机 M 便反转。同样,若使电动机从反转变为正转运行时,也只要直接按下正转按钮 SB1 即可。

(3) 该电路兼有两种连锁控制电路的优点,操作方便,工作安全可靠。

(二) 电路工作原理

1. 正转控制

2. 反转控制

四、工作台自动往返控制线路

有些生产机械,如万能铣床,要求工作台在一定距离内能自动往返,而自动往返通常是利用行程开关控制电动机的正反转来实现工作台的自动往返运动。

(一) 识读电路图

由行程开关组成的工作台自动往返控制电路图如图 7-5 所示。为了使电动机的正反转控制与工作台的左右相配合,在控制电路中设置了 4 个行程开关 SQ1、SQ2、SQ3 和 SQ4,并把它们安装在工作台需限位的地方。其中 SQ1、SQ2 被用来自动换接正反转控制电路,实现工作台自动往返行程控制。SQ3 和 SQ4 被用来作终端保护,以防止 SQ1、SQ2 失灵,工作台越过限定位置而造成事故。在工作台边的 T 形槽中装有两块挡铁,挡铁 1 只能和 SQ1、SQ3 相碰,挡铁 2 只能和 SQ2、SQ4 相碰。当工作台达到限定位置时,挡铁碰撞行程开关,使其触头动作,自动换接电动机正反转控制电路,通过机械机构使工作台自动往返运动。工作台行程可通过移动挡铁位置来调节。

(二) 电路工作原理

按下启动按钮 SB2,KM1 得电并自锁,电动机正转工作台向左移动,当到达左移预定位置后,挡铁 1 压下 SQ1,SQ1 常闭触头打开使 KM1 断电,SQ1 常开触头闭合使 KM2 得电,电动机由正转变为反转,工作台向右移动。当到达右移预定位置后,挡铁 2 压下 SQ2,使KM2 断电,KM1 得电,电动机由反转变为正转,工作台向左移动。如此周而复始地自动往返工作。当按下停止按钮 SB1 时,电动机停转,工作台停止移动。若因行程开关 SQ1、SQ2失灵,则由极限保护行程开关 SQ3、SQ4 实现保护,避免运动部件因超出极限位置而发生事故。

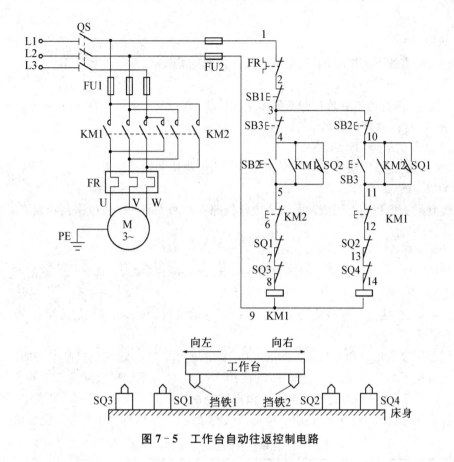

图 7 - 5　工作台自动往返控制电路

五、电动机基本控制电路故障检修的一般步骤和方法

(一) 故障检修的一般步骤

1. 故障调查

目的在于收集故障的原始信息,以便对现有实际情况进行分析,并从中推导出最有可能存在故障区域的线索,作为下一步设备检查的参考。

可用试验法观察故障现象,初步判定故障范围。试验法是在不扩大故障范围、不损坏电气设备和机械设备的前提下,对线路进行通电试验,通过观察电气设备和电气元件的动作,看它是否正常,各控制环节的动作程序是否符合要求,找出故障发生的部位或回路。

2. 电路分析

用逻辑分析法缩小故障范围。逻辑分析法是根据电气控制电路的工作原理、控制环节的动作顺序以及它们之间的联系,结合故障现象做具体的分析,迅速地缩小故障范围,从而判断出故障所在,这种方法是一种以准确为前提、以快为目的的检查方法,特别适用于对复杂电路的故障检查。

3. 用测量法确定故障点

主要通过对电路进行带电或断电时的有关参数如电压、电阻、电流等的测量,来判断电气元件的好坏、电路的通断情况,常用的故障检查方法有分段电压测量法、分段电阻测量法等。

4. 故障排除

根据故障点的不同情况,采取正确的维修方法排除故障。

5. 校验

维修完毕,进行通电空载校验或局部空载校验,直到试车运行正常。

6. 整理现场,做好检修记录

(二)常用的故障检修方法

电气故障的检修方法较多,常用的有电压法、电阻法和短接法等。

1. 电压测量法

电压测量法指利用万用表测量机床电气线路上某两点间的电压值来判断故障点的范围或故障元件的方法。

(1)电压分阶测量法

测量检查时,首先把万用表的转换开关置于交流电压 500 V 的挡位上,然后按图 7-6 所示的方法进行测量。

断开主电路,接通控制电路的电源。若按下启动按钮 SB2 时,接触器 KM 不吸合,则说明电路有故障。

先用万用表测量 0 和 1 两点之间的电压,若电压为 380 V,则说明控制电路的电源电压正常。然后按下 SB2 不放,一人把黑表笔接到 0 点上,红表笔依次接到 2、3、4 各点上,分别测出 0-2、0-3、0-4 两点之间的电压。根据其测量结果即可找出故障点(见表 7-2)。

这种测量方法像上(或下)台阶一样地依次测量电压,所以称为电压分阶测量法。

表 7-2 用电压分阶测量法查找故障点

故障现象	测试状态	0-2	0-3	0-4	故障点
按下 SB2 时,KM 不吸合	按下 SB2 不放	0	0	0	FR 常闭触点接触不良
		380 V	0	0	SB1 常闭触点接触不良
		380 V	380 V	0	SB2 接触不良
		380 V	380 V	380 V	KM 线圈断路

(2)电压分段测量法

电压的分段测量法如图 7-7 所示。先用万用表测试 1、0 两点,电压值为 380 V,说明电源电压正常。然后将红、黑两根表棒逐段测量相邻两标号点 1-2、2-3、3-4、4-0 间的电压。

如按下启动按钮 SB2,接触器 KM 不吸合,说明发生断路故障,此时可用电压表逐段测试各相邻两点间的电压。如测量到某相邻两点间的电压为 380V 时,说明这两点间所包含的触点、连接导线接触不良或有断路故障。例如标号 2-3 两点间的电压为 380 V,说明 SB1 的常闭触点接触不良。

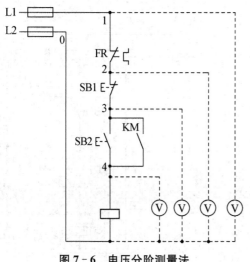

图 7-6　电压分阶测量法

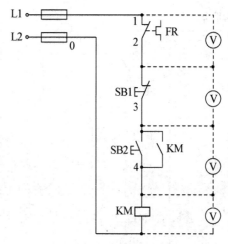

图 7-7　电压分段测量法

2. 电阻测量法

电阻测量法指利用万用表测量机床电气线路上某两点间的电阻值来判断故障点的范围或故障元件的方法。

（1）电阻分阶测量法

测量检查时，首先把万用表的转换开关置于倍率适当的电阻挡上，然后按图 7-8 所示方法进行测量。

断开主电路，接通控制电路电源，若按下启动按钮 SB2 时，接触器 KM 不吸合，则说明控制电路有故障。

检测时，首先切断控制电路电源，然后按下 SB2 不放，用万用表测出 0-2、0-3、0-4 两点之间的电阻值。根据测量结果可找出故障点，见表 7-3。

表 7-3　用电阻分阶测量法查找故障点

故障现象	测试状态	0-1	0-2	0-3	0-4	故障点
按下 SB2 时，KM 不吸合	按下 SB2 不放	∞	R	R	R	FR 常闭触点接触不良
		∞	∞	R	R	SB2 常闭触点接触不良
		∞	∞	∞	R	SB1 接触不良
		∞	∞	∞	∞	KM 线圈断路

（2）电阻分段测量法

电阻的分段测量法如图 7-9 所示。

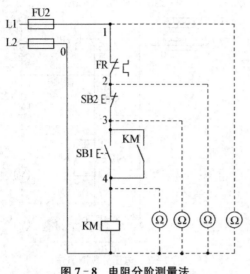

图 7‑8 电阻分阶测量法

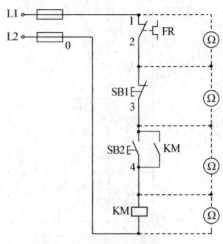

图 7‑9 电阻分段测量法

检查时,先切断电源,按下启动按钮 SB2,然后依次逐段测量相邻两标号点 1‑2、2‑3、3‑4、4‑0 间的电阻。如测得某两点间的电阻为无穷大,说明这两点间的触头或连接导线断路。例如当测得 2‑3 两点间电阻值为无穷大时,说明停止按钮 SB1 或连接 SB1 的导线断路。

电阻测量法注意点:

① 用电阻测量法检查故障时一定要断开电源。

② 如被测的电路与其他电路并联时,必须将该电路与其他电路断开,否则所测得的电阻值是不准确的。

③ 测量高电阻值的电气元件时,把万用表的选择开关旋转至适合电阻挡。

3. 短接法

短接法指用导线将机床线路中两等电位点短接,以缩小故障范围,从而确定故障范围或故障点。

(1) 局部短接法

局部短接法如图 7‑10 所示。

按下启动按钮 SB2 时,接触器 KM1 不吸合,说明该电路有故障。检查前先用万用表测量 1‑0 两点间的电压值,若电压正常,可按下启动按钮 SB2 不放松,然后用一根绝缘良好的导线,分别短接标号相邻的两点,如短接 1‑2、2‑3、3‑4。当短接到某两点时,接触器 KM1 吸合,说明断路故障就在这两点之间。

(2) 长短接法

长短接法检查断路故障如图 7‑11 所示。

长短接法是指一次短接两个或多个触头,来检查故障的方法。

当 FR 的常闭触头和 SB1 的常闭触头同时接触不良,如用上述局部短接法短接 1‑2 点,按下启动按钮 SB2,KM1 仍然不会吸合,故可能会造成判断错误。而采用长短接法将 1‑4 短接,如 KM1 吸合,说明 1‑4 这段电路中有断路故障,然后再短接 1‑3 和 3‑4,若短接 1‑3 时 KM1 吸合,则说明故障在 1‑3 段范围内。再用局部短接法短接 1‑2 和 2‑3,能很快地排除电路的断路故障。

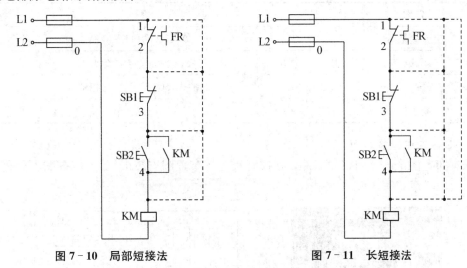

图 7 - 10　局部短接法　　　　　　　　　图 7 - 11　长短接法

短接法检查注意点：

① 短接法是用手拿绝缘导线带电操作的，所以一定要注意安全，避免触电事故发生。

② 短接法只适用于检查压降极小的导线和触头之类的断路故障。对于压降较大的电器，如电阻、线圈、绕组等断路故障，不能采用短接法，否则会出现短路故障。

③ 对于机床的某些要害部位，必须保障电气设备或机械部位不会出现事故的情况下才能使用短接法。

任务实施

工作任务：接触器联锁的正反转控制线路的安装与调试

一、任务描述

按照电气线路布局、布线的基本原则，在给定的电气线路板上固定好电气元件，并进行布线，通电调试好三相异步电动机接触器联锁的正反转控制线路。

二、训练内容

1. 电器元件识别与检查

按表 7 - 4 配齐所用电气元件，并进行校验。

表 7 - 4　元件明细表

代号	名称	型号	规格	数量
M	三相异步电动机	Y - 112M - 4	4 kW，380 V，△接法，8.8 A，1 440 r/min	1
QS	组合开关	HZ10 - 25/3	三极，25 A	1
FU1	熔断器	RL1 - 60/25	500 V，60 A，配熔体 25 A	3
FU2	熔断器	RL1 - 15/2	500 V，15 A，配熔体 2 A	2

续表

代号	名称	型号	规格	数量
KM	交流接触器	CJ10－20	20 A,线圈电压 380 V	2
FR	热继电器	JR16－20/3	三极,20 A,整定电流 8.8 A	1
SB	按钮	LA4－3H	保护式,500 V,5 A,按钮数 3	1
XT	端子板	JX2－1015	10 A,15 节	1

2. 电器元件安装

根据布置图 7－12 固定元器件。在控制板上按布置图安装电气元件,并贴上醒目的文字符号。

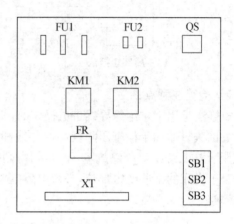

图 7－12 接触器联锁正反转控制线路的模拟配电盘及布置图

3. 配线安装

接线图如图 7－13 所示。先进行控制电路的配线,再安装主电路,最后接上按钮线。

4. 线路检测

(1) 检查控制电路,用万用表表笔分别搭在 U12、V12 线端上(也可搭在 0 与 1 两点处),这时万用表读数应为无穷大;按下 SB2、SB3 时表读数应为接触器线圈的直流电阻阻值。

(2) 检查主电路时,可以手动来代替受电线圈励磁吸合时的情况进行检查。

5. 通电试车

合上 QS,能够符合前面分析关于正转控制、反转控制以及停止的动作次序。通电试车的顺序见表 7－5。

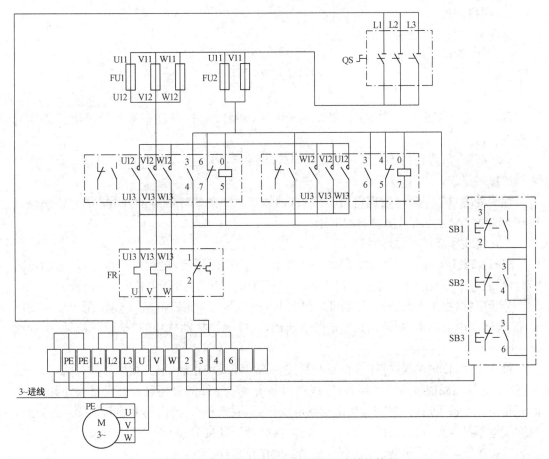

图 7 - 13　接触器联锁正反转控制线路的接线图

表 7 - 5　通电试车步骤

项目	操作步骤	观察现象
空载试车 （不接电动机）	先合上电源开关，再按下 SB2（或 SB3）及 SB1，看正转、停止、反转控制是否正常，并按下 SB2 后再按下 SB3，观察有无连锁作用	（1）接触器动作情况是否正常，是否符合电路功能要求 （2）电气元件动作是否灵活，有无卡阻或噪声过大等现象 （3）有无异味 （4）检查负载接线端子三相电源是否正常
经反复几次操作空载运转，各项指标均正常后方可进行带负载试车		
负载试车 （连接电动机）	合上电源开关	
	按下正转按钮	接触器动作情况是否正常，电动机是否正常正转
	按下停止按钮	接触器动作情况是否正常，电动机是否停止
	按下反转按钮	接触器动作情况是否正常，电动机是否正常反转
	断开电源	先拆除三相电源线，再拆除电动机线，完成通电试车

三、项目评价

本项目的考核评价可参照表 6 – 6。

研讨与练习

【研讨1】　在图 7 – 4 中,按下 SB2 或 SB3 时,KM1、KM2 均能正常动作,但松开按钮时接触器释放。

分析研究:故障是由于两只接触器的自锁线路失效引起的,推测 KM1、KM2 自锁线路未接或接线错误。

检查处理:核对接线,发现将 KM1 的自锁触点并接在 SB3 触点上,KM2 的自锁触点并接在 SB2 触点上,使两只接触器均不能自锁。

改正接线重新试车,故障排除。

【研讨2】　在图 7 – 4 中,按下 SB2 接触器 KM1 剧烈振动,主触点严重起弧,电动机时转时停;松开 SB2 则 KM1 释放。按下 SB3 时,KM2 的现象与 KM1 相同。

分析研究:由于 SB2、SB3 分别可以控制 KM1 及 KM2,而且 KM1、KM2 都可以启动电动机,表明主电路正常,故障是控制电路引起的,从接触器振动现象看,推测是自锁、联锁线路有问题。

检查处理:核对接线,按钮接线及两只接触器自锁线均正确,查到接触器联锁线时,发现将 KM1 的常闭联锁触点错接到 KM1 线圈回路中,将 KM2 的常闭联锁触点错接到 KM2 线圈回路中。当按下启动按钮时,接触器得电动作后,联锁触点分断,切断自身线圈通路,造成线圈失电而触点复位,又使线圈得电而动作,接触器不断接通、断开,产生振动。

改正接线,检查后重新通电试车,接触器动作正常,故障排除。

【课堂练习】　在图 7 – 5 中,试车时,电动机启动后设备运行,部件到达规定位置,挡块操作行程开关时接触器动作,但部件运动方向不改变,继续按原方向移动而不能返回。分析故障原因。

巩固与提高

一、填空题

1. 倒顺开关接线时,应将开关两侧进出线中的一相_____,并看清开关接线端标记,切忌接错,以免产生_____故障。

2. 倒顺开关接线时,应将开关两侧的进出线中的_____相互换,并保证标记为_____接电源,标记为_____接电动机。

3. 要使三相异步电动机反转,就必须改变通入电动机定子绕组的_____,即只要把接入电动机三相电源进线中的任意_____相对调接线即可。

4. 测量法是利用_____和_____对电路进行_____或_____测量,来找出故障的有效方法。

二、选择题

5. 正反转控制电路,在实际工作中最常用、最可靠的是(　　　)。

  A. 倒顺开关   B. 接触器连锁

  C. 按钮连锁   D. 按钮、接触器双重连锁

6. 要使三相异步电动机反转,只要( )就能完成。

  A. 降低电压   B. 降低电流

  C. 将任两根电源线对调   D. 降低电路功率

7. 在接触器连锁的正反转控制电路中,其连锁触点应是对方接触器的( )。

  A. 主触点   B. 常开辅助触点

  C. 常闭辅助触点   D. 常开触点

8. 操作按钮、接触器双重连锁的正反转控制电路中,要使电动机从正转变为反转,正确的操作方法是( )。

  A. 可直接按下反转启动按钮

  B. 可直接按下正转启动按钮

  C. 必须先按下停止按钮,再按下反转启动按钮

  D. 必须先按下停止按钮,再按下正转启动按钮

9. 为避免正、反转接触器同时得电动作,电路采取了( )。

  A. 自锁控制   B. 连锁控制   C. 位置控制

10. 完成工作台自动往返行程控制要求的主要电气元件是( )。

  A. 行程开关   B. 接触器   C. 按钮   D. 组合开关

11. 在如图 7-5 所示电路中,行程开关 SQ1、SQ2、SQ3 和 SQ4,( )被用来作终端保护,防止工作台越过限定位置而造成事故;( )被用来自动换接正反转控制电路,实现工作台自动往返行程控制。

  A. SQ1、SQ2 B. SQ1、SQ3 C. SQ2、SQ3 D. SQ3、SQ4

12. 自动往返控制电路属于( )电路。

  A. 正反转控制 B. 点动控制   C. 自锁控制   D. 顺序控制

三、判断题(对的打"√",错的打"×")

13. 在接触器连锁的正反转控制电路中,正、反转接触器有时可以同时闭合。 ( )

14. 接触器连锁正反转控制电路的优点是工作安全可靠、操作方便。 ( )

15. 接触器、按钮双重连锁正反转控制电路的优点是工作安全可靠、操作方便。( )

16. 三相笼形异步电动机正反转控制电路,采用按钮和接触器双重连锁较为可靠。

                      ( )

17. 采用电压分阶法和电阻分阶法都要在电路断电的情况下进行测量。 ( )

18. 实现工作台自动往返行程控制要求的主要电气元件是行程开关。 ( )

19. 图 7-5 所示控制电路是具有双重连锁的自动可逆运转的控制电路。 ( )

20. 在如图 7-5 所示电路中,若同时接下 SB2、SB3,电路会出现短路。 ( )

21. 在如图 7-5 所示电路中,接触器 KM2 得电,电动机 M 反转工作时,若轻按一下 SB2,电动机 M 将停转。 ( )

22. 在如图 7-5 所示电路中,实现电动机自动逆转的电器是 SQ1、SQ2。 ( )

23. 在如图 7-5 所示电路中,SQ3、SQ4 主要用来作终端超程保护。 ( )

24. 如图 7-5 所示电路是自动逆转控制电路,按钮 SB2、SB3 是多余的。 ( )

四、设计题

25. 设计一个小车运行的电路图,其动作程序如下:

(1) 小车由原位开始前进,到终端后自动停止;

(2) 在终端停留 3 min 后自动返回原位停止;

(3) 在前进或后退途中任意位置都能停止或再次启动。

项目 8　三相异步电动机 Y-△降压启动控制线路的安装与调试

学习目标

（1）掌握笼形异步电动机的 Y-△降压启动控制线路的组成并能画出其控制线路图。

（2）掌握时间继电器的作用与使用方法。

（3）掌握笼形异步电动机的 Y-△降压启动控制线路的安装接线步骤、工艺要求和检修方法。

（4）培养学生安全操作、规范操作、文明生产的行为。

任务描述

正确识读笼形异步电动机的 Y-△降压启动控制线路电气原理图并理解其工作原理，根据电气原理图及电动机型号选用电器元件及部分电工器材，按一定步骤、工艺要求安装布线，然后进行线路检查和通电试车。

知识链接

电动机由静止到通电正常运转的过程称为电动机的启动过程，在这一过程中，电动机消耗的功率较大，启动电流也较大。通常启动电流是电动机额定电流的 4~7 倍。小功率电动机启动时，启动电流虽然较大，但和电网的总电流相比还是比较小的，所以可以直接启动。若电动机的功率较大，又是满负荷启动，则启动电流就很大，很可能会对电网造成影响，使电网电压降低而影响其他电器的正常运行。此时人们就要采用降压启动。通常规定：电源容量在 180 kVA 以上、电动机容量在 7 kW 以下的三相异步电动机可采用直接启动。常用的降压启动有串接电阻降压启动、Y-△降压启动、自耦变压器降压启动及延边三角形降压启动。本项目主要介绍三相笼形异步电动机 Y-△降压启动控制电路。

Y-△降压启动是指电动机启动时，把定子绕组接成星形，以降低启动电压，减小启动电流；待电动机启动后，再把定子绕组改接成三角形，使电动机全压运行。定子绕组星形连接状态下的启动转矩为三角形连接直接启动的 1/3，启动电流也为三角形连接直接启动电流的 1/3。与其他降压启动相比，降压启动投资少，线路简单，但启动转矩小。这种启动方法适用于空载或轻载状态下启动，而且只能用于正常运转时定子绕组接成三角形的异步电动机。

一、手动 Y-△ 启动控制

(一) 识读电路图

手动 Y-△ 启动控制电路如图 8-1 所示。

图中手动控制开关 SA 有两个位置,分别是电动机定子绕组星形和三角形连接。QS 为三相电源开关,FU 作短路保护。

(二) 电路工作原理

启动时,将开关 SA 置于"启动"位置,电动机定子绕组被接成星形降压启动,当电动机转速上升到一定值后,再将开关 SA 置于"运行"位置,使电动机定子绕组接成三角形,电动机全压运行。

(三) 电路的优缺点

此电路较简单,所需的电气元件也较少,操作简单。但安全性、稳定性差,操作人员必需用手来扳动 SA 开关,只适合小容量的电机启动,且时间很难掌握。为克服此电路的不足,可采用按钮转换的 Y-△ 启动控制线路。

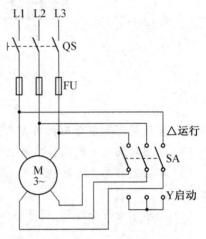

图 8-1　手动 Y-△ 启动控制电路

二、按钮转换的 Y-△ 启动控制

(一) 识读电路图

如图 8-2 所示,按钮转换的 Y-△ 启动控制线路的特点如下:

(1) 为克服手动 Y-△ 启动控制电路的不足之处,将 SA 开关用 SB 按钮和接触器来取代。

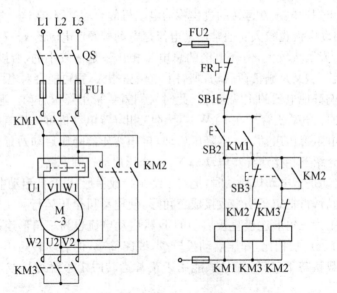

图 8-2　按钮转换的 Y-△ 启动控制电路

（2）图中采用了 3 个接触器，3 个按钮。KM1 和 KM3 构成星形启动，KM1 和 KM2 构成三角形全压运行。SB1 为总停止按钮，SB2 是星形启动按钮，SB3 是三角形启动按钮。

（3）该电路具有必要的电气保护和联锁，操作方便，工作安全可靠。

（二）电路工作原理

按下启动按钮 SB2，KM1 和 KM3 线圈同时得电自锁，电动机做 Y 形启动。待电动机转速接近额定转速时，按下启动按钮 SB3，KM3 线圈失电 Y 形停止，同时接通 KM2 线圈自锁，电动机转换成三角形全压运行。按下 SB1 停止。其中 KM2 和 KM3 常闭触点为互锁保护。

（三）电路的优缺点

此电路采用按钮手动控制 Y-△的切换，同样存在操作不方便、切换时间不易掌握的缺点。为克服此电路的不足，可采用时间继电器控制的 Y-△降压启动。

三、时间继电器转换的 Y-△启动控制

（一）识读电路图

时间继电器切换的 Y-△启动控制电路如图 8-3 所示。该线路由三个接触器、一个热继电器、一个时间继电器和两个按钮组成。接触器 KM1 做引入电源用，接触器 KM3 和 KM2 分别做 Y 形降压启动用和△运行用，时间继电器 KT 用作控制 Y 形降压启动时间和完成 Y-△自动切换。SB2 是启动按钮，SB1 是停止按钮，FU1 作主电路的短路保护，FU2 作控制电路的短路保护，FR 作过载保护。

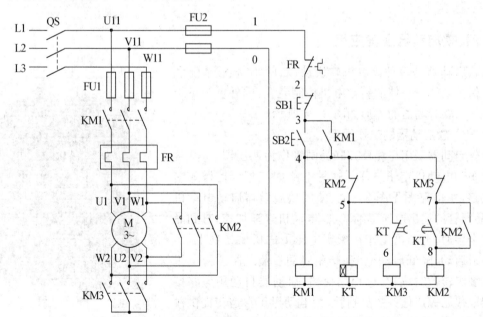

图 8-3　时间继电器转换的 Y-△启动控制线路

（二）电路工作原理

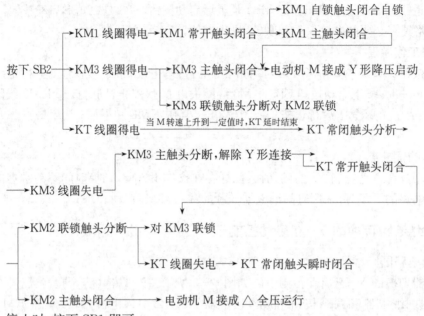

停止时，按下 SB1 即可。

该线路中，接触器 KM3 得电以后，通过 KM3 的辅助常开触头使接触器 KM1 得电动作，这样 KM3 的主触头是在无负载的条件下进行闭合的，故可延长接触器 KM3 主触头的使用寿命。

四、软启动器及其应用

软启动器是一种集电机软启动、软停车、轻载节能和多种保护功能于一体的新颖电机控制装置，国外称为 Soft Starter。软起动器的外形如图 8-4 所示。

（一）软启动器的工作原理

软启动器采用三相反并联晶闸管作为调压器，将其接入电源和电动机定子之间。这种电路如三相全控桥式整流电路，主电路图见图 8-5。使用软启动器启动电动机时，晶闸管的输出电压逐渐增加，电动机逐渐加速，直到晶闸管全导通，电动机工作在额定电压下的机械特性上，实现平滑启动，降低启动电流，避免启动过流跳闸。待电机达到额定转数时，启动过程结束，软启动器自动用旁路接触器取代已完成任务的晶闸管，为电动机正常运转提供额定电压，以降低晶闸管的热损耗，延长软启动器的使用寿

图 8-4　软启动器外形图

命，提高其工作效率，又使电网避免了谐波污染。软启动器同时还提供软停车功能，软停车与启起动过程相反，电压逐渐降低，转数逐渐下降到零，避免自由停车引起的转矩冲击。软启动与软停车的电压曲线如图 8-6 所示。

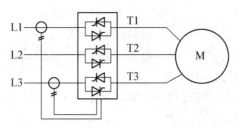

图 8-5　三相全控桥式整流电路主电路图

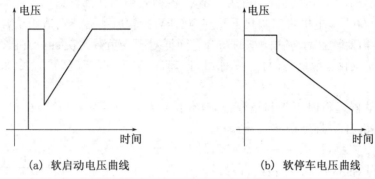

（a）软启动电压曲线　　　　　　（b）软停车电压曲线

图 8-6　软起动与软停车电压曲线

（二）软启动器的选用

1. 选型

目前市场上常见的软启动器有旁路型、无旁路型、节能型等。根据负载性质选择不同型号的软启动器。

旁路型：在电动机达到额定转数时，用旁路接触器取代已完成任务的软启动器，降低晶闸管的热损耗，提高其工作效率。也可以用一台软启动器去启动多台电动机。

无旁路型：晶闸管处于全导通状态，电动机工作于全压方式，忽略电压谐波分量，经常用于短时重复工作的电动机。

节能型：当电动机负荷较轻时，软启动器自动降低施加于电动机定子上的电压，减少电动机电流励磁分量，提高电动机功率因数。

2. 选规格

根据电动机的标称功率，电流负载性质选择启动器，一般软启动器容量稍大于电动机工作电流，还应考虑保护功能是否完备，例如缺相保护、短路保护、过载保护、逆序保护、过压保护、欠压保护等。

（三）日常维修检查

平时注意检查软启动器的环境条件，防止在超过其允许的环境条件下运行。注意检查软启动器周围是否有妨碍其通风散热的物体，确保软启动器四周有足够的空间（大于150 mm）。

定期检查配电线端子是否松动，柜内元器件是否有过热、变色、焦臭味等异常现象。

定期清扫灰尘，以免影响散热，防止晶闸管因温升过高而损坏，同时也可避免因积尘而引起的漏电和短路事故。

清扫灰尘可用干燥的毛刷进行，也可用皮老虎吹和吸尘器吸。对于大块污垢，可用绝缘棒去除。若有条件,可用 0.6 MPa 左右的压缩空气吹除。

平时注意观察风机的运行情况,一旦发现风机转速慢或异常,应及时修理(如清除油垢、积尘,加润滑油,更换损坏或变质的电容器)。对损坏的风机要及时更换。如果在没有风机的情况下使用软启动器,将会损坏晶闸管。

如果软启动器使用环境较潮湿或易结露,应经常用红外灯泡或电吹风烘干,驱除潮气,以避免漏电或短路事故的发生。

(四) 软启动器的应用

原则上,笼形异步电动机凡不需要调速的各种应用场合都可适用。应用范围是交流电 380 V(也可 660 V),电机功率从几千瓦到 800 kW。软启动器特别适用于各种泵类负载或风机类负载,需要软启动与软停车的场合。同样对于变负载工况、电动机长期处于轻载运行,可广泛用于纺织、冶金、石油化工、水处理、船舶、运输、医药、食品加工、采矿和机械设备等行业。

用软启动器运行时不工作的特点,还可以实现一台软启动器启动多台电动机。图 8 - 7 为一拖二方案,即采用一台软启动器带两台水泵,可以依次启动、停止两台水泵。一拖二方案主要特点是节约一台软启动器,减少了投资,充分体现了方案的经济性、实用性。

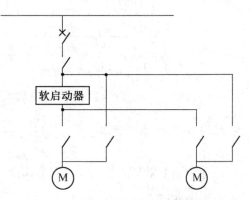

图 8 - 7 软启动器的一拖二示意图

(1) 启动过程:首先选择一台电动机在软启动器拖动下按所选定的启动方式逐渐提升输出电压,达到工频电压后,旁路接触器接通。然后,软启动器从该回路中切除,去启动下一台电机。

(2) 停止过程:先启动软启动器与旁路接触器并联运行,然后切除旁路,最后软启动器按所选定的停车方式逐渐降低输出电压直到停止。

任务实施

工作任务:时间继电器转换的 Y-△ 启动控制线路的安装与调试

一、任务描述

按照电气线路布局、布线的基本原则,在给定的电气线路板上固定好电气元件,并进行布线,通电调试好笼形异步电动机 Y-△降压启动控制线路以后,对电路的故障进行分析与检修。

二、训练内容

1. 电器元件识别与检查

按表 8 - 1 配齐所用电气元件,并检验元件质量:在不通电的情况下,用万用表、蜂鸣器等检查各触点的分、合情况是否良好,测量电动机三相绕组、接触器线圈和时间继电器线圈的阻值,同时应检查接触器线圈电压与电源电压是否相等。

表 8-1　元件明细表

代号	名称	型号	规格	数量
M	三相异步电动机	Y-112M-4	4 kW,380 V,△接法,8.8 A,1 440 r/min	1
QS	组合开关	HZ10-25/3	三极,25 A	1
FU1	熔断器	RL1-60/25	500 V,60 A,配熔体 25 A	3
FU2	熔断器	RL1-15/2	500 V,15 A,配熔体 2 A	2
KM	交流接触器	CJ10-20	20 A,线圈电压 380 V	3
FR	热继电器	JR16-20/3	三极,20 A,整定电流 8.8 A	1
KT	时间继电器	JS7-2A	线圈电压 380 V	1
SB	按钮	LA4-3H	保护式,500 V,5 A,按钮数 3	1
XT	端子板	JX2-1015	10 A,20 节	1

2. 安装配线

在控制板上按安装位置图 8-8 安装电气元件,并贴上醒目的文字符号。

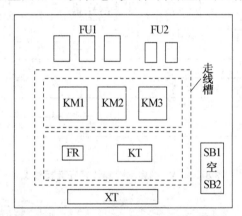

图 8-8　Y-△启动控制线路安装位置图

　　按图 8-9 所示接线图进行布线。布线时,应符合平直、整齐、紧贴敷设面、走线合理及接点不得松动等要求。其原则是:走线通道应尽可能少,同一通道中的沉底导线,按主、控电路分类集中,单层平行密排,并紧贴敷设面;同一平面的导线应高低一致或前后一致,不能交叉;当必须交叉时,该根导线应在接线端子引出时,水平架空跨越,但必须走线合理;布线应横平竖直,变换走向应垂直。导线与接线端子或接线桩连接时,应不压绝缘层、不反圈及不露铜过长;做到同一元件、同一回路的不同接点的导线间距离保持一致;一个电器元件接线端子上的连接导线不得超过两根,每节接线端子板上的连接导线一般只允许连接一根;布线时,严禁损伤线心和导线绝缘;如果线路简单,可以不套编码套管。

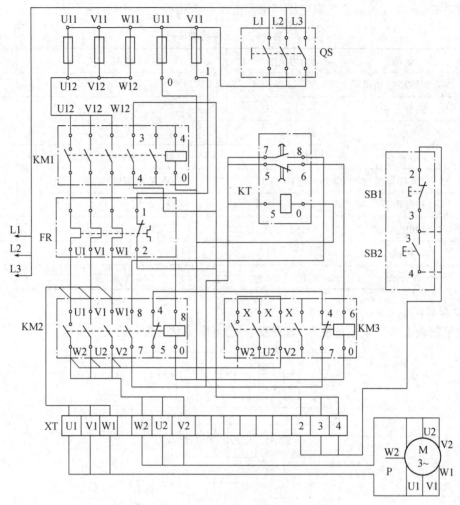

图 8-9 Y-△启动控制线路安装接线图

3. 线路检测

用万用表检查时,应选用电阻挡的适当挡位,并进行校零,以防错漏短践故障。

检查控制电路,可以将表笔分别搭在 U11、V11 线端上,读数应为无穷大,按下 SB2 时读数应为接触器线圈的直流电阻阻值。

检查主电路时,可以手动来代替受电线圈励磁吸合时的情况进行检查。

4. 电路调试

安装完毕的控制电路板,必须经过认真检查后才能通电试车,以防止错接、漏接而造成控制功能不能实现或短路事故。检查内容见表 8-2。

表 8-2　检查项目

项目	操作步骤	观察现象
空载试车 （不接电动机）	先合上电源开关,再按下 SB2 和 SB1 看 Y-△降压启动、停止控制是否正常	（1）接触器动作情况是否正常,是否符合电路功能要求 （2）电气元件动作是否灵活,有无卡阻或噪声过大等现象 （3）延时的时间是否准确 （4）检查负载接线端子三相电源是否正常
负载试车 （连接电动机）	合上电源开关	
	按启动按钮	仔细观察 Y-△降压启动是否正常,时间继电器是否起作用
	按停止按钮	接触器动作情况是否正常,电动机是否停止
	断开电源	先拆除三相电源线,再拆除电动机线,完成通电试车

若在调试过程中出现故障,应进行检修,检修完毕再次试车,并做好记录。

5. 故障检修训练

在通电试车成功的电路上人为地设置故障,通电运行,在表 8-3 中记录故障现象并分析原因排除故障。

表 8-3　故障的检查及排除

故障设置	故障现象	检查方法及排除
熔断器 FU2 断		
时间继电器坏		
KM2 接触器自锁触点接触不良		
主电路一相熔断器熔断		
热继电器常闭触点接触不良		

三、注意事项

（1）电动机必须安放平稳,以防止在可逆运转时产生滚动而引起事故,并将其金属外壳可靠接地。进行 Y-△自动降压启动的电动机,必须是有 6 个出线端子且定子绕组在△接法时的额定电压等于 380 V。

（2）要注意电路 Y-△自动降压启动换接,电动机只能进行单向运转。

（3）要特别注意接触器的触点不能错接,否则会造成主电路短路事故。

（4）接线时,不能将接触器的辅助触点进行互换,否则会造成电路短路等事故。

（5）通电校验时,应先合上 QS,再检验 SB2 按钮的控制是否正常,并在按 SB2 后 6 s,观察星形-三角形自动降压启动作用。

四、项目评价

本项目的考核评价可参照表 6-6。

研讨与练习

【研讨 1】 在图 8-2 中,按下 SB2 时,KM1 和 KM3 均能正常动作,但按下 SB3 按钮时,KM2 线圈并没有得电。

分析研究:KM2 线圈得电是通过按钮 SB3 常开触点接通的,有可能故障点是在按钮 SB3 常开的控制支路上。

检查处理:核对接线,发现将 KM3 常闭的线错成 KM3 常开,造成了当 KM3 失电释放时 KM3 复位成常开,所以 KM2 线圈始终不会得电。

改正接线重新试车,故障排除。

【研讨 2】 在图 8-3 中,按下启动按钮 SB1,启动过程全部正常,但是启动完成后发现时间继电器并没有失电释放。

分析研究:分析电路不难得出,时间继电器线圈是用 KM2 常闭触点断开的,也就是当全压运行启动后,再用 KM2 常闭触点断开时间继电器的线圈。所以,故障点应该是 KM2 常闭触点的那条支路可能断路了。

检查处理:核对接线,用仪表测量发现 KM2 常闭触点内部已经短路了,所以时间继电器线圈始终得电。

检修后,再检查重新通电试车,工作全部正常,故障排除。

【课堂练习】 在图 8-3 中,试车按下 SB1 启动按钮,没有任何动作。分析故障原因。

巩固与提高

一、填空题

1. 常见的降压启动方法有四种:_____,_____,_____,_____。

2. 降压启动是指利用启动设备将_____适当降低后加到电动机的定子绕组上进行启动,待电动机启动运转后,再使其_____恢复到_____正常运转。降压启动的目的是_____。

3. Y-△降压启动是指电动机启动时,把定子绕组接成_____,以降低启动电压,限制启动电流;待电动机启动后,再把定子绕组改接成_____,使电动机全压运行。这种启动方法只适用于在正常运行时定子绕组做_____连接时的异步电动机。

二、选择题

4. 三相笼形异步电动机直接启动电流较大,一般可达额定电流的( )倍。
   A. 2~3　　　　　　B. 3~4　　　　　　C. 4~7　　　　　　D. 10

5. 当异步电动机采用 Y-△降压启动时,每相定子绕组承受的电压是△连接全压启动时的( )倍。
   A. 2　　　　　　　B. 3　　　　　　　C. $1/\sqrt{3}$　　　　　D. 1/3

6. 适用于电动机容量较大且不允许频繁启动的降压启动方法是( )。
   A. 星形-三角形　　　　　　　　　　B. 自耦变压器
   C. 定子串接电阻　　　　　　　　　　D. 延边三角形

7. 三相异步电动机采用 Y-△降压启动时,启动转矩是△连接全压启动时的(　　　)倍。

    A. $\sqrt{3}$　　　　　　　　B. $1/\sqrt{3}$　　　　　　　C. $\sqrt{3}/2$　　　　　　　D. $1/3$

8. 晶体管时间继电器比气囊式时间继电器的延时范围(　　　)。

    A. 小　　　　　　　　　　　　　　　　B. 大

    C. 相等　　　　　　　　　　　　　　　　D. 因使用场合不同而不同

三、判断题(对的打"√",错的打"×")

9. 直接启动时的优点是电气设备少、维修量小和电路简单。　　　　　　　　　　(　　)

10. 为了使三相异步电动机能采用 Y-△降压启动,电动机在正常时,必须是△连接。

                                                    (　　)

项目9　三相异步电动机制动控制线路的设计与装调

学习目标

（1）了解三相异步电机制动的目的及常见方法。

（2）掌握电动机各种制动方法的工作原理及特点。

（3）掌握电机反接制动和能耗制动控制电路的安装接线步骤、工艺要求和检修方法。

（4）培养学生安全操作、规范操作、文明生产的行为。

任务描述

正确识读三相异步电动机反接制动及能耗制动的电气原理图并理解其工作原理，根据电气原理图及电动机型号选用电器元件及部分电工器材，按一定步骤、工艺要求安装布线，然后进行线路检查和通电试车成功。

知识链接

三相异步电动机切断工作电源后，因惯性需要一段时间才能完全停止下来，但有些生产机械要求迅速停车，有些生产机械要求准确停车，因而需要采取一些使电机在切断电源后能迅速准确停车的措施，这种措施称为电动机的制动。

异步电动机的制动方法有机械制动和电气制动。所谓机械制动，指用电磁铁操纵机械机构进行制动的方法，常用电磁抱闸制动。电气制动，指用电气的办法，使电动机产生一个与转子原转动方向相反的力矩进行制动，分为反接制动、能耗制动和回馈制动等。

一、反接制动控制

反接制动是利用改变电动机电源的相序，使定子绕组产生相反方向的旋转磁场，因而产生制动转矩的制动方法。反接制动常采用转速为变化参量进行控制。由于反接制动时，转子与旋转磁场的相对速度接近于两倍的同步转速，所以定子绕组中流过的反接制动电流相当于全电压直接启动时电流的两倍，因此反接制动特点之一是制动迅速、效果好、冲击大，通常仅适于 10 kW 以下的小容量电动机。为了减小冲击电流，通常要求在电动机主电路中串接限流电阻。

（一）识读电路图

电动机单向反接制动控制线路如图 9-1 所示。在主电路中，KM1 接通、KM2 断开时，电动机单向电动运行；KM1 断开、KM2 接通时，电动机电源相序改变，电动机进入反接制动的运行状态。并用速度继电器检测电动机转速的变化,当电动机转速 $n>130$ r/min 时,速度继电器的触点动作(其常开触点闭合、常闭触点断开),当转速 $n<100$ r/min 时,速度继电器的触点复位。这样可以利用速度继电器的常开触点,当转速下降到接近于 0 时,使 KM2 接触器断电,自动地将电源切除。在控制电路中停止按钮用的是复合按钮。

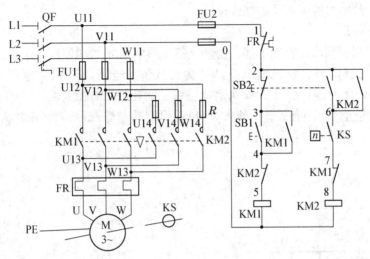

图 9-1 单向反接制动控制电路

(二) 电路工作原理

单向启动:

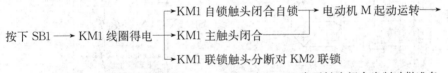

反接制动:

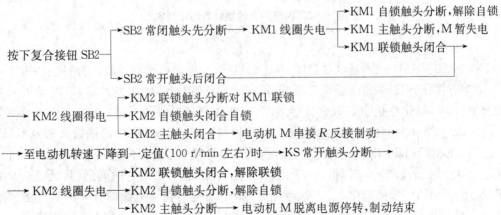

(三) 反接制动的优缺点

优点:制动力强、制动迅速。

缺点:制动准确性差;制动过程中冲击强烈,易损坏传动零件;制动能量消耗较大,不宜经常制动。因此,反接制动一般适用于制动要求迅速、系统惯性较大、不经常启动与制动的场合(如铣床、龙门刨床及组合机床的主轴定位等)。

二、能耗制动控制

(一)时间原则的能耗制动控制线路

1. 识读电路图

图9-2是以时间原则控制的能耗制动电路。图中KM1为单向运行的接触器,KM2为能耗制动的接触器,TC为整流变压器,VC为桥式整流电路,KT为通电延时型时间继电器。复合按钮SB1为停止按钮、SB2为启动按钮。能耗制动时的制动转矩的大小与通入定子绕组的直流电流的大小有关。电流大,产生的恒定的磁场强,制动转矩就大,电流可以通过R进行调节。但通入的直流电流不能太大,一般为空载电流的3～5倍,否则会烧坏定子绕组。

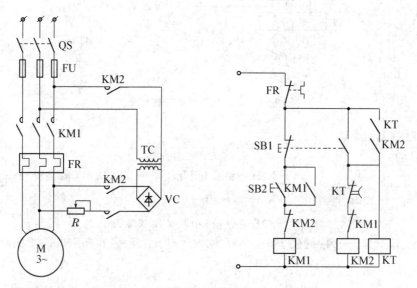

图9-2　时间原则的能耗制动控制电路

2. 电路工作原理

按下SB2,KM1线圈通电并自锁,其主触点闭合,电动机正向运转。若要电动机停止运行,则按下按钮SB1,其常闭触点先断开,KM1线圈断电,KM1主触点断开,电动机断开三相交流电源,将SB1按到底,其常开触点闭合,能耗制动接触器KM2和时间继电器KT线圈同时通电,并由时间继电器的瞬动触点KT和能耗制动接触器KM2的常开触点KM2串联自锁。KM2线圈通电,其主触点闭合,将直流电源接入电动机的两相定子绕组中,进行能耗制动,电动机的转速迅速降低。KT线圈通电,开始延时,当延时时间到,其延时断开的常闭触点断开,KM2线圈断电,其主触点断开,将电动机的直流电源断开,KM2自锁回路断开,KT线圈断电,制动过程结束。时间继电器的时间整定应为电动机由额定转速降到转速接近于零的时间。当电动机的负载转矩较稳定,可采用时间原则控制的能耗制动,这样时间继电器的整定值比较固定。

注:KM2常开触点上方应串接KT瞬动常开触点。防止KT出故障时其通电延时常闭

触点无法断开,致使 KM2 不能失电而导致电动机定子绕组长期通入直流电。

(二) 速度原则控制的能耗制动控制线路

1. 识读电路图

图 9-3 是速度原则控制的单向能耗制动控制线路。和按时间原则控制的电动机单向运行的能耗制动控制线路基本相同,只是在主电路中增加了速度继电器,在控制电路中不再使用时间继电器,而是用速度继电器的常开触点代替了时间继电器延时断开的常闭触点。

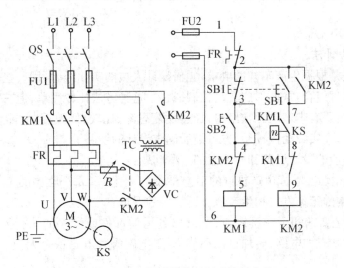

图 9-3 速度原则的能耗制动控制电路

2. 电路工作原理

按下 SB2,KM1 线圈通电并自锁,其主触点闭合,电动机正向运转。当电动机转速上升到一定值时,速度继电器常开触点闭合。电动机若要停止运行,则按下按钮 SB1,其常闭触点先断开,KM1 线圈断电,KM1 主触点断开,电动机断开三相交流电源,由于惯性,电动机的转子转速仍然很高,速度继电器常开触点仍处于闭合状态。将 SB1 按到底,其常开触点闭合,能耗制动接触器 KM2 线圈通电并自锁,其主触点闭合,将直流电源接入电动机的两相定子绕组中进行能耗制动,电动机的转速迅速降低。当电动机的转速接近零时,速度继电器复位,其常开触点断开,接触器 KM2 线圈断电释放,能耗制动结束。

3. 能耗制动的优缺点

制动平稳,准确度高,但需直流电源,设备费用成本高。对于负载转速比较稳定的生产机械,可采用时间原则控制的能耗制动。对于可通过传动系统改变负载转速或加工零件经常变动的生产机械,采用速度原则控制的能耗制动较为适合。

表 9-1 异步电动机能耗制动与反接制动比较

制动方法	适用范围	特点
能耗制动	要求平稳准确制动的场合	制动准确,需直流电源,设备投入费用高
反接制动	制动要求迅速,系统惯性大,制动不频繁的场合	设备简单,制动迅速,准确性差,制动冲击力强

三、经验设计法

（一）电气设计的基本原则

（1）电气控制线路要最大限度满足生产设备、生产工艺的要求。

（2）在满足要求的前提下尽量简化线路。

（3）尽量选用标准、广泛采用并经过长期使用的控制环节，同时要注意触点的等电位布置。

（4）合理选用元器件。

（二）经验设计法

经验设计法是根据生产工艺的要求，凭借设计人员的实际经验，用一些基本控制线路和典型环节加以合理组合，从而形成自动控制线路。这种方法比较简单，但在设计比较复杂的线路时，设计人员要有丰富的工作经验，经过反复思考、比较、修改后，才能设计出一个比较完善合理的线路，经实际动作校验，方可最后确定设计的线路。

下面介绍一般的设计思路和应注意的一些问题：

（1）首先必须切实掌握生产机械的工艺要求、工作程序、每一程序的工作情况和运动变化规律、执行机构的工作方式和生产机械所需要的保护。

（2）根据工艺要求和工作程序，逐一画出各运动部件或程序的执行元件的控制电路。对于要记忆元件状态的电路，要加自锁环节；对于电磁阀和电磁铁等无记忆功能的元件，应利用中间继电器进行记忆。

（3）根据工作程序的要求将各主令控制信号接入各对应的线路中。对于要求几个条件只要有一个条件具备时，继电器（或接触器等）线圈就有电的程序，可用几个常开触头并联；而对于要求几个条件都具备时，线圈才有电的程序，则用几个常开触头串联；对于要求几个条件都具备时，继电器线圈才断电的程序，用几个常闭触头并联；而对于要求几个条件只要有一个具备时，线圈就断电的程序，就用几个常闭触头串联来实现控制。

（4）将各程序或执行元件间的连锁和互锁接入线路中。线路中可增设中间继电器来记忆输入信号或程序的状态，也可用中间继电器作输入与输出或前后程序的联系，对前后程序有时间要求的，要增设时间继电器进行控制。

（5）将手动与自动选择、点动控制、各种保护环节分别接入线路中。

（6）检查电器触头类型及数量，如不满足要求时，可用中间继电器加以扩展。

（7）注意在一条控制线路中，不能有两个交流电器线圈串联。因为两个电磁机构的衔铁不可能同时动作，衔铁先吸合的。其吸引线圈电感就增大，感抗大线圈端电压就大，而衔铁未吸合的另一个吸引线圈感抗小，压降就降低，吸力就小，因此，其铁芯可能吸不上，这样两线圈的等效感抗减小，电流增大，时间长了可能将两个线圈烧毁。

（8）初步设计后，要去掉多余的线路和触头，简化线路。图 9 - 4～9 - 7 列举了几种设计中应注意连接方式。例如在图 9 - 4 中，图（a）和（b）所示的两个线路作用一致，但图（b）合理。因为图（a）从控制柜到按钮盒多用了一条连接线，且因按钮 SB2 和 SB1 是放在一个按钮盒中的，按图（a）接线时，如果按钮的连线相碰就会造成电源的短路，所以，图（a）不合理。

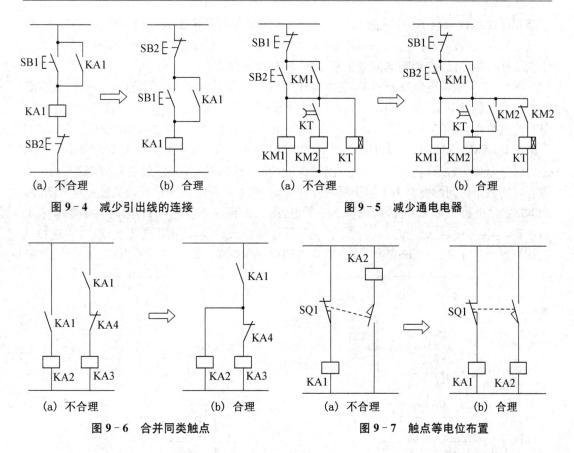

图 9-4 减少引出线的连接　　　　图 9-5 减少通电电器

图 9-6 合并同类触点　　　　图 9-7 触点等电位布置

（9）初步设计的方案可能有几个，应加以比较，要选用使用电器数量少、触头数量少、经济、安全、可靠的线路。

（10）最后要进行动作校验，看是否满足工艺的要求和电力拖动对线路的要求。同时要检查线路中是否有寄生回路和竞争现象，如有寄生回路和竞争现象时，应该修改线路加以消除。

图 9-8 所示是寄生电路的一个例子，当接触器 KM2 工作时，若发生过载，热继电器 FR 动作，FR 常闭触头断开，本应将 KM2 线圈断电，使 KM2 释放。但是，虽然 FR 常闭触头断

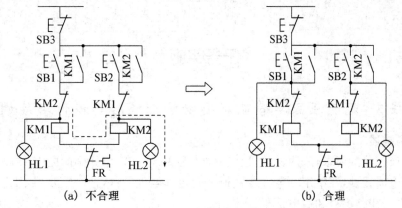

图 9-8 避免寄生回路

开,而 KM2 线圈却经 KM1 线圈和信号灯 HL2,继续与电源相接,如图中虚线路径所示,由于电器的释放电压较低,所以 KM2 可能继续保持吸合而不释放。这样一条不是正常的工作通路称寄生电路,它影响电路的正常工作,应加以消除。

图 9-9 所示为竞争现象举例:它本拟作为两个程序先、后单独工作的控制线路,正常工作应该是接触器 KM1 先工作,经一定时间后 KM2 工作,KM2 工作时 KM1 即停止工作。但在此电路中,当 KM1 工作一段时间后,时间继电器 KT 延时闭合的常开触头闭合,KM2 线圈通电,KM2 常闭触头立即断开,而 KM2 常开触头后闭合(这两个触头动作发出信号的先后时间差称为暂态时间)。KM2 常闭触头断开使 KT 释放,如果接触器 KM2 触头动作的暂态时间大于时间继电器 KT 触头释放动作时间,则 KT 延时闭合常开触头已经释放断开,而 KM2 常开触头尚未闭合,所以,KM2 失电,第二个程序不能进入工作,这种电路看来虽然正确,但由于受触头动作时间的影响,使程序不能完成转换,因而可能发生误动作,这种现象称为竞争。在设计电路时应该避免发生电路的竞争现象。

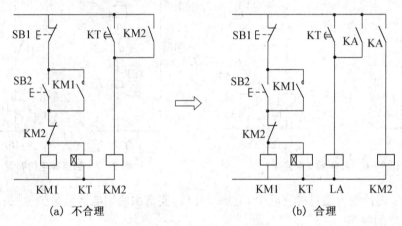

(a) 不合理　　　　　　　(b) 合理

图 9-9 电路的竞争现象

(11) 电路设计后应根据被控对象要求选择电器和确定动作整定值。

(12) 绘制接线图。为安装和检修方便,在各电器触头和线圈上编写文字符号,且电气原理图和接线图上的编号应一致。最后列出电器一览表。

对于设计好了的控制线路,还应在安装后进行调试,如果发现不合理处还要进行修改,以使线路更完善。

任务实施

工作任务:无变压器单管能耗制动控制线路的设计与装调

一、任务描述

根据生产工艺的要求,采用经验设计法设计无变压器单管能耗制动控制线路,根据电气原理图选用电器元件,在给定的电气线路板上固定好电气元件,按一定步骤、工艺要求安装布线,然后进行线路检查和通电试车。

二、训练内容

1. 方案分析与确定

前面所讲的能耗制动是由一套整流装置及整流变压器构成的单相桥式整流电路作为直流电源,制动效果好,但制动的成本较高。而无变压器单管能耗制动控制线路适用于 10 kW 以下电动机,这种线路结构简单,附加设备较少,体积小,采用一只二极管半波整流器作为直流电源。因此,本项目选用无变压器单管能耗制动控制线路的装调作为训练项目。

2. 无变压器单管能耗制动控制线路设计

图 9-10 中,KM1 为单向运行的接触器,KM2 为单管能耗制动的接触器,KT 为能耗制动时间继电器。该电路的整流电源为 220 V,由 KM2 主触点接至电动机定子绕组,经整流二极管 VD 接到中性线 N 构成回路。电路工作情况和图 9-2 相同。

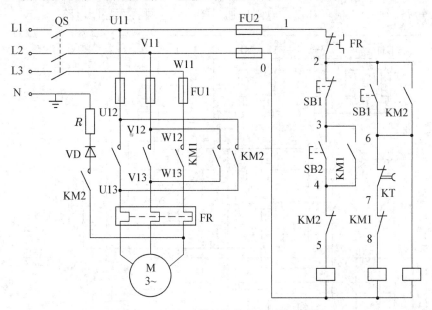

图 9-10　无变压器单管能耗制动控制线路

3. 电器元件选择与检测

按表 9-2 配齐所用电气元件,并检验元件质量。根据电气元件明细表预先制作安装整流二极管和制动电阻的支架。

表 9-2　半波整流能耗制动控制线路实际操作所需电气元件明细表

代号	名称	型号	规格	数量	检测结果
FU1	主电路熔断器	RL1-60-25	60 A,配 25 A 熔体	3	
FU2	控制电路熔断器	RL1-15-4	15 A,配 4 A 熔体	2	
KM	交流接触器	CJ10-20	20 A,线圈电压 380 V	2	测量线圈电阻值:
FR	热继电器	JR16-20/3	三极,20 A,整定电流 8.8 A	1	
SB1 SB2	按钮	LA4-2H	保护式,500 V,5 A,按钮数 2	1	

代号	名称	型号	规格	数量	检测结果
XT	接线端子排	JD0-1020	380 V,10 A,20 节	1	
V	整流二极管	2CZ30	30 A,600 V	1	
R	制动电阻		0.5 Ω、50 W(外接)	1	
M	三相异步电动机	Y-112M-4	4 kW,380 V,△接法,8.8 A, 1 440 r/min	1	测量电动机绕组电阻:

4. 安装布线与线路检测

按照图 9-11 上所标的线号进行接线,特别注意 KM1、KM2 主触点之间的连接线,防止错接造成短路。整流二极管和制动电阻应通过接线端子排接入控制电路。

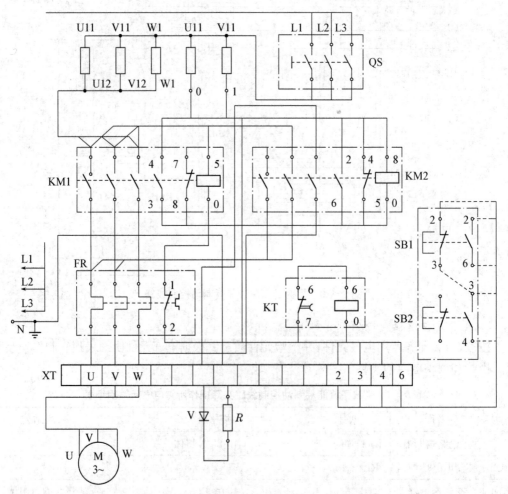

图 9-11　能耗制动控制电路电气安装接线图

接线完成后要逐线逐号地核对,然后用万用表做以下各项检测。

(1) 断开 FU2,检查主电路

首先检查启动线路,将万用表拨到 R×1 挡,按下 KM1 的触点架,在 QS 下端子测量

U11-V11、V11-W11 及 U11-W11 端子之间电阻,应测得电动机各绕组的电阻值;放开 KM1 触点架,电路由通而断。

然后检查制动线路,将万用表拨到 $R \times 10 \text{ k}\Omega$ 挡,按下 KM2 触点架,将黑表笔接 QS 下端 W11 端子,红表笔接中性线 N 端,应测得 R 和整流器 VD 的正向导通后电动机的电阻值;将表笔调换位置测量,应测得 $R \to \infty$。

(2)检查控制电路

拆下电动机接线,接通 FU2,将万用表拨回 $R \times 1$ 挡,表笔接 QS 下端 U11、V11 处检测。

按前面所述方法检查启动控制后,再检查制动控制:按下 SB1 或按下 KM2 的触点架,均应测得 KM2 与 KT 两只线圈的并联电阻值。最后检查 KT 延时控制:断开 KT 线圈的一端接线,按下 SB1 应测得 KM2 线圈,同时按住 KT 电磁机构的衔铁,当 KT 延时触点动作时,万用表应显示线路由通而断。重复检测几次,将 KT 的延时时间调整到 2 s 左右。

5. 通电试车

完成上述检查后,检查三相电源及中性线,装好接触器的灭弧罩,在老师的监护下试车。

(1)空操作试验

合上 QS,按下 SB2,KM1 应得电并保持吸合;轻按 SB1 则 KM1 释放。按 SB2 使 KM1 动作并保持吸合,将 SB1 按到底,则 KM1 释放而 KM2 和 KT 同时得电动作,KT 延时触点约 2 s 动作,KM2 和 KT 同时释放。

(2)带负荷试车

断开 QS,接好电动机接线,先将 KT 线圈一端引线断开,合上 QS。

首先检查制动作用。启动电动机后,轻按 SB1,观察 KM1 释放后电动机能否惯性运转。再启动电动机后,将 SB1 按到底使电动机进入制动过程,待电动机停转立即松开 SB1。记下电动机制动所需要的时间。此时应注意,要进行制动时,要将 SB1 按到底才能实现。

然后根据制动过程的时间来调整时间继电器的整定时间。切断电源后,调整 KT 的延时为刚才记录的时间,接好 KT 线圈连接线,检查无误后接通电源。启动电动机,待达到额定转速后进行制动,电动机停转时,KT 和 KM2 应刚好断电释放,反复试验调整以达到上述要求。

试车中应注意启动、制动不可过于频繁,防止电动机过载及整流器过热。

能耗制动线路中使用了整流器,因而主电路接线错误时,除了会造成 FU1 动作,KM1 和 KM2 主触点烧伤以外,还可能烧毁整流器,因此试车前应反复核查主电路接线,并一定进行空操作试验,线路动作正确、可靠后,再进行带负荷试车,避免造成事故。

三、项目评价

本项目的考核评价可参照表 6-6。

研讨与练习

【研讨 1】　在图 9-1 中,启动时正常,如按下停止按钮 SB2,电机并没有马上制动,而是慢慢停止,分析其原因。

分析研究:分析电路原理图,发现反转线圈 KM2 并没有通电,从而可以确定 KM2 线圈的去路应该断路了。

检查处理：核对接线，发现 KM1 的常闭触点被接到了 KM1 常开触点上了。

改正接线，重新试车，故障排除。

【研讨 2】　在图 9-2 中，按下 SB2 启动正常。按下停止按钮 SB1，KT 得电，但延时时间到，并没有切断 KM2 线圈，导致直流电源一直通电。

分析研究：仔细分析电路原理图，推测是时间继电器的常闭触点有故障，导致延时时间到却并没有切断 KM2。

检查处理：核对线路，接线并没有出错。再用仪表逐个触点检查，发现 KT 常闭触点内部已短路，从而不能断开电路。

更换时间继电器，检查后重新通电试车，接触器动作正常，故障排除。

【课堂练习】　在图 9-2 中，试车时，启动正常，按停止按钮 SB1，KM1 失电，KM2 线圈并没有得电。分析故障原因。

巩固与提高

一、填空题

1. 机床设备中停车制动的控制方式有_____和_____。

2. 机床中常用的电气制动有_____和_____。

3. 反接制动是在要停车时，将电动机的三相电源线的相序_____，并在转速接近于零时切断电源。

4. 反接制动控制中在电动机转速快接近零时由_____按钮_____来控制切断_____，以免电动机反转。

5. 能耗制动控制是在要停车时，切断电动机的三相电源的同时接入_____。

二、选择题

6. 在图 9-1 电路中，电动机的工作状态有（　　）。

　　A. 正、反转　　　　　B. 单向运转、停机反接制动　　C. 正向启动、反向降压启动

7. 在图 9-1 电路中，电动机停机反接制动的效果决定于（　　）。

　　A. KS 整定值　　　　B. SB1 按下的时间　　　　C. KM1 动作时间

8. 在图 9-2 电路中，KM2 线圈断线，电动机在停机时将出现（　　）现象。

　　A. 无法停机　　　　B. 自然停机　　　　　　C. 制动停机

9. 在图 9-2 电路中，电动机要启动时误按下 SB1 时，电路将出现（　　）现象。

　　A. 电动机单相运行　　　　　　　　　　B. 电动机开始转而后不转

　　C. M 电动机通入直流电，KT 动作后切断直流电

10. 图 9-2 电路，电动机启动工作后，若按下 SB1 太轻，电路将出现（　　）现象。

　　A. 能耗制动停机　　B. 自然停机　　　　　C. 电动机照常工作

三、设计题

11. 试用经验法设计：(1) 电动机可逆运行的反接制动控制电路；(2) 时间原则控制的电动机可逆运行的能耗制动控制电路。

项目 10　双速异步电动机控制线路的安装与调试

学习目标

（1）掌握三相异步电动机调速的方法及原理。
（2）掌握按钮和时间继电器转换的双速电动机控制电路的工作原理。
（3）掌握按钮和时间继电器转换的双速电动机控制电路的安装接线步骤、工艺要求和检修方法。
（4）培养学生安全操作、规范操作、文明生产的行为。

任务描述

正确识读三相异步电动机调速控制电气原理图并理解其工作原理，根据电气原理图及电动机型号选用电器元件及部分电工器材，按一定步骤、工艺要求安装布线，然后进行线路检查和通电试车成功。

知识链接

从三相异步电动机的工作原理可知，电动机的转速为

$$n = n_1(1-s) = \frac{60 f_1}{p}(1-s)$$

故改变异步电动机的调速有以下 3 条途径：
（1）变极调速：改变电动机的磁极对数 p，以改变电动机的同步转速 n_1，从而调速。
（2）变频调速：改变电动机的电源频率 f_1，以改变电动机的同步转速 n_1，从而调速。
（3）变差调速：改变电动机的转差率 s 进行调速，如定子调压调速、转子回路串电阻调速、串级调速、无级调速等。
改变定子绕组的磁极对数（变极）是常用的一种调速方法，采用三相双速异步电动机就是变极调速的一种形式。定子绕组接成△时，电动机磁极对数为 4 极，同步转速为 1 500 r/min；定子绕组接成 YY 时，电动机磁极对数为 2 极，同步转速为 3 000 r/min。

一、双速异步电动机定子绕组的连接

图 10-1(a)为双速异步电动机定子绕组的△接法，三相绕组的接线端子 U1、V1、W1 与电源线连接，U2、V2、W2 三个接线端悬空，三相定子绕组接成△，此时电动机磁极为 4 极，同步转速为 1 500 r/min。
图 10-1(b)为双速异步电动机定子绕组的 YY 接法，接线端子 U1、V1、W1 连接在一

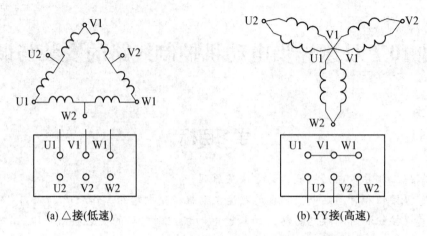

图 10-1 三相双速异步电动机定子绕组接线图

起,U2、V2、W2 三个接线端与电源线连接。此时电动机定子绕组为双 Y 连接,磁极为两极,同步转速为 3 000 r/min。

二、按钮转换的双速电动机控制线路

三相异步电动机常常要进行调速控制,对于笼形电动机常采用双速异步电动机接线调速控制。

(一)识读电路图

按钮转换双速电动机控制线路如图 10-2 所示。

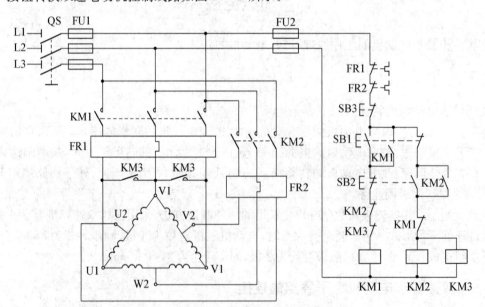

图 10-2 三相双速异步电动机按钮控制电路

图中 KM1 为△接低速运转接触器,KM2、KM3 为 YY 接高速运转接触器,SB1 为△接低速启动运行按钮,SB2 为 YY 接高速启动运行按钮。

（二）电路工作原理

先合上电源开关 QS。

（1）电机△低速启动运转：

（2）动机 YY 高速运转：

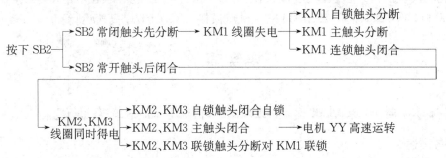

（3）停转时,按下 SB3 即可实现。

手动按钮转换双速电动机控制的线路较简单,安全可靠。但在有些场合为了减小电动机高速启动时的能耗,启动时先以△接低速启动运行,然后自动地转为 YY 接电动机做高速运转,这一过程可以用时间继电器来控制。

三、时间原则的双速电动机控制线路

用时间继电器控制的双速电动机高、低速控制线路如图 10-3 所示。

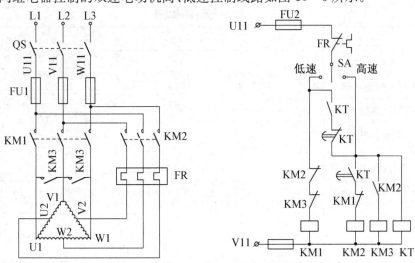

图 10-3　时间原则的双速控制线路

图中用了三个接触器控制电动机定子绕组的连接方式。当接触器 KM1 的主触点闭合,KM2、KM3 的主触点断开时,电动机定子绕组为三角形接法,对应"低速"挡;当接触器 KM1 主触点断开,KM2、KM3 主触点闭合时,电动机定子绕组为双星形接法,对应"高速"挡。为了避免"高速"挡启动电流对电网的冲击,本线路在"高速"挡时,先以"低速"启动,待启动电流过去后,再自动切换到"高速"运行。

SA 是具有三个挡位的转换开关。当扳到中间位置时,为"停止"位,电动机不工作;当扳到"低速"挡位时,接触器 KM1 线圈得电动作,其主触点闭合,电动机定子绕组的三个出线端 U1、V1、W1 与电源相接,定子绕组接成三角形,低速运转;当扳到"高速"挡位时,时间继电器 KT 线圈首先得电动作,其瞬动常开触点闭合,接触器 KM1 线圈得电动作,电动机定子绕组接成三角形低速启动。经过延时,KT 延时断开的常闭触点断开,KM1 线圈断电释放,KT 延时闭合的常开触点闭合,接触器 KM2 线圈得电动作。紧接着,KM3 线圈也得电动作,电动机定子绕组被 KM2、KM3 的主触点换接成双星形,以高速运行。

任务实施

工作任务:时间原则双速电动机控制线路的安装与调试

一、任务描述

按照电气线路布局、布线的基本原则,在给定的电气线路板上固定好电气元件,并进行布线,通电调试好双速电动机控制线路后,对电路的故障进行分析与维修。

二、训练内容

1. 器件选择、检查与调整

列出元件明细表,并进行检测,将元件的型号、规格、质量检查结果及有关测量值记入表10-1中。用万用表检查时间继电器找出瞬动触点和延时触点,将时间继电器的延时时间调整到 30 s。

表 10-1 元件明细表

代号	名称	型号	规格	数量	检测结果
QS	电源开关				
FU1	主电路熔断器				
FU2	控制电路熔断器				
KM	交流接触器				测量线圈电阻值:
KT	时间继电器				瞬动触点: 延时触点:
FR	热继电器				
SA	转换开关				
XT	接线端子排				
M	双速电动机				测量电动机线圈电阻:

2. 安装接线

在配电板上布置元件,并画出元件安装布置图及接线图。绘制安装接线图时,将电气元件的符号画在规定的位置,对照原理图的线号标出各端子的编号。按钮和电动机在安装板外,通过接线端子排与安装底板上的电器连接。

按照接线图规定的位置定位打孔将电气元件固定牢靠。注意 FU1 中间一相熔断器和 KM 中间一极触点的接线端子成一直线,以保证主电路走线美观规整。

按电路图的编号在各元件和连接线两端做好编号标志。按图接线,接线时注意:分清时间继电器的瞬动触点和延时触点,不能接错。

3. 检测与通电试车

检查线路并在测量电路的绝缘电阻后通电试车。先进行空操作试验,再带负荷试车。

4. 故障的检查及排除

在通电试车成功的电路上人为地设置故障,通电运行,在表 10 - 2 中记录故障现象并分析原因排除故障。在设置故障运行时,要做好随时停车的准备。

表 10 - 2　故障的检查及排除

故障设置	故障现象	检查方法及排除
时间继电器瞬动触点接触不良		
将电动机接成双星形连接的接触器 KM3 某相主触点接触不良		
时间继电器延时调整为零		

三、项目评价

本项目的考核评价可参照表 6 - 6。

研讨与练习

【研讨】　在图 10 - 2 中,按下启动按钮 SB1,电机△连接低速运转;如按下 SB2,则电机停止。

分析研究:分析电路原理图可知,KM2 和 KM3 线圈没有得电,那可能出现的故障是在这条支路上。

检查处理:核对接线,线路没有接错。再用仪表检查该支路的各个触头是否接触良好,最后发现 KM1 常闭触头的出线线头已松动,造成了接触不良。

把线头接紧后重新试车,一切正常,故障排除。

【课堂练习】　在图 10 - 3 中,按下 SB2,没有任何动作。分析故障原因。

巩固与提高

一、填空题

1. 双速电动机的定子绕组在低速时是_____联结,高速时是_____联结。

2. 异步电动机的转速公式 $n=$ _____。

二、选择题

3. 异步电动机三种基本调速方法中,不含( )。

    A. 变极调速　　　　B. 变频调速　　　　C. 变转差率调速　　D. 变电流调速

4. 机床的调速方法中,一般使用( )。

    A. 电气无级调速　　B. 机械调速　　　　C. 同时使用以上两种调速

5. 异步电动机的极数越少,则转速越高,输出转矩( )。

    A. 增大　　　　　　B. 不变　　　　　　C. 越小　　　　　　D. 与转速无关

6. ( )不能改变交流异步电动机转速。

    A. 改变定子绕组的磁极对数　　　　　　B. 改变供电电网的电压

    C. 改变供电电网的频率　　　　　　　　D. 改变电动机的转差率

模块三　普通机床电气控制线路的设计与检修

项目 11　CA6140 型卧式车床电气控制线路装调与检修

学习目标

（1）了解 CA6140 型车床的运动形式及控制要求。

（2）掌握机床电气控制线路的分析方法，理解 CA6140 型车床电气控制线路的工作原理。

（3）能够按图样要求进行 CA6140 型车床电气控制线路的安装与调试。

（4）掌握 CA6140 型车床电气控制线路的故障分析与检修方法。

任务描述

正确识读 CA6140 型车床电气控制原理图并理解其工作原理，根据电气原理图及电动机型号选用电器元件及部分电工器材，完成 CA6140 车床电气控制电路的安装、自检及通电试车；在 CA6140 型车床电气控制柜中，排除电气故障，填写维修记录。

知识链接

一、机床电气设备的维修要求及日常维护

机床主要由机械和电气两大部分构成，其中电气部分是指挥每台设备工作机构的控制系统，因此做好电气设备的维修和保养工作，是保证机床工作可靠和提高使用寿命的重要途径。

（一）电气设备的维修要求

电气设备发生故障后，维修人员应能及时、熟练、准备、迅速、安全地查出故障，并加以排除，尽早恢复设备的正常运行。对电气设备维修的一般要求如下：

（1）采取的维修步骤和方法必须正确，切实可行。

（2）不得损坏完好的元器件。

（3）不得随意更换元器件及连接导线的型号规格。

（4）不得擅自改动线路。

(5) 损坏的电气装置应尽量修复使用,但不得降低其固有的性能。

(6) 电气设备的各种保护性能必须满足使用要求。

(7) 电气绝缘合格,通电试车能满足电路的各种功能,控制环节的动作程序符合要求。

(8) 修理后的电气装置必须满足其质量标准要求。电气装置的检修质量标准如下:

① 外观整洁,无破损和碳化现象;

② 所有的触头均应完整、光洁,接触良好;

③ 压力弹簧和反作用力弹簧应具有足够的弹力;

④ 操纵、复位机构都必须灵活可靠;

⑤ 各种衔铁运动灵活,无卡阻现象;

⑥ 灭弧罩完整、清洁,安装牢固;

⑦ 整定数值大小应符合电路使用要求;

⑧ 指示装置能正常发出信号。

(二) 电气设备的日常维护

电气设备的维修包括日常维护保养和故障检修两方面。加强对电气设备的日常检查、维护和保养,及时发现一些非正常因素,并给予及时的修复或更换处理,可以将很多故障消灭在萌芽状态,降低故障造成的损失,延长连续运转周期。电气设备的日常维护保养包括电动机和控制设备的日常维护保养。

1. 电动机的日常维护和保养

电动机故障往往是因为日常维护不当和不注意正确使用而引起的。所以,加强日常维护和正确使用是减少故障出现及保证安全运行的一个重要环节。

电动机在日常维护和使用中必须注意以下几点:

(1) 电动机各部件应装设齐全,无损坏,所有紧固件不得松脱;电动机基础螺栓固定牢靠;通风良好。

(2) 要防止水、油、灰尘和金属屑等进入电动机内;检修时不要把杂物遗留在电动机内。

(3) 根据铭牌,电动机接线应正确牢固。

(4) 电动机在运转中,不应有摩擦声、尖叫声或其他杂声。

(5) 电动机温升不得超过铭牌规定值,否则会加速绝缘老化,缩短使用期限,甚至会烧毁电动机,因此必须加强温度监视。最简单的方法是用手摸机壳,当手指能长时间接触时,一般说明温度没有超过允许值。如感觉非常烫手而不能坚持时,电动机就可能超过允许温升,这时应用钳形电流表测量各相电流,并检查有无其他异状方能确定温度是否超过允许值,比较准确地测量可用温度计及电阻法。

(6) 要保持电动机周围环境整洁,电动机的灰尘和油污应经常打扫和擦拭干净,但不得用汽油、煤油、机油或水等液体擦洗电动机绕组,可用干净的压缩空气(0.3 MPa 左右)吹净。

(7) 电动机绕组的绝缘电阻不得低于规定值。用 500 V 摇表测量各相绕组对机壳和各相间的绝缘电阻时,定子绕组的绝缘电阻不应小于 0.5 MΩ。与运行中定子、转子线圈绝缘电阻和上次相同温度时测得的数值相比较,如降低 50% 以上时也应认为绝缘不合格,应处理后使用或严格控制使用。如果测得的绝缘电阻太低,若是由电动机绕组受潮引起的,则必须进行烘干处理(必要时,绕组应重新浸绝缘漆干燥处理);因相间短路或接壳时,绝缘电阻也为零,则应找出故障所在,予以排除。

　　(8) 电源电压波动不得超出额定值的$-5\%\sim+10\%$范围,三相电压间的差值应小于5%。

　　① 电动机的电磁转矩与定子电路的外加电压的平方成正比,电压过低时电动机的转矩会急剧减小。如果电动机轴上的负载不变,电动机就要超负荷运转。这时为了使电动机产生的电磁转矩与负载转矩相平衡,电动机的电流就要增大,致使电动机的温度升高,甚至烧坏电动机。

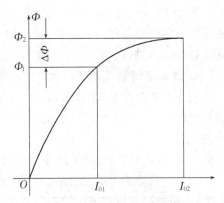

图 11-1　磁通电流特性曲线

　　② 可以近似认为电动机的旋转磁场的磁通与外加电压成正比,电压过高时电动机旋转磁通就会增大。由图 11-1 可以看出,电动机在额定电压下运行时,磁通已处于磁化曲线的近饱和处(设计制造时为了获得较好的经济技术指标)。这时磁通如由Φ_1增加到Φ_2,电动机的磁路就会很饱和,激磁电流 I 将急剧地由I_{01}增加到I_{02},使电动机发热量剧增,不仅会使绝缘损坏,严重时也会烧毁电动机。

　　③ 三相电源不对称时,同样会发生由于某一相电压过高或过低,导致相电流增大,使发热情况恶化,从而损坏绕组。这时如生产急需,可适当减轻其负荷运行,但应注意仔细检查,严格控制电动机电流或温升不超过规定值,如发现电动机仍过热,就应停止工作。往往电压很大(高达15%)还使用,就会造成电动机烧毁。

　　(9) 电动机的保护装置应正确选择和整定好动作值。按时校验热继电器和过流继电器。按规定装接熔丝,并注意不得过紧和过松,否则易熔断,引起单相运行而烧坏电动机。

　　(10) 绕线式电动机电刷压力应适当,与滑环接触良好,电刷磨损情况正常。

　　(11) 轴承不得发热、漏油,最高允许温度滑动轴承为 80 ℃,滚动轴承为 95 ℃,无异声,可用旋具放在轴承位置处,用耳朵紧贴木柄听,必要时打开轴承盖检查。应定期(约 1 年)进行清洗或更换润滑油。

　　2. 控制设备的日常维护和保养

　　控制设备日常维护保养的主要内容有:操纵台上的所有操纵按钮、主令开关的手柄、信号灯及仪表护罩都应保持清洁完好;各类指示信号装置和照明装置应完好;电气柜的门、盖应关闭严密,柜内保持清洁,无积灰和异物;接触器、继电器等电器吸合良好,无噪声、卡住或迟滞现象;试验位置开关能起限位保护作用,各电器的操作机构应灵活可靠;各线路接线端子连接牢靠,无松脱现象;各部件之间的连接导线、电缆或保护导线的软管,不得被切削液、油污等腐蚀;电气柜及导线通道的散热情况应良好;接地装置可靠。

二、机床电气故障的检修步骤与方法

　　机床电气控制系统的故障错综复杂,并非千篇一律,就是同一故障现象,发生的部位也会不同,而且它的故障又往往和机械、液压系统交织在一起,难以区分。因此作为一名维修人员,应善于学习,积极实践,认真总结经验,掌握正确的诊断方法和步骤,做到迅速而准确地排除故障。机床电气线路发生故障后的一般检查方法和步骤如下所述:

1. 学习机床电气系统维修图

机床电气系统维修图包括机床电气原理图、电气箱(柜)内电器布置图、机床电气布线图及机床电器位置图。通过学习机床电气系统维修图，做到掌握机床电气系统原理的构成和特点，熟悉电路的动作要求和顺序、各个控制环节的电气过程，了解各种电气元件的技术性能。对于一些较复杂的机床，还应了解一些液压系统的基本知识，掌握机床的液压原理。

实践证明，学习并掌握一些机床机械和液压系统知识，不但有助于分析机床故障原因，而且有助于迅速、灵活、准确地判断、分析和排除故障。在检查机床电气故障时首先应对照机床电气系统维修图进行分析，再设想或拟订出检查步骤、方法和线路，做到有的放矢、有步骤地逐步深入进行。除此以外，维修人员还应掌握一些机床电气安全知识。

2. 详细了解电气故障产生的经过

机床发生故障后，维修人员首先必须向机床操作者详细了解故障发生前机床的工作情况和故障现象(如响声、冒烟、火花等)，询问故障前有哪些征兆，这些对故障的处理极为有益。

3. 分析故障情况，确定故障的可能范围

知道了故障产生的经过后，对照原理图进行故障情况分析，虽然机床线路看起来似乎很复杂，但是可把它拆成若干控制环节来分析，缩小故障范围，就能迅速地找出故障的确切部位。另外，还应查询机床的维修保养、线路更改等记录，这对分析故障和确定故障部位有帮助。

4. 进行故障部位的外观检查

故障的可能范围确定后，应对有关电气元件进行外观检查，检查方法如下：

(1) **闻**　在某些严重的过电流、过电压情况发生时，由于保护器件的失灵，造成电动机、电气元件长时间过载运行，使电动机绕组或电磁线圈发热严重，绝缘损坏，发出臭味、焦味。所以，闻到焦味就能随之查到故障的部位。

(2) **看**　有些故障发生后，故障元件有明显的外观变化，如各种信号的故障显示，带指示装置的熔断器、空气断路器或热继电器脱扣，接线或焊点松动脱落，触点烧毛或熔焊，线圈烧毁等。看到故障元件的外观情况，就能着手排除故障。

(3) **听**　电气元件正常运行和故障运行时发出的声音有明显差异，听听它们工作时发出的声音有无异常，就能查找到故障元件，如电动机、变压器、接触器等元件。

(4) **摸**　电动机、变压器、电磁线圈、熔体熔断的熔断器等发生故障时，温度会明显升高，用手摸一摸发热情况，也可查找到故障所在，但应注意必须在切断电源后进行。

5. 试验机床的动作顺序和完成情况

当在外观检查中没有发现故障点，或对故障还需进一步了解时，可采用试验方法对电气控制的动作顺序和完成情况进行检查。应先对可能是故障部位的控制环节进行试验，以缩短维修时间。此时可只操作某一按钮或开关，观察线路中各继电器、接触器、行程开关的动作是否符合规定要求，是否能完成整个循环过程。如动作顺序不对或中断，则说明此电器与故障有关，再进一步检查，即可发现故障所在。但是在采用实验方法检查时，必须特别注意设备和人身安全，尽可能断开主回路电源，只在控制回路部分进行，不能随意触动带电部分，以免故障扩大和造成设备损坏。另外，要预先估计部分电路工作后可能发生的不良影响或后果。

6. 用仪表测量查找故障元件

用仪表测量电气元件是否为通路,线路是否有开路情况,电压、电流是否正常、平衡,这也是检查故障的有效措施之一。常用的电工仪表有万用表、绝缘电阻表、钳形电流表、电桥等。

(1) 测量电压对电动机、各种电磁线圈、有关控制电路的并联分支电路两端电压进行测量,如果发现电压与规定的要求不符,则是故障的可能部位。

(2) 测量电阻或通路先将电源切断,用万用表的电阻挡测量线路是否为通路,查明触点的接触情况、元件的电阻值等。

(3) 测量电流:测量电动机三相电流、有关电路中的工作电流。

(4) 测量绝缘电阻测量电动机绕组、电气元件、线路的对地绝缘电阻及相间绝缘电阻。

7. 总结经验、摸清故障规律

每次排除故障后,应将机床故障修复过程记录下来,总结经验,摸清并掌握机床电气线路故障规律。记录的主要内容包括设备名称、型号、编号、设备使用部门及操作者姓名、故障发生日期、故障现象、故障原因、故障元件以及修复情况等。

三、车床的主要结构及运动形式

车床是一种应用极为广泛的金属切削机床,CA6140 型车床是我国自行设计制造的卧式普通车床,主要用来车削外圆、内圆、端面、螺纹和定形表面,并可通过尾架进行钻孔、铰孔和攻螺纹等加工。

(一) 主要结构

CA6140 型普通车床的主要结构如图 11-2 所示,主要由床身、主轴变速箱、挂轮箱、进给箱、溜板箱、溜板、刀架、尾架、光杠和丝杆等组成。

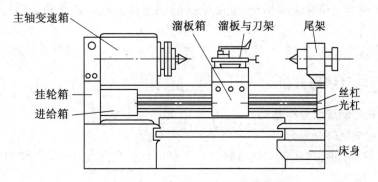

图 11-2　CA6140 型普通车床的主要结构

(二) 运动形式

车床有 3 种运动形式:主运动、进给运动以及辅助运动。

1. 主运动

车床的主运动为工件的旋转运动,是由主轴通过卡盘或尾架上的顶尖带动工件旋转。电动机的动力通过主轴箱传给主轴,主轴一般只要做单方向的旋转运动,只有在车螺纹时才需要用反转来退刀。CA6140 用操纵手柄通过摩擦离合器来改变主轴的旋转方向。车削加工要求主轴能在很大的范围内调速,普通车床调速范围一般大于 70。主轴的变速是靠主轴变速箱的齿轮等机械有级调速来实现的,变换主轴箱外的手柄位置,可以改变主轴的转速。

2. 进给运动

车床的进给运动是指刀架的纵向或横向直线运动,所谓纵向运动是指相对于操作者的左右运动,横向运动是指相对于操作者的前后运动。车螺纹时要求主轴的旋转速度和进给的移动距离之间保持一定的比例,所以主运动和进给运动要由同一台电动机拖动,主轴箱和车床的溜板箱之间通过齿轮传动来连接,刀架再由溜板箱带动,沿着床身导轨作直线走刀运动。

3. 辅助运动

车床的辅助运动包括刀架的快速移动、尾架的移动以及工件的夹紧与放松等。为了提高工作效率,车床刀架的快速移动由一台单独的电动机拖动。

四、电力拖动特点及控制要求

(1)主轴电动机一般采用三相笼形异步电动机。为确保主轴旋转与进给运动之间的严格比例关系,由一台电动机来拖动主运动与进给运动。为满足调速要求,通常采用机械变速。

(2)为车削螺纹,要求主轴能够正、反转。对于小型车床,主轴正、反转由主轴电动机正、反转来实现;当主轴电动机容量较大时,主轴正、反转由摩擦离合器来实现,电动机只做单向旋转。

(3)主拖动电动机一般采用直接启动,自然停车,通过按钮操作。

(4)车削加工时,为防止刀具与工件温度过高而变形,有时需要冷却,因而应该配有冷却泵电动机。冷却泵电动机只做单向旋转,且与主轴电动机有联锁关系,即在主轴电动机启动之后启动,同时停车。

(5)为实现溜板箱的快速移动,应由单独的快速移动电动机来拖动,且采用点动控制方式。

(6)电路具有过载、短路、欠压和失压保护,并有安全的局部照明和指示电路。

五、车床电气线路分析

(一) 电气控制线路分析基础

1. 电气控制线路分析的内容

电气控制线路是电气控制系统各种技术资料的核心文件。分析的具体内容和要求主要包括以下几个方面:

(1)设备说明书

设备说明书由机械(包括液压部分)与电气两部分组成。在分析时首先要阅读这两部分说明书,了解以下内容:

① 设备的构造,主要技术指标,机械、液压和气动部分的工作原理。

② 电气传动方式,电动机和执行电器的数目、型号规格、安装位置、用途及控制要求。

③ 设备的使用方法,各操作手柄、开关、旋钮和指示装置的布置及作用。

④ 同机械和液压部分直接关联的电器(行程开关、电磁阀、电磁离合器和压力继电器等)的位置、工作状态以及作用。

（2）电气控制原理图

这是控制线路分析的中心内容。原理图主要由主电路、控制电路和辅助电路等部分组成。在分析电气原理图时，必须与阅读其他技术资料结合起来。例如，各种电动机和电磁阀等的控制方式、位置及作用，各种与机械有关的位置开关和主令电器的状态等，只有通过阅读说明书才能了解。

（3）电气设备总装接线图

阅读分析总装接线图，可以了解系统的组成分布状况，各部分的连接方式，主要电气部件的布置和安装要求，导线和穿线管的型号规格。这是安装设备不可缺少的资料。

（4）电气元件布置图与接线图

这是制造、安装、调试和维护电气设备必须具备的技术资料。在调试和检修中可通过布置图和接线图方便地找到各种电器元件和测试点，进行必要的调试、检测和维修保养。

2. 电气原理图阅读分析的方法与步骤

在仔细阅读了设备说明书，了解电气控制系统的总体结构、电动机和电器元件的分布状况及控制要求等内容之后，便可以阅读分析电气原理图了。

（1）分析主电路

从主电路入手，根据每台电动机和电磁阀等执行电器的控制要求去分析它们的控制内容，控制内容包括启动、方向控制、调速和制动等。

（2）分析控制电路

根据主电路中各电动机和电磁阀等执行电器的控制要求，逐一找出控制电路中的控制环节，利用前面学过的基本环节的知识，按功能不同划分成若干个局部控制线路来进行分析。分析控制电路的最基本方法是查线读图法。

（3）分析辅助电路

辅助电路包括电源显示、工作状态显示、照明和故障报警等部分，它们大多由控制电路中的元件来控制的，所以在分析时，还要回过头来对照控制电路进行分析。

（4）分析联锁与保护环节

机床对于安全性和可靠性有很高的要求，实现这些要求，除了合理地选择拖动和控制方案以外，在控制线路中还设置了一系列电气保护和必要的电气联锁。

（5）总体检查

经过"化整为零"，逐步分析了每一个局部电路的工作原理以及各部分之间的控制关系之后，还必须用"集零为整"的方法，检查整个控制线路，看是否有遗漏。特别要从整体角度去进一步检查和理解各控制环节之间的联系，理解电路中每个元件所起的作用。

（二）主电路分析

图 11-3 是 CA6140 型普通车床的电气原理图。

在主电路中，M1 为主轴电动机，拖动主轴的旋转并通过传动机构实现车刀的进给。主轴由主轴变速箱实现机械变速，主轴正、反转由机械换向机构实现。因此，主轴与进给电动机 M1 是由接触器 KM1 控制的单向旋转直接启动的三相笼形异步电动机，由低压断路器 QS 实现短路和过载保护。M1 安装于机床床身左侧。

M2 为冷却泵电动机，由接触器 KM2 控制实现单向旋转直接启动，用于拖动冷却泵，在车削加工时供出冷却液，对工件与刀具进行冷却，M2 安装于机床右侧。

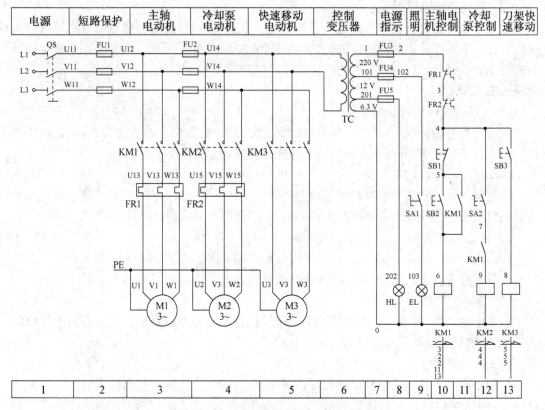

电源	短路保护	主轴 电动机	冷却泵 电动机	快速移动 电动机	控制 变压器	电源 指示	照 明	主轴电 机控制	冷却 泵控制	刀架快 速移动
1	2	3	4	5	6	7	8	9	10	11	12	13

图 11-3　CA6140 型普通车床电气原理图

M3 为刀架快速移动电动机,由接触器 KM3 控制实现单向旋转点动运行,M3 安装于溜板箱内。M2、M3 的容量都很小,加装熔断器 FU2 作短路保护。

热继电器 FR1 和 FR2 分别作 M1 和 M2 的过载保护,快速移动电动机 M3 是短时工作的,所以不需要过载保护。带钥匙的低压断路器 QS 是电源总开关。

（三）控制电路分析

合上 QS,将电源引入控制变压器 TC 原边,TC 副边输出交流 220 V 控制电源,并由熔断器 FU5 作短路保护。

1. **主轴电动机 M1 的控制**

SB1 是带自锁的红色蘑菇形的停止按钮,SB2 是绿色的启动按钮。按一下启动按钮 SB1,KM1 线圈通电吸合并自锁,KM1 的主触点闭合,主轴电动机 M1 启动运转。按一下 SB2,接触器 KM1 断电释放,其主触点和自锁触点都断开,电动机 M1 断电停止运行。

2. **冷却泵电动机 M2 的控制**

当主轴电动机启动后,KM1 的常开触点(7-9)闭合,这时若旋转转换开关 SA2 使其闭合,则 KM2 线圈通电,其主触点闭合,冷却泵电动机 M2 启动,提供冷却液。当主轴电动机 M1 停车时,KM1 的触点(7-9)断开,冷却泵电动机 M2 随即停止。M1 和 M2 之间存在顺序联锁关系。

3. **快速移动电动机 M3 的控制**

快速移动电动机 M3 是由接触器 KM3 进行的点动控制。按下按钮 SB3,接触器 KM3

线圈通电,其主触点闭合,电动机 M3 启动,拖动刀架快速移动;松开 SB3,M3 停止。快速移动的方向通过装在溜板箱上的十字手柄扳到所需要的方向来控制。

(四) 照明、信号电路分析

照明电路采用 12 V 安全交流电压,信号回路采用 6.3 V 的交流电压,均由控制变压器二次侧提供。FU4 是照明电路的短路保护,照明灯 EL 的一端必须保护接地。FU5 为指示灯的短路保护,合上电源开关 QS,指示灯 HL 亮,表明控制电路有电。

(五) 电气元器件明细

表 11-1 列出了 CA6140 型车床电气元器件明细。

表 11-1　CA6140 型车床电气元器件明细

代号	名称	型号及规格	数量	用途
M1	主轴电动机	Y132M-4-B3,7.5 kW,1 450 r/min	1	主传动
M2	冷却泵电动机	AOB-25,90 W,3 000 r/min	1	输送冷却液
M3	溜板快速移动	AOB-5643,250 W,1 360 r/min	1	溜板快速移动
FR1	热继电器	JR2016-20/3D,15.4 A	1	M1 过载保护
FR2	热继电器	JR20-20/3D,0.32 A	1	M2 过载保护
KM1	交流接触器	CJ20-20,线圈电压 220 V	1	控制 M1
KM2	交流接触器	CJ20-10,线圈电压 220 V	1	控制 M2
KM3	交流接触器	CJ20-10,线圈电压 220 V	1	控制 M3
SB1	按钮	LAY3-01ZS/1	1	停止 M1
SB2	按钮	LAY3-10/3.11	1	启动 M1
SB3	按钮	LA9	1	启动 M3
SA1	转换开关	HZ10-10	1	控制照明灯
SA2	转换开关	HZ10-10	1	控制 M2
HL	信号灯	ZSD-0,6 V	1	电源指示
QF	断路器	AM2-40,20 A	1	电源开关
TC	控制变压器	BK-100,380 V/220 V,12 V,6.3 V	1	控制、照明
EL	机床照明灯	JC11	1	工作照明
FU1	熔断器	RL1-60,熔体 35 A	3	总电路短路保护
FU2	熔断器	RL1-15,熔体 5 A	3	M2、M3 主电路
FU3	熔断器	RL1-15,熔体 2 A	1	220 V 控制电源
FU4	熔断器	RL1-15,熔体 2 A	1	照明灯电路
FU5	熔断器	RL1-15,熔体 2 A	1	信号灯电路

六、车床常见电气故障的分析与排除

车床常见电气故障的分析与排除见表 11-2。

表 11 - 2　车床常见电气故障的分析与排除

序号	故障现象	故障原因	修复故障措施
1	主轴电动机不能启动	主要原因可能是： (1) FU1 或控制电路中 FU3 的熔丝熔断 (2) 断路器 QF 接触不良或连线断路 (3) 热继电器已动作过，其常闭触点尚未复位 (4) 启动按钮 SB2 或停止按钮 SB1 内的触点接触不良 (5) 接触器 KM1 的线圈烧毁或触点接触不良 (6) 电动机损坏	(1) 更换相同规格和型号的熔丝 (2) 修复断路器或连接导线 (3) 将热继电器复位 (4) 修复或更换同规格的按钮 (5) 修复或更换同规格的接触器 (6) 修复或更换电动机
2	按下启动按钮，主轴电动机发出嗡嗡声，不能启动	这是电动机缺相运行造成的，可能的原因有： (1) 熔断器 FU1 有一相熔丝烧断 (2) 接触器 KM1 有一对主触点没有接触好 (3) 电动机接线有一处断线	(1) 更换相同规格和型号的熔丝 (2) 修复接触器的主触点 (3) 重新接好线
3	主轴电动机启动后不能自锁	接触器 KM1 自锁用的辅助常开触头接触不好或接线松开	修复或更换 KM1 的自锁触点，拧紧松脱的线头
4	按下停止按钮，主轴电动机不会停止	(1) 停止按钮 SB1 常闭触点被卡住或线路中 4、5 两点连接导线短路 (2) 接触器 KM1 铁芯表面粘牢污垢 (3) 接触器主触点熔焊、主触点被杂物卡住	(1) 更换按钮 SB1 和导线 (2) 清理交流接触器铁芯表面污垢 (3) 更换 KM1 主触点
5	主轴电动机在运行中突然停转	一般是热继电器 FR1 动作，引起热继电器 FR1 动作的原因可能是： (1) 三相电源电压不平衡或电源电压较长时间过低 (2) 负载过重 (3) 电动机 M1 的连接导线接触不良	(1) 用万用表检查三相电源电压是否平衡 (2) 减轻所带的负载 (3) 拧紧松开的导线 　发生这种故障后，一定要找出热继电器 FR1 动作的原因，排除后才能使其复位
6	照明灯不亮	(1) 照明灯泡已坏 (2) 照明开关 SA1 损坏 (3) 熔断器 FU4 的熔丝烧断 (4) 变压器原绕组或副绕组已烧毁	(1) 更换同规格和型号的灯泡 (2) 更换同规格的开关 (3) 更换相同规格和型号的熔丝 (4) 修复或更换变压器

任务实施

工作任务：CA6140 型卧式车床电气控制线路的故障检修

一、任务描述

在 CA6140 型普通与床电气技能实训考核装置（半实物）上模拟练习车床的操作过程，并进行电气故障维修，编写检修报告。

二、训练内容

1. 车床电路电器元件的识别与功能分析

（1）识读车床电气控制线路故障图

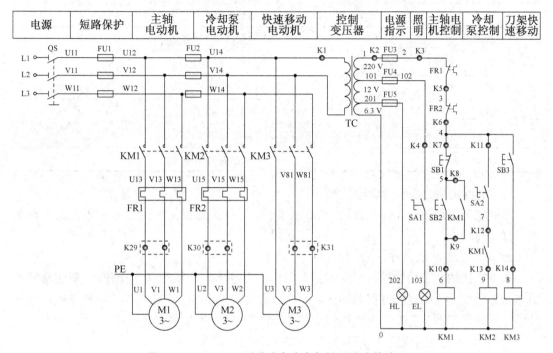

图 11 - 4　CA6140 型卧式车床电气控制线路故障图

车床电气控制线路故障说明：

本车床电气控制线路共设断路故障 17 处，其中控制电路（含电源、辅助电路）故障 14 个，分别是 K1 - K14；主电路故障 3 个，分别是 K29、K30 和 K31。各故障点均由故障开关控制，"0"位为断开，"1"位为合上。

表 11 - 3　故障设置一览表

故障开关	故障现象
K1	机床（所有电机）无法启动
K2	机床（所有电机）无法启动
K3	机床（所有电机）无法启动
K4	照明灯不亮
K5	机床（所有电机）无法启动
K6	机床（所有电机）无法启动
K7	主轴、冷却泵电机不能启动
K8	主轴电机无法连续工作
K9	主轴电机无法连续工作

续表

故障开关	故障现象
K10	主轴、冷却泵电机不能启动
K11	冷却泵电机不能启动
K12	冷却泵电机不能启动
K13	冷却泵电机不能启动
K14	刀架不能快速移动
K29	主轴不工作
K30	冷却泵不工作
K31	刀架不能快速移动

（2）电器元件的识别与功能分析

参照电气原理图和元件位置图，熟悉车床电器元件的分布位置和走线情况，熟悉车床电器元件及其功能。

2. 车床基本功能操作

根据车床的加工功能进行车床的基本操作。通过车床功能的基本操作，了解正常状态下车床各电气元件的动作过程和动作顺序，发现故障（非正常）状态下的异常现象或电气元件的非正常状态。参看车床电气控制线路故障图，按照下列步骤进行操作。

① 根据电气控制线路故障图，把断路故障开关置"1"位。

② 合上装置左侧的总电源开关，按下主控电源板上的"启动"按钮，合上 QS，电源指示灯亮。

③ 照明灯控制。合上开关 SA1，照明灯 EL 亮；断开开关 SA1，照明灯 EL 灭。

④ 主轴电动机控制。按下起动按钮 SB2，接触器 KM1 线圈得电，其主触头闭合，主轴电动机 M1 起动运行。按下 SB1，主轴电动机 M1 停车。

⑤ 冷却泵电动机控制。先起动主轴电动机 M1，然后合上开关 SA2，M2 起动运行，断开 SA2，M2 停止。按 SB1，M1 停止的同时，冷却泵电动机 M2 停止运行。

⑥ 刀架快速电动机控制。按下按钮 SB3，刀架快速电动机 M3 起动，松开按钮 SB3，M3 立即停止。

3. 故障分析与排除

在模拟车床上人为设置故障点（每次 1～2 个故障点）。故障设置时应注意以下几点：

① 人为设置的故障必须是模拟车床在使用中，由于受外界因素影响而造成的自然故障。

② 切忌设置更改线路或更换电气元件等由于人为原因而造成的非自然故障。

③ 对于设置一个以上故障点的线路，故障现象尽可能不要相互掩盖。如果故障相互掩盖，按要求应有明显检查顺序。

④ 设置的故障必须与学生应该具有的修复能力相适应。随着学生检修水平的逐步提高，再相应提高故障的难度等级。

⑤ 应尽量设置不容易造成人身或设备事故的故障点，如有必要时，教师必须在现场密切注意学生的检修动态，随时做好采取应急措施的准备。

按下述步骤进行检修，直至故障排除。

① 用通电试验法观察故障现象。

② 根据故障现象,依据电路图用逻辑分析法确定故障范围。

③ 采取正确的检查方法查找故障点,并排除故障。

④ 检修完毕进行通电试验,并做好维修记录。

4. 撰写检修报告

在训练过程中,完成车床电气控制线路检修报告,检修报告见表 11 - 4。

表 11 - 4　车床控制线路检修报告

机床名称/ 型号	
故障现象	
故障分析	(针对故障现象,在电气控制线路图分析出可能构故障范围或故障点)
故障检修计划	(针对故障现象,简单描述故障检修方法及步骤)
故障排除	(写出具体故障排除步骤及实际故障点编号,并写出故障排除后的试车效果)

三、项目评价

本项目的考核评价如表 11 - 5 所示。

表 11 - 5　故障检修评分标准

序号	项目内容	考核要求	评分细则	配分	扣分	得分
1	调查研究	对机床故障现象进行调查研究	① 排除故障前不进行调查研究,扣 5 分 ② 调查研究不充分,扣 2 分	10		
2	故障分析	在电气控制线路图上分析故障可能的原因,思路正确	① 标错故障范围,每个故障点扣 5 分 ② 不能标出最小故障范围,每个故障点扣 3 分 ③ 实际排除故障中的思路不清楚,每个故障点扣 2 分	15		
3	故障检修计划	编写简明故障检修计划,思路正确	① 遗漏重要检修步骤,扣 3 分 ② 检修步骤顺序颠倒,逻辑不清,扣 2 分	10		
4	故障查找与排除	正确使用工具和仪表,找出故障点并排除故障	① 造成短路或熔断器熔断,每次扣 5 分 ② 损坏万用表,扣 5 分 ③ 排除故障的方法选择不当,每次扣 5 分 ④ 排除故障时,产生新的故障后不能自行修复,每个扣 10 分 ⑤ 每少查出一个故障点扣 20 分 ⑥ 每找错一个故障点扣 5 分	40		

续表

序号	项目内容	考核要求	评分细则	配分	扣分	得分
5	技术文件	维修报告表述清晰，语言简明扼要	检修报告记录机床名称/型号、故障现象、故障分析、故障检修计划、故障排除五部分，每部分 3 分，记录错误或记录不完整的按比例扣分	15		
6	6S规范	整理、整顿、清扫、安全、清洁、素养	① 没有穿戴防护用品，扣 4 分 ② 检修前，未清点工具、仪器、耗材，扣 2 分 ③ 未经试电笔测试前，用手触摸电器线端，扣 5 分 ④ 乱摆放工具、乱丢杂物，完成任务后不清理工位，扣 2~5 分 ⑤ 违规操作，扣 5~10 分	10		
定额时间 45 min		每超时 5 min 及以内，扣 5 分		成绩		
备注		除定额时间外，各项目扣分不得超过该项配分				

研讨与练习

【研讨 1】　故障检修：在图 11-3 中，按下启动按钮 SB2，KM1 吸合但主轴不转。

对于接触器吸合而电动机不运转的故障，属于主回路故障。主回路故障应立即切断电源，按图 11-5 所示故障检修流程逐一排查，不可通电测量，以免电动机因缺相而烧毁。

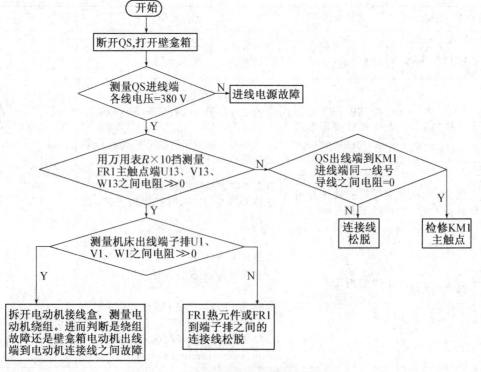

图 11-5　CA6140 型车床故障检修流程(一)

提示:主回路故障时,为避免因缺相在检修试车过程中造成电动机损坏的事故,继电器主触点以下部分最好采用电阻检测方法。

【研讨 2】 故障检修:在图 11 - 3 中,按下启动按钮 SB2,主轴电动机 M1 不能启动,KM1 不能吸合。

故障检修流程如图 11 - 6 所示。

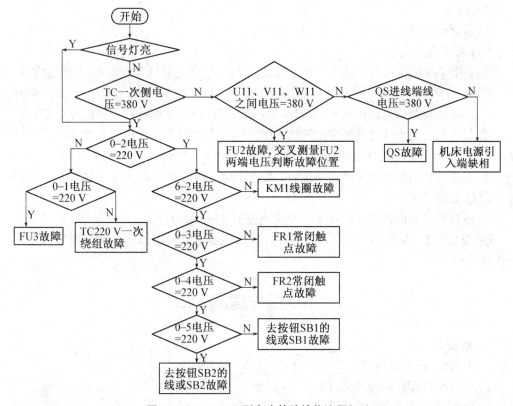

图 11 - 6 CA6140 型车床故障检修流程(二)

在进行故障检测时,对于同一个线号至少有两个相关接线连接点,应根据电路逐一测量,判断是属于连接点处故障还是同一线号两边接点之间的导线故障。

以上的检测流程是按电压法逐一展开进行的,实际检测中应根据充分试车情况尽量缩小故障区域。例如,对于上述故障现象,按 SB3,若溜板快速移动正常,故障将限于 0 - 6 - 5 - 4 号线之间的区域。在实际测量中还应注意元器件的实际安装位置,为缩短故障的检测时间,应将处于同一区域元件上有可能出现故障的点优先测量。例如,KM1 不能吸合,在壁龛箱内测量 0 - 5 号接线端电压是否正常,没有电压才能断定故障在于到按钮 SB1 去的线或 SB1 本身,此时才能拆按钮盒检查。

提示:故障检测时应根据电路的特点,通过相关和允许的试车,尽量缩小故障范围。控制电路的故障检测尽量采用电压法,当故障检测到后应断开电源再排除。

【研讨 3】 CA6140 车床在运行中自动停车的故障检修。

首先根据故障现象在电气原理图上标出可能的最小故障范围,然后按下面的步骤进行检查,直至找出故障点。

检修步骤如下：

① 检查 FR1 热继电器是否动作，观察红色复位按钮是否弹出。

② 过几分钟待热继电器的温度降低后，按红色按钮使热继电器复位。

③ 启动机床。

④ 根据 FR1 动作情况将钳形电流表卡在 M1 电动机的三相电源的输入线上，测量其定子平衡电流。

⑤ 根据电流的大小采取相应的解决措施。

技术要求及注意事项：

① 如电动机的电流等于或大于额定电流的120％，则电动机为过载运行，此时应减小负载。

② 如减小负载后电流仍很大，超过额定电流，应检修电动机或检查机械传动部分。

③ 如电动机的电流接近额定电流值 FR1 动作，这是因为电动机运行时间过长、环境温度过高、机床振动造成热继电器的误动作。

④ 若电动机的电流小于额定电流，可能是热继电器的整定值偏移或过小，此时应重新校验、调整热继电器。

⑤ 钳形电流表的挡位应选用大于额定电流值 2～3 倍的挡位。

【课堂练习】　在图 11 - 3 中，按下停止按钮，主轴电动机不停止。试分析故障原因，写出检修过程。

巩固与提高

一、填空题

1. 电气设备的维修包括＿＿＿＿和＿＿＿＿两方面。

2. 电气设备存在两种故障，即＿＿＿＿和＿＿＿＿。

3. 电气设备的日常维护保养包括＿＿＿＿和＿＿＿＿。

二、选择题

4. CA6140 型车床调速是（　　　）。

　　A. 电气无级调速　　　　B. 齿轮箱进行机械有级调速　　　C. 电气与机械配合调速

5. CA6140 型车床主轴电动机是（　　　）。

　　A. 三相笼形异步电动机

　　B. 三相绕线转子异步电动机

　　C. 直流电动机

三、判断题（对的打"√"，错的打"×"）

6. 如果加强对电气设备的日常维护和保养，就可以杜绝电气故障的发生。　　　　（　　）

7. 只要操作人员不违章操作，就不会发生电气故障。　　　　　　　　　　　　（　　）

8. 电动机的接地装置应经常检查，使之保持牢固可靠。　　　　　　　　　　　（　　）

9. 使用电阻分阶测量法或电阻分段测量法检查故障，必须保证在切断电源的情况下进行。　　　　　　　　　　　　　　　　　　　　　　　　　　　　　　　　　　（　　）

10. CA6140 型车床主轴的正反转是由主轴电动机 M1 的正反转来实现的。　　　（　　）

11. 操作 CA6140 车床时，按下 SB2，发现接触器 KM1 得电动作，但主轴电动机 M1 不能启动，则故障原因可能是热继电器 FR1 动作后未复位。　　　　　　　　（　　）

12. CA6140 车床的主轴电动机 M1 因过载而停转，热继电器 FR1 的常闭触头是否复位，对冷却泵电动机 M2 和刀架快速移动电动机 M3 的运转无任何影响。　　（　　）

四、简答题

13. CA6140 车床在车削过程中，若有一个控制主轴电动机的接触器主触头接触不良，会出现什么现象？如何解决？

项目 12　M7120 型平面磨床电气控制线路检修

学习目标

(1) 了解 M7120 型平面磨床的运动形式及控制要求。

(2) 掌握 M7120 型平面磨床电气控制线路的工作原理。

(3) 能够按图样要求进行 M7120 型平面磨床电气控制线路的安装与调试。

(4) 掌握 M7120 型平面磨床电气控制线路的故障分析与检修方法。

任务描述

正确识读 M7120 型平面磨床电气控制原理图并理解其工作原理,根据电气原理图及电动机型号选用电器元件及部分电工器材,完成 M7120 型平面磨床电气控制电路的安装、自检及通电试车;在 M7120 型平面磨床电气控制柜中,排除电气故障,填写维修记录。

知识链接

一、磨床的主要结构及运动形式

磨床是用砂轮的周边或端面对工件进行磨削加工的精加工机床。磨床种类很多,有平面磨床、外圆磨床、内圆磨床、无心磨床及一些专用磨床,如螺纹磨床、球面磨床、齿轮磨床等。

平面磨床是用砂轮来磨削工件的平面,它的磨削精度和粗糙度都比较高,是应用较普遍的一种机床。型号中的 M 表示磨床,7 表示平面磨床,1 表示卧轴矩台——砂轮主轴与地面平行、矩形的工作台,20 表示工作台工作面宽 200 mm。

(一) 主要结构

如图 12-1 所示,M7120 型平面磨床主要由床身、工作台、电磁吸盘、砂轮箱、滑座和立柱等部分组成。

在箱形床身 1 中装有液压传动装置,工作台 2 通过活塞杆 10 由油压推动做往复运动,床身导轨由自动润滑装置进行润滑。工作台表面有 T 形槽,用以固定电磁吸盘,再由电磁吸盘来吸持加工工件。工作台的行程长度可通过调节装在工作台正面槽中的撞块 8 的位置来改变。换向撞块 8 是通过碰撞工作台往复运动换向手柄以改变油路来实现工作台往复运动的。

在床身上固定有立柱 7,沿立柱 7 的导轨上装有滑座 6,砂轮箱 4 能沿其水平导轨移动。砂轮轴由装入式电动机直接拖动。在滑座内部往往也装有液压传动机构。

滑座可在立柱导轨上做上下移动,并可由垂直进刀手轮 11 操作。砂轮箱的水平轴向移动可由横向移动手轮 5 操作,也可由液压传动做连续或间接移动,前者用于调节运动或修整砂轮,后者用于进给。

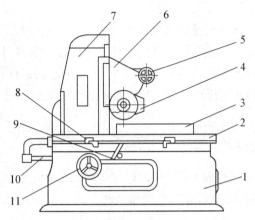

1—床身;2—工作台;3—电磁吸盘;4—砂轮箱;5—砂轮箱横向移动手轮;6—滑座;7—立柱;
8—工作台换向撞块;9—工作台往返运动换向手柄;10—活塞杆;11—砂轮箱垂直进刀手轮。

图 12 - 1　M7120 平面磨床外形图

(二) 运动形式

工作台上固定着电磁吸盘用来吸持工件,工作台可在床身导轨上做往返(纵向)运动。砂轮可在床身上的横向导轨上做横向进给;砂轮箱可在立柱导轨上做垂直运动。

1. 主运动

主运动即砂轮的旋转运动。

2. 进给运动

纵向进给——工作台左右往返运动。

横向进给——砂轮在床身导轨上的前后运动。

垂直进给——砂轮箱在立柱导轨上的上下运动。

工作台每完成一次纵向进给,砂轮自动做一次横向进给。当加工完整个平面后,砂轮由手动做垂直进给。

二、电力拖动特点及控制要求

(一) 电力拖动

M7120 型平面磨床采用 4 台电动机拖动。液压泵电动机 M1 带动液压泵,产生的液压使工作台往返运动和砂轮横向进给。液压传动平稳,能无级调速,换向惯性小。工作台往返换向是通过撞块碰动床身上的液压换向开关,改变液压传送途径实现的(换向开关位于中间位置时,液压不起作用)。换向开关亦可手动。砂轮电动机 M2 带着砂轮旋转,对工件进行磨削。冷却泵电动机 M3 带动冷却泵供给砂轮和工件冷却液,同时带走磨削下来的磨屑。砂轮箱升降电动机 M4 带动砂轮箱升降,用以调整砂轮与工件的相对位置。

(二) 控制要求

(1) 液压泵电动机 M1、砂轮电动机 M2、冷却泵电动机 M3 只需单向旋转,因容量不大,采用全压启动。

（2）砂轮升降电动机 M4 要求能正、反转，也采用全压启动。

（3）砂轮旋转、砂轮箱升降和冷却泵的转速一般都不需要调节，所以对相应电动机没有电气调速的要求。

（4）M3 和 M2 应同时启动，保证砂轮磨削时能及时供给冷却液。

（5）平面磨床往往采用电磁吸盘来吸持工件。电磁吸盘要有退磁电路，同时，为防止在磨削加工时因电磁吸盘吸力不足而造成工件飞出，还要求有弱磁保护环节。

（6）具有各种常规的电气保护环节（如短路保护和电动机的过载保护）；具有安全的局部照明装置。

三、磨床电气线路分析

M7120 型平面磨床电气控制电路如图 12-2 所示，其电气设备主要安装在床身后面的壁龛盒内，控制按钮安装在床身前部的电气操纵盒上。

（一）主电路分析

在主电路中，M1 是液压泵电动机，由接触器 KM1 主触头控制，实现单向旋转。M2 是砂轮电动机、M3 是冷却泵电动机，它们都由接触器 KM2 主触头控制，实现单向旋转，而且冷却泵电动机 M3 只有在砂轮电动机 M2 启动后才能运转。M4 是砂轮升降电动机，由接触器 KM3、KM4 主触头控制正、反向旋转。

4 台电动机共用一组熔断器 FU1 作短路保护。M1、M2、M3 这 3 台电动机是长期工作的，故设有 FR1、FR2、FR3 热继电器分别对其进行长期过载保护。

（二）电磁吸盘电路分析

电磁吸盘又称电磁工作台，是用来吸牢加工工件的，具有夹紧速度快、操作方便、不伤工件、磨削中工件发热可自由伸缩不会变形等优点，但只能吸住铁磁性材料的工件。

1. 电磁吸盘结构与工作原理

电磁吸盘有长方形和圆形两种。M7120 型平面磨床采用长方形电磁吸盘，图 12-3 为电磁吸盘结构与原理示意图。整个电磁吸盘是钢制的箱体，在它中部凸起的心体上绕有电磁线圈，电磁吸盘的线圈通以直流电，使心体被磁化，磁力线经钢制吸盘体、钢制盖板、工件、钢制盖板、钢制吸盘体闭合，将工件牢牢吸住。电磁吸盘的线圈不能用交流电，因为通过交流电会使工件产生振动并且使铁芯发热。钢制盖板由非导磁材料构成的隔磁层分成许多条，其作用是使磁力线通过工件再回到吸盘体，而不致通过盖板直接闭合。

2. 电磁吸盘电路分析

电磁吸盘电路由整流电路、控制电路和保护电路三部分组成。

（1）整流电路。电磁吸盘整流电路由变压器 TC 与桥式全波整流装置 VC 组成，输出 110 V 直流电压对电磁吸盘线圈供电。

（2）控制电路。电磁吸盘控制电路由正向充磁按钮 SB8、反向去磁按钮 SB10、断电按钮 SB9 与正向充磁接触器 KM5、反向去磁接触器 KM6 组成。

当要使电磁吸盘充磁时，可按下 SB8，KM5 线圈通电并自锁，KM5 常开主触头闭合，接通电磁吸盘直流电源，对 YH 正向通电充磁；同时 KM5 常闭触头断开，对 KM6 线圈互锁。

当工件加工完成需取下时，可按断电按钮 SB9，KM5 线圈断电释放，常开主触头复位，

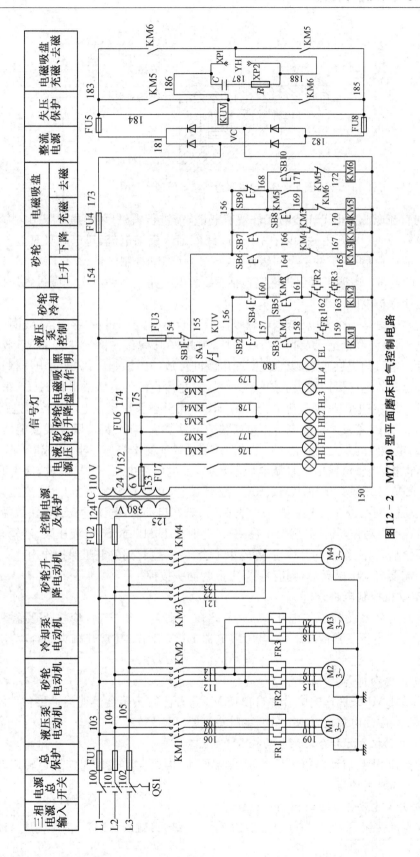

图 12 - 2　M7120 型平面磨床电气控制电路

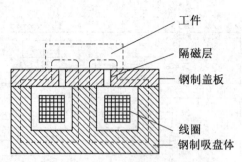

图 12-3 电磁吸盘结构与原理示意图

断开 YH 的直流电源。但工作台与工件留有剩磁,需进行去磁,可再按下 SB10 按钮,KM6 线圈通电吸合,KM6 常开主触头闭合,使 YH 线圈通入反向电流,对电磁吸盘上工件去磁。去磁时间不能太长,否则工件会反向磁化,故 SB10 为点动控制。

(3) 保护电路。电磁吸盘保护电路包括 RC 放电电路构成的吸盘线圈过电压保护与电磁吸盘欠电压保护电路。

由于电磁吸盘是一个大电感,当电磁吸盘线圈断电时,由于电磁感应,在线圈两端产生很高的过电压,将使线圈绝缘及其他电器损坏,为此,在吸盘线圈两端并联了 RC 放电电路,为电磁吸盘断电瞬间提供通路,吸收线圈断电瞬间释放的磁场能量,实现过电压保护。

电磁吸盘的欠电压保护即吸盘的吸力保护,它是由直流欠电压继电器 KUV 来实现的,KUV 的线圈并接在电磁吸盘直流电源两端,KUV 常开触头串接在电动机控制电路中。

在磨削加工中,若发生电源电压不足或整流电路发生故障,将使吸盘线圈电压不足,励磁电流减小,电磁吸力不足,将导致工件被高速旋转砂轮碰击高速飞出,造成事故。为此,设置了欠电压保护,当整流输出的直流电压不足时,欠电压继电器 KUV 释放,使串联在控制电路中的 KUV 常开触头断开,KM1、KM2 线圈断电,其常开主触头断开,使液压泵电动机 M1、砂轮电动机 M2、冷却泵电动机 M3 都停转。若在启动时,电压过低或电路故障,欠电压继电器 KUV 不会动作,其常开触头不会闭合,此时按下 SB3 或 SB5,液压泵、砂轮与冷却泵电动机也不会启动,工作台不会移动,砂轮也不会转动,也起到欠电压保护作用。

如果不需要启动电磁吸盘,则应将 XP1 上的插头拔掉。

(三) 电动机控制电路分析

由于控制电路中设置了欠电压保护,因此在启动电动机之前,应按下吸盘充磁按钮 SB8,在吸盘工作电压正常情况下,欠电压继电器 KUV 动作,其常开触头闭合,为电动机启动做好准备。

1. 液压泵电动机 M1 的控制

按下 SB3,KM1 线圈通电吸合并自锁,KM1 常开主触头闭合,M1 启动旋转。停止时按下 SB2,KM1 线圈断电释放,KM1 常开主触头复原,M1 停转。

2. 砂轮电动机 M2 和冷却泵电动机 M3 的控制

由停止按钮 SB4、启动按钮 SB5 与接触器 KM2 构成电动机单向连续运转启、停电路,使 M2 与 M3 同时启动与停止。

3. 砂轮升降电动机 M4 的控制

由上升点动按钮 SB6、下降点动按钮 SB7 与正反转接触器 KM3、KM4 构成 M4 电动机点动正、反转电路,实现砂轮箱的上升、下降。

(四) 照明电路分析

变压器 TC 将 380 V 的交流电压降为 24 V 的安全电压供给照明电路。EL 为照明灯,一端接地,另一端由开关 SA1 控制,FU6 为照明电路的短路保护。

表 12 - 1　M7120 型平面磨床电气元器件明细

符号	名称	型号	规格	数量	用途
M1	液压泵电动机	J02 - 21 - 4	1.1 kW,1 410 r/min	1	带动液压泵
M2	砂轮电动机	J02 - 31 - 2	3 kW,2 860 r/min	1	砂轮旋转
M3	冷却泵电动机	PB - 25 A	0.12 kW	1	带动冷却泵
M4	砂轮升降电动机	J03 - 801 - 4	0.75 kW,1 410 r/min	1	砂轮箱升降
KM1	交流接触器	CJ0 - 10	380 V	1	控制液压泵电动机
KM2	交流接触器	CJ0 - 10	380 V	1	控制砂轮电动机
KM3	交流接触器	CJ0 - 10	380 V	1	控制砂轮升降电动机
KM4	交流接触器	CJ0 - 10	380 V	1	控制砂轮升降电动机
KM5	交流接触器	CJ0 - 10	380 V	1	控制电磁工作台充磁
KM6	交流接触器	CJ0 - 10	380 V	1	电磁工作台去磁
FR1	热继电器	JR10 - 10	2.71 A	1	M1 过载保护
FR2	热继电器	JR10 - 10	6.18 A	1	M2 过载保护
FR3	热继电器	JR10 - 10	0.47 A	1	M3 过载保护
SB1	按钮	LA2		1	总停
SB2	按钮	LA2		1	M1 停止
SB3	按钮	LA2		1	M1 启动
SB4	按钮	LA2		1	M2、M3 停止
SB5	按钮	LA2		1	M2、M3 启动
SB6	按钮	LA2		1	砂轮箱上升启动
SB7	按钮	LA2		1	砂轮箱下降启动
SB8	按钮	LA2		1	电磁工作台充磁
SB9	按钮	LA2		1	电磁工作台去磁
TC	整流变压器	BK - 150	380 V/110、24、6.3 V	1	控制、照明、指示电路电源
VC	整流器	4×2CZ11C	110 V	1	整流
KUV	欠电压继电器	LV 型	50 W,500 Ω	1	欠压保护
R	电阻		5 μF,600 V	1	放电保护
C	电容		110 V	1	放电保护
YH	电磁工作台	HDXP		1	吸持工件

符号	名称	型号	规格	数量	用途
XS1	插座	CYO - 36		1	连接电磁工作台
XS2	插座	CYO - 26		1	连接 M3
FU1	熔断器	RL1 - 60	30 A	3	总电源短路保护
FU2	熔断器	RL1 - 15	10 A	2	整流变压器短路保护
FU3	熔断器	RL1 - 15	4 A	1	控制电路短路保护
FU4	熔断器	RL1 - 15	6 A	1	VC 短路保护
FU5	熔断器	RL1 - 15	4 A	1	电磁吸盘短路保护
FU6	熔断器	RL1 - 15	4 A	1	照明电路短路保护
FU7	熔断器	RL1 - 15	2 A	1	指示灯电路短路保护
QS1	转换开关	HZ5 - 40 S/7.5	380 V,40 A	1	电源总开关
SA1	转换开关	HZ10 - 10		1	照明灯开关
HL	指示灯泡	XD1	6.3 V	5	指示电路工作状态
EL	照明灯泡	JC25	24 V, 40 W	1	局部照明

四、磨床常见电气故障的分析与排除

磨床常见电气故障的分析与排除见表 12 - 2。

表 12 - 2 磨床常见电气故障的分析与排除

序号	故障现象	故障原因	修复故障措施
1	电动机都不能启动	主要原因可能是: (1) FU1 或 FU2、FU3、FU4、FU5、FU8 的熔丝熔断 (2) 断路器 QF 接触不良或连线断路 (3) 变压器原绕组或副绕组已烧毁 (4) 停止按钮 SB1 内的触点接触不良 (5) 欠电压继电器 KUV 线圈断或常开触头闭合后接触不良 (6) 桥式整流电路的故障	(1) 更换相同规格和型号的熔丝 (2) 修复断路器或连接导线 (3) 修复或更换变压器 (4) 修复或更换同规格的按钮 (5) 修复或更换欠电压继电器 (6) 更换整流装置
2	液压泵电动机不能启动	(1) 按钮 SB2 或 SB3 的触点接触不良 (2) 热继电器 FR1 已动作过,其常闭触点尚未复位 (3) 接触器 KM1 有一对主触点没有接触好 (4) 接触器 KM1 的线圈损坏 (5) 液压泵电动机损坏	(1) 修复或更换同规格的按钮 (2) 将热继电器 FR1 复位 (3) 修复接触器的主触点 (4) 更换同规格的接触器或线圈 (5) 修复或更换电动机
3	电磁吸盘没有吸力	(1) FU4 或 FU5、FU8 的熔丝熔断 (2) 整流装置 VC 故障 (3) 电磁吸盘线圈接线不良或脱落 (4) 电磁吸盘控制电路故障	(1) 更换相同规格和型号的熔丝 (2) 更换整流装置 (3) 重新接好线或拧紧松脱线头 (4) 找到具体原因并排除

（续表）

序号	故障现象	故障原因	修复故障措施
4	电磁吸盘吸力不足	常见的原因有： (1) 交流电源电压低 (2) 插头 XP1 接触不良 (3) 电磁吸盘线圈内部存在短路 (4) 整流电路的故障,如整流桥有一桥臂发生开路	(1) 更换电源 (2) 修理 XP1 (3) 更换电磁吸盘 (4) 更换整流装置
5	电磁吸盘退磁效果差	(1) KM6 的两对主触头闭合时接触不良 (2) 接触器 KM6 的线圈损坏 (3) 按钮 SB10 的触点接触不良或接线脱落 (4) 退磁时间掌握不好	(1) 修复或更换 KM6 主触点 (2) 更换同规格的接触器或线圈 (3) 修复或更换同规格的按钮 (4) 根据不同材质的工件,掌握好退磁时间

任务实施

工作任务：M7120 型平面磨床电气控制线路的故障检修

一、任务描述

在 M7120 型平面磨床电气技能实训考核装置上模拟练习磨床的操作过程,并进行电气故障检修,编写检修报告。

二、训练内容

1. 磨床电路电器元件的识别与功能分析

(1) 识读磨床电气控制线路故障图

M7l20 磨床电气控制线路故障图如图 12-4 所示。

磨床电气控制线路故障说明:本磨床电气控制线路共设断路故障 25 处,分别是 K1-K25。各故障点均由故障开关控制,"0"位为断开,"1"位为合上。

表 12-3　故障设置一览表

故障开关	故障现象
K1	机床(所有电机)无法启动
K2	液压泵电动机无法启动
K3	液压泵电动机无法启动
K4	液压泵电动机无法启动
K5	液压泵和砂轮电动机无法启动
K6	砂轮电动机无法启动
K7	砂轮电动机无法启动
K8	砂轮电动机无法连续工作
K9	砂轮电动机无法启动

续表

故障开关	故障现象
K10	砂轮电动机无法启动
K11	砂轮架无法上升
K12	砂轮架无法上升
K13	砂轮架无法下降
K14	砂轮架无法下降
K15	电磁吸盘不能工作
K16	电磁吸盘不能自锁
K17	电磁吸盘不能进行充磁
K18	电磁吸盘不能进行充磁
K19	电磁吸盘不能退磁
K20	电磁吸盘不能退磁
K21	电磁吸盘不能工作
K22	电磁吸盘不能工作
K23	液压泵和砂轮电动机不能工作
K24	电磁吸盘不能退磁
K25	电磁吸盘不能工作

（2）电器元件的识别与功能分析

参照电气原理图和元件位置图，熟悉磨床电器元件的分布位置和走线情况，熟悉磨床电器元件及其功能。

2. 磨床基本功能操作

根据磨床的加工功能进行磨床的基本操作。通过磨床功能的基本操作，了解正常状态下磨床各电器元件的动作过程和动作顺序，发现故障（非正常）状态下的异常现象或电器元件的非正常状态。参看磨床电气控制线路故障图，按照下列步骤进行操作。

① 操作前准备：根据电气控制线路故障图，把断路故障开关置"1"位。合上电源开关 QS，机床电气线路进入带电状态，同时电源指示灯 HL1 亮。

② 液压泵电动机 M1 的控制：按下启动按钮 SB2，接触器 KM1 通电吸合并自锁，液压油泵电动机 M1 启动运转，液压指示灯 HL2 亮。按下停止按钮 SB1，KM1 失电，M1 断电停转。

③ 砂轮电动机 M2 及冷却泵电动机 M3 的控制：按下启动按钮 SB4，接触器 KM3 通电吸合并自锁，砂轮电动机 M2 与冷去泵电动机 M3 同时启动运转，指示灯 HL3 亮。按下停止按钮 SB3，KM2 失电，M2、M3 同时断电停转。

④ 砂轮升降电动机 M4 的控制：按下点动按钮 SB5，KM3 通电吸合，M4 正转启动，表示砂轮上升，同时砂轮上升指示灯 HL4 亮，松开 SB5，KM3 断电释放，电动机 M4 停转。按下点动按钮 SB6，KM4 通电吸合，M4 反转启动，表示砂轮下降，同时砂轮下降指示灯 HL5 亮，松开 SB6，KM4 断电释放，电动机 M4 停转。

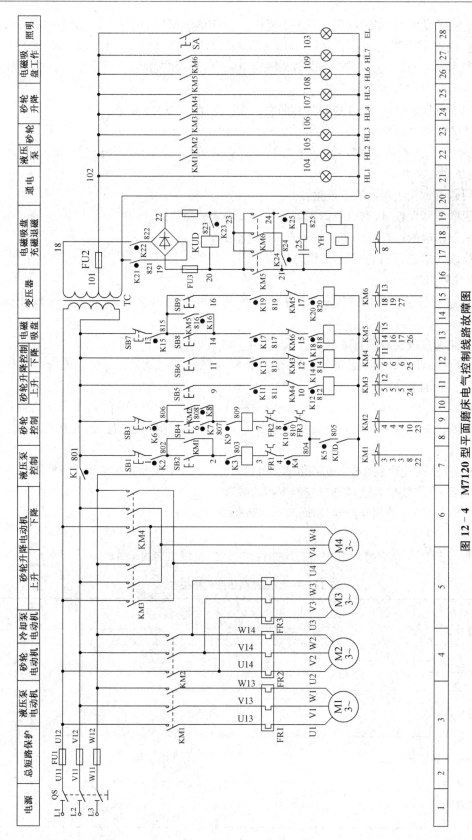

图 12－4　M7120 型平面磨床电气控制线路故障图

⑤ 电磁吸盘控制:充磁过程——按下充磁按钮 SB8,KM5 得电吸合,表示电磁吸盘 YH 线圈得电,同时电磁吸盘工作指示灯 HL6 亮。按 SB7 按钮,切断电磁吸盘 YH 的直流电源。去磁过程——按下去磁按钮 SB9,KM6 得电吸合,表示电磁吸盘 YH 通入反向直流电,同时电磁吸盘工作指示灯 HL7 亮。

⑥ 照明灯控制:合上组合开关 SA,照明灯 EL 亮,断开 SA,EL 熄。

3. 故障分析与排除

在模拟磨床上人为设置故障点(每次 1～2 个故障点)。按下述步骤进行检修,直至故障排除。

① 用通电试验法观察故障现象。

② 根据故障现象,依据电路图用逻辑分析法确定故障范围。

③ 采取正确的检查方法查找故障点,并排除故障。

④ 检修完毕进行通电试验,并做好维修记录。

操作注意事项:

① 熟悉 M7120 型平面磨床电气控制电路的基本环节及控制要求,认真观摩教师示范检修。

② 不能随意改变砂轮升降电动机原来的电源相序。

③ 通电检查时,必须熟悉电气原理图,弄清机床线路走向及元件部位。检查时要核对好导线线号,而且要注意安全防护和监护。

④ 电磁吸盘通电检查时,最好将电磁吸盘拆除,用 110 V,100 W 的白炽灯作负载。一是便于观察整流电路的直流输出情况,二是因为整流二极管为电流元件,通电检查必须要接入负载。

⑤ 用万用表测电磁吸盘线圈电阻值时,因吸盘的直流电阻较小,要先调好零,选用低阻值挡。

⑥ 检修时,严禁扩大故障范围或产生新的故障。

⑦ 带电检修时,必须有指导教师监护,以确保安全。

4. 撰写检修报告

在训练过程中,完成磨床电气控制线路检修报告,检修报告见表 12‐4。

表 12‐4　磨床控制线路检修报告

机床名称/ 型号	
故障现象	
故障分析	
故障检修计划	
故障排除	

三、项目评价

本项目的考核评价可参照表 11－5。

研讨与练习

【研讨1】　故障检修：在图 12－2 中，电动机 M2 不能启动。

检修步骤如下：

（1）故障调查

了解故障的特点，询问故障出现时机床所产生的特殊现象，可有助于缩小故障的检查范围。如果操作者介绍说是由于工件过长、工作台行程较大、往返工作几次后出现这一情况，并且吸盘无吸力，则可进行电路分析。

（2）电路分析

根据以上故障现象和操作者所介绍的情况，依据电气原理图，对故障可能产生的原因和所涉及的电路部分进行分析并作出初步判断，并在电气原理图上标出最小故障范围。

对电动机 M2 不动作故障，从原理图上看，故障可能出现的范围会涉及电路的以下几部分：一是电动机 M2 及其控制回路（包括 M2 本身故障，接触器 KM2 的故障以及线路连接问题）；二是电磁吸盘和整流电路部分。而根据操作者的介绍，可以初步判定故障范围极大可能在电磁吸盘和整流电路部分。很可能是由于行程过长，造成吸盘接线接触不好或断裂。为准确地对故障原因做出判断，可根据以上分析结果对电路进行检查。

（3）检查线路

检查分两种：断电检查和通电检查。

首先做断电检查：用万用表对电磁吸盘及其引出线和插头插座进行检查，看是否有断线和接触不良，有断线和接触不良应解决处理。若处理好后试车时故障仍然存在，同时发现吸盘仍无吸力，就要进行通电检查，看整流电路有无输出。

其次做通电检查：接通电源，用万用表测 184 号线与 185 号线间电压，无输出；再测 181 号线和 182 号线间电压，亦无输出；然后测 150 号线和 173 号线间电压，有交流电压为 110 V。据此可以断定，问题存在于整流装置 VC。更换整流装置 VC 后，故障排除，机床正常工作。

【课堂练习】　简述砂轮电动机 FR2 脱扣的故障检修过程。

巩固与提高

一、填空题

1. 磨床的主切削工具是_____，主运动是_____。

2. 平面磨床的进给运动采用_____传动，换向由_____改变压力油的流向实现。

3. M7120 型平面磨床控制电路中，电动机_____、_____、_____采用过载保护，因为它们_____，而电动机 M4 是短期工作的，故不设过载保护。

4. M7120 平面磨床设置有欠电压继电器 KUV，这是为了：当出现欠电压时，使 KM1 和 KM2 线圈_____电，M1、M2、M3 电动机_____，避免电磁吸力_____，使加工工件_____。

5. 在图 12-2 电路中,KM5 是给电磁工作台提供_____回路,KM6 是给电磁工作台提供_____回路。

6. 一般电磁吸盘要用_____电源,所以采用整流装置,若桥式整流器中有一个二极管断开,则整流电压将变为_____,直流输出电压将下降_____,电压继电器_____,其触点断开,从而使各电动机不能启动。

二、选择题

7. M7120 平面磨床在砂轮电动机启动之前(   )方可启动工作。

   A. 工件会自动吸牢　B. 先按 SB8 使工件被吸牢　　C. 只要零压继电器吸合即可

8. M7120 平面磨床,若工件已牢牢吸在电磁吸盘上,但液压泵启动不了,其原因是(   )。

   A. FR1 动作

   B. FR2 动作

   C. 欠电压继电器常开触点接触不良

9. 当 M7120 平面磨床加工完毕后,取下工件之前必须去磁,先按下 SB9,切断吸盘电源,然后按下 SB10,进行退磁,若 SB10 按的时间太长,则会出现(   )。

   A. 退磁不够

   B. 退磁更彻底

   C. 工作台反向磁化而使工件取不下来

10. M7120 平面磨床工作台往复运动是由(   )拖动。

   A. M1 电动机　　　　B. M2 电动机　　　　　　C. 液压传动装置

三、判断题(对的打"√",错的打"×")

11. M7120 平面磨床电气控制电路中,R 是作为限制去磁电流的。　　　　　　(   )

12. M7120 平面磨床电气控制电路中,M1 电动机过载,FR1 动作后,只有 M1 电动机停转。　　　　　　　　　　　　　　　　　　　　　　　　　　　　　(   )

13. M7120 平面磨床电气控制电路中,KUV 不吸合,几台电动机均无法工作。　(   )

14. M7120 平面磨床电气控制电路中,RC 元件是作为交流过电压保护的。　　(   )

四、简答题

在图 12-4 电路上人为地设置故障,根据表 12-4 所示故障现象,试分析可能的故障点,说明检查方法。

表 12-4 故障的检查及排除

故障现象	可能故障点	检查方法
液压泵电动机无法启动		
冷却泵无法启动		
控制线路无法正常工作		
电磁吸盘不能正常去磁		
砂轮不能上升		

项目 13　Z3050 型摇臂钻床电气控制线路检修

学习目标

（1）了解 Z3050 型摇臂钻床的运动形式及控制要求。
（2）掌握 Z3050 型摇臂钻床电气控制线路的工作原理。
（3）理解 Z3050 型摇臂钻床机电液联合控制的原理。
（4）掌握 Z3050 型摇臂钻床电气控制线路的故障分析与检修方法。

任务描述

正确识读 Z3050 型摇臂钻床电气控制原理图并理解其工作原理，根据电气原理图及电动机型号选用电器元件及部分电工器材，完成 Z3050 型摇臂钻床电气控制电路的安装、自检及通电试车；在 Z3050 型摇臂钻床电气控制柜中，排除电气故障，填写维修记录。

知识链接

一、钻床的主要结构及运动形式

钻床是一种孔加工设备，可以用来钻孔、扩孔、铰孔、攻丝及修刮端面等多种形式的加工。按用途和结构分类，钻床可以分为立式钻床、台式钻床、多孔钻床、摇臂钻床及其他专用钻床等。在各类钻床中，摇臂钻床操作方便、灵活，适用范围广，具有典型性，特别适用于单件或批量生产带有多孔大型零件的孔加工，是一般机械加工车间常见的机床。

（一）主要结构

摇臂钻床由底座、内立柱、外立柱、摇臂、主轴箱、工作台等部分组成，如图 13-1 所示。

内立柱固定在底座的一端，在它的外面套着外立柱，外立柱可绕内立柱回转 360°，摇臂的一端为套筒，它套在外立柱上，借助丝杆的正反转可使摇臂沿外立柱做上下移动。由于丝杆与外立柱连为一体，而升降螺母固定在摇臂套筒上，

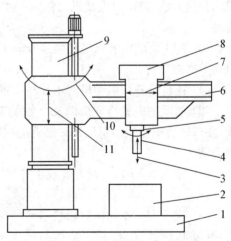

1—底座；2—工作台；3—主轴纵向进给；
4—主轴旋转主运动；5—主轴；6—摇臂；
7—主轴箱沿摇臂径向运动；8—主轴箱；
9—内、外立柱；10—摇臂回转运动；11—
摇臂上下垂直运动。

图 13-1　摇臂钻床结构及运动情况示意图

所以摇臂只能与外立柱一起绕内立柱回转。主轴箱是一个复合部件,它由主电动机、主轴传动机构、主轴进给和变速机构以及钻床的操作机构等部分组成。主轴箱安装在摇臂的水平导轨上,可以通过手轮操作使其在摇臂水平导轨上移动。

(二) 运动形式

当进行加工时,由特殊的加紧装置将主轴箱紧固在摇臂导轨上,而外立柱紧固在内立柱上,摇臂紧固在外立柱上,然后进行钻削加工。钻削加工时,钻头一边进行旋转切削,一边进行纵向进给,其运动形式如下:

(1) 主运动:主轴带着钻头的旋转运动。

(2) 进给运动:主轴的垂直运动。

(3) 辅助运动:用来调整主轴(刀具)与工件纵向、横向即水平面上的相对位置以及相对高度。在做辅助运动时,相应的夹紧机构应松开,完成后应夹紧。辅助运动有以下 3 种:

摇臂升降——摇臂带着主轴箱,由摇臂升降电动机拖动,经丝杠沿外立柱上下移动,改变主轴与工件的相对高度。这时,摇臂与外立柱之间的液压夹紧机构应松开。

外立柱旋转运动——外立柱带着摇臂和主轴箱绕内立柱旋转,使主轴在水平面做弧线运动,改变主轴与工件纵向(前后)相对位置。这时内、外立柱之间的液压夹紧机构应松开。

主轴箱水平移动——转动主轴箱移动手轮,使主轴箱在摇臂导轨上横向(左右)直线移动,改变主轴与工件的相对位置。这时主轴箱与摇臂之间的夹紧机构应松开。

二、电力拖动特点及控制要求

(1) 摇臂钻床运动部件较多,为简化传动装置,采用多电动机拖动。通常设有主轴电动机、摇臂升降电动机、液压泵电动机及冷却泵电动机。

(2) 为了适应多种加工方式的要求,主轴及进给应在较大范围内调速。但这些调速一般由机械方法实现,对电动机无任何调速要求。主轴的旋转运动与进给运动由一台电动机拖动。

(3) 加工螺纹时要求主轴能正反转。摇臂钻床的正反转一般用机械方法实现,电动机只需单方向旋转。

(4) 摇臂升降由电动机的正反转实现,外立柱绕内立柱的旋转靠人力作用实现。

(5) 摇臂的夹紧与放松以及立柱的夹紧与放松由一台异步电动机配合液压装置来完成,要求这台电动机能正反转。摇臂的回转和主轴箱的径向移动在中小型摇臂钻床上都采用手动。

(6) 钻削加工时,为对刀具及工件进行冷却,需要一台冷却泵电动机拖动冷却泵输送冷却液。

(7) 应具有必要的保护和联锁。

(8) 机床的机、电、液三方面的动作应协调配合,以完成某些控制。详见后面的液压系统工作示意图。

三、液压系统工作简介

钻床有两套液压系统。一套是由主轴电动机拖动齿轮泵的主轴操纵机构液压系统。这套系统是机械操纵的,故不详述。另一套由液压泵电动机拖动液压泵 YB 的液压夹紧系统。

下面简要介绍这套系统的工作原理。图 13-2 是这套夹紧机构液压系统工作示意图。

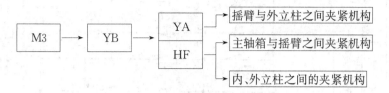

图 13-2　夹紧机构液压系统工作示意图

系统由液压泵电动机 M3 拖动液压泵 YB 供给压力油,由电磁铁 YA 和二位六通液压阀 HF 组成的电磁阀分配油压给内外立柱之间、主轴箱与摇臂之间、摇臂与外立柱之间的夹紧机构。

图 13-3 是夹紧机构液压系统工作简图。

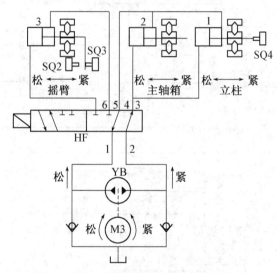

图 13-3　夹紧机构液压系统工作简图

夹紧机构液压系统工作情况:

(1) YA 不通电时,HF 的(1-4)、(2-3)相通,压力油供给主轴箱、立柱夹紧机构,若这时 M3 正转,则液压使两个夹紧机构都夹紧(压下微动开关 SQ4);否则,夹紧机构放松(SQ4 释放)。

(2) YA 通电时,HF 的(1-6)、(2-5)相通,压力油供给摇臂夹紧机构。如这时 M3 反转,使夹紧机构夹紧,弹簧片压下微动开关 SQ3,而 SQ2 释放。若 M3 正转,则夹紧机构放松,弹簧片压下微动开关 SQ2,而 SQ3 释放。

可见,操纵哪一个夹紧机构松开或夹紧,既决定于 YA 是否通电,又决定于 M3 的转向。

四、钻床电气线路分析

Z3050 型摇臂钻床电气原理图如图 13-4 所示。

(一) 主电路分析

M1 是主轴电动机,由交流接触器 KM1 控制,只要求单方向旋转,主轴的正反转由机械手柄

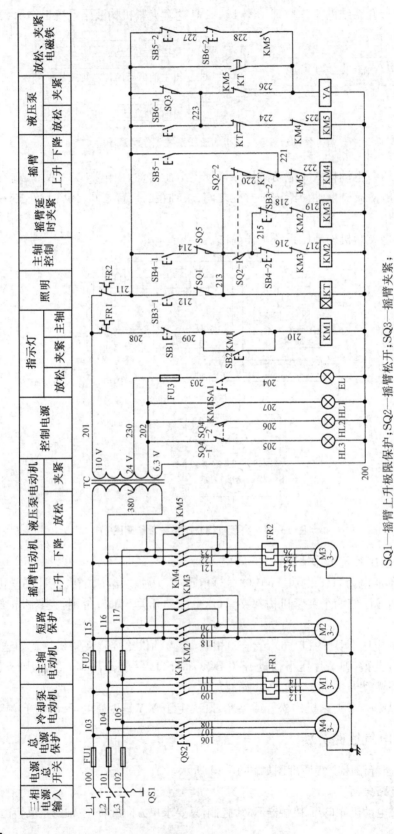

图 13－4　Z3050 型摇臂钻床电气原理图

SQ1—摇臂上升极限保护；SQ2—摇臂松开；SQ3—摇臂夹紧；
SQ4—主轴箱、立柱松紧指示；SQ5—摇臂下降极限保护。

操作。M1 装在主轴箱顶部,带动主轴及进给传动系统,热继电器 FR1 是过载保护元件。

M2 是摇臂升降电动机,装于主轴顶部,用接触器 KM2 和 KM3 控制正反转。因为该电动机短时间工作,故不设过载保护电器。

M3 是液压油泵电动机,由接触器 KM4 和 KM5 控制正向旋转和反向旋转。热继电器 FR2 是液压油泵电动机的过载保护电器。

M4 是冷却泵电动机,功率很小,由开关 QS2 直接启动和停止。

(二) 控制电路分析

1. 主轴电动机 M1 的控制

由按钮 SB2、SB1 与接触器 KM1 构成主轴电动机单向启动停止控制电路。启动时,按下启动按钮 SB2,KM1 线圈通电并自锁,KM1 常开主触头闭合,M1 全压启动旋转。同时 KM1 常开辅助触头闭合,指示灯 HL1 亮,表明主轴电动机 M1 已启动,并拖动齿轮泵送出压力油,此时可操作主轴操作手柄进行主轴变速、正转、反转等的控制。

2. 摇臂升降控制

摇臂通常处于夹紧状态,以免丝杆承担吊挂。在控制摇臂升降时,除摇臂升降电动机 M2 需转动外,还必须与夹紧机构的液压系统紧密配合,完成松开→上升或下降→夹紧动作。工作过程如下:

$$
\begin{array}{c}
\underset{\left(\begin{array}{c}\text{SQ2释放,}\\\text{SQ3压下}\end{array}\right)}{\text{摇臂夹紧}}
\xrightarrow[\text{M3 正转}]{\text{按下按钮}}
\underset{\left(\begin{array}{c}\text{SQ2压下,}\\\text{SQ3释放}\end{array}\right)}{\text{摇臂松开}}
\xrightarrow[\text{M2 转动}]{\text{按下按钮}}
\text{摇臂升降}
\rightarrow \text{摇臂到位}
\xrightarrow[\text{M3 反转,M2 停转}]{\text{松开按钮}}
\end{array}
$$

下面以要求摇臂上升为例来分析摇臂升降及夹紧、放松的控制过程。

(1) 摇臂松开

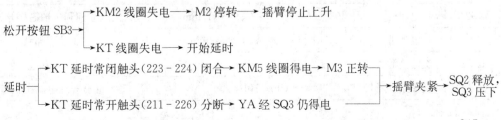

$$
\underset{\text{SB3-1(不松开)}}{\text{按下上升按钮}} \rightarrow \underset{\text{圈得电}}{\text{KT 线}}
\begin{cases}
\rightarrow \text{KT 常开触头(220-221)闭合} \rightarrow \text{KM4 线圈得电} \rightarrow \text{M3 正转}\\
\rightarrow \text{KT 常开触头(211-226)闭合} \rightarrow \text{YA 线圈得电}
\end{cases} \rightarrow \text{摇臂松开}
$$

(2) 摇臂上升

摇臂夹紧机构松开后,微动开关 SQ3 释放,SQ2 压下。

$$
\text{摇臂松开}
\begin{cases}
\rightarrow \text{SQ3 常闭触头(221-223)闭合} \longrightarrow \text{YA 仍得电}\\
\rightarrow \text{SQ2-2 常闭触头(213-220)分断} \longrightarrow \text{KM4 线圈失电} \rightarrow \text{M3 停转}\\
\rightarrow \text{SQ2-1 常开触头(213-215)闭合} \longrightarrow \text{KM2 线圈得电} \rightarrow \text{M2 正转} \rightarrow \text{摇臂上升}
\end{cases}
$$

(3) 摇臂上升到位

摇臂上升到位松开按钮 SB3,摇臂又夹紧。

$$
\text{松开按钮 SB3}
\begin{cases}
\rightarrow \text{KM2 线圈失电} \longrightarrow \text{M2 停转} \longrightarrow \text{摇臂停止上升}\\
\rightarrow \text{KT 线圈失电} \longrightarrow \text{开始延时}
\end{cases}
$$

$$
\text{延时}
\begin{cases}
\rightarrow \text{KT 延时常闭触头(223-224)闭合} \rightarrow \text{KM5 线圈得电} \rightarrow \text{M3 正转}\\
\rightarrow \text{KT 延时常开触头(211-226)分断} \rightarrow \text{YA 经 SQ3 仍得电}
\end{cases} \rightarrow \underset{\left(\begin{array}{c}\text{SQ2 释放,}\\\text{SQ3 压下}\end{array}\right)}{\text{摇臂夹紧}}
$$

　　　　　　　　　　　　　┌→KM5 线圈失电──→ M3 停转
SQ3 常闭触头(221-223)分断┤
　　　　　　　　　　　　　└→YA 失电,电磁阀 HF 复位

　　限位开关 SQ1 是摇臂上升极限保护,当摇臂上升到极限位置时被压下,常闭触头分断使 KM2 线圈失电释放,M2 停转不再带动摇臂上升,防止碰坏机床。

　　摇臂下降工作原理与摇臂上升控制相仿,请自行分析。

　　3. 主轴箱与立柱松开夹紧的控制

　　主轴箱在摇臂上的夹紧、放松与内外立柱之间的夹紧与放松,均采用液压操纵,且由同一油路控制,所以它们是同时进行的。

　　按下松开复合按钮 SB5,其常开触点 SB5-1(211-221)闭合,接触器 KM4 吸合,液压泵电动机 M3 正转,拖动液压泵送出压力油,这时与摇臂升降不同,由于常闭触点 SB5-2(211-227)断开,电磁铁 YA 线圈处于断电状态,并不吸合,压力油经二位六通阀进入主轴箱松开油腔和立柱松开油腔,推动活塞和菱形块,使主轴箱与立柱松开,同时行程开关 SQ4 松开,其常闭触点闭合,松开指示灯 HL3 亮。而 YA 线圈断开,电磁阀不动作,压力油不会进入摇臂松开油腔,摇臂仍然处于夹紧状态。这时可以手动操作主轴箱沿摇臂的水平导轨移动,也可以推动摇臂使外立柱绕内立柱转动。

　　按下夹紧复合按钮 SB6,其常开触点 SB6-1(221-223)闭合,接触器 KM5 吸合,液压泵电动机 M3 反转,这时由于 SB6 的常闭触点 SB6-2(227-228)断开,电磁铁 YA 并不吸合,压力油进入主轴箱夹紧油腔和立柱夹紧油腔,使主轴箱和立柱都夹紧。同时行程开关 SQ4 被压下,其常闭触点断开,常开触点闭合,松开指示灯 HL3 熄灭而夹紧指示灯 HL2 亮。

　　4. 冷却泵电动机 M4 的控制

　　由于冷却泵电动机容量小,直接由 SQ2 开关控制,进行单向旋转。

　　(三) 照明、信号电路分析

　　照明电源是变压器 TC 提供的 24 V 交流电压。照明灯 EL 由组合开关 SA1 控制。熔断器 FU3 作为照明电路的短路保护。

　　HL1 为主轴旋转工作指示灯,HL2 为主轴箱、立柱夹紧指示灯,HL3 为主轴箱、立柱松开指示灯。

　　(四) 电气元器件明细

　　表 13-1 列出了 Z3050 型摇臂钻床电气元器件明细。

表 13-1　Z3050 型摇臂钻床电气元器件明细

符号	名称	型号规格	数量	用途
M1	电动机	J02-41-4、4 kW、1 440 r/min	1	驱动主轴及进给
M2	电动机	J02-22-4、1.5 kW、1 410 r/min	1	驱动摇臂升降
M3	电动机	J02-11-4、0.6 kW、1 410 r/min	1	摇臂、立柱和主轴箱松开、夹紧
M4	电动机	AOB-25　90 W、3 000 r/min	1	驱动冷却泵
KM1	交流接触器	CJ0-20B	1	主轴电动机启、停
KM2	交流接触器	CJ0-10B	1	摇臂升降电动机正转

符号	名称	型号规格	数量	用途
KM3	交流接触器	CJ0 - 10B	1	摇臂升降电动机反转
KM4	交流接触器	CJ0 - 10B	1	液压泵电动机正转
KM5	交流接触器	CJ0 - 10B	1	液压泵电动机反转
KT	时间继电器	JJSK2 - 4	1	控制摇臂升降
SQ1	限位开关	LX5 - 11	1	摇臂上升极位保护
SQ2	限位开关	LX5 - 11	1	控制摇臂松开
SQ3	限位开关	LX5 - 11	1	控制摇臂夹紧
SQ4	限位开关	LK3 - 11K	1	立柱与主轴箱松紧指示
SQ5	限位开关	LX5 - 11	1	摇臂下降极位保护
QS1	自动开关	DZ5 - 50/500　15 A	1	总电源输入
QS2	组合开关	HZ5 - 10/1.7	1	控制冷却泵电动机
YA	电磁铁	MFJ1 - 3	1	放松、夹紧电磁铁
SA1	转换开关	LW6 - 2/B0>1	1	照明灯控制
FR1	热继电器	JR0 - 20/3　8.37 A	1	主轴电机过载保护
FR2	热继电器	JR0 - 20/3　1.57 A	1	液压泵电机过载保护
TC1	变压器	BK - 150　380 V/110、24、6.3 V	1	控制、照明、指示电路电源
SB1	按钮(红色)	LA19 - 11	1	主轴电机停止
SB2	按钮	LA19 - 11D	1	主轴电机启动
SB3	按钮	LA19 - 11	1	摇臂上升
SB4	按钮	LA19 - 11	1	摇臂下降
SB5	按钮	LA19 - 11D	1	立柱、主轴箱松开
SB6	按钮	LA19 - 11D	1	立柱、主轴箱夹紧
EL	照明灯	JC25　40 W	1	安全照明
HL1~HL4	指示灯	XD1	3	
FU1	熔断器	RL1 - 60/30	3	总电源短路保护
FU2	熔断器	RL1 - 15/10	3	主电动机以后电路短路保护
FU3	熔断器	RL1 - 15/2	1	照明电路短路保护

五、钻床常见电气故障的分析与排除

钻床常见电气故障的分析与排除见表 13 - 2。

表 13-2 钻床常见电气故障的分析与排除

序号	故障现象	故障原因	修复故障措施
1	主轴电动机不能启动	原因可能为: (1) 熔断器 FU1 的熔丝熔断 (2) 按钮 SB1 或 SB2 的触点接触不良 (3) 热继电器 FR1 已动作过,其常闭触点尚未复位 (4) 接触器 KM1 主触点的接触不良 (5) 接触器 KM1 的线圈损坏 (6) 电动机损坏	(1) 更换相同规格和型号的熔丝 (2) 修复或更换同规格的按钮 (3) 将热继电器 FR1 复位 (4) 修复接触器的主触点 (5) 更换同规格的接触器或线圈 (6) 修复或更换电动机
2	摇臂不能上升移动	(1) 液压系统故障,使摇臂没有完全松开 (2) SQ2 安装位置不当或紧固螺丝发生松动 (3) M3 电源相序接反 (4) 接触器 KM2 主触点接触不良或线圈损坏 (5) 按钮 SB3 的触点接触不良	(1) 找到具体原因并排除 (2) 调整好 SQ2 位置并切实安装牢固 (3) 调整电源相序 (4) 修复或更换接触器 (5) 更换同规格的按钮
3	摇臂升降后夹不紧	主要是由于 SQ3 安装位置不当或菱形块的夹紧装置问题,SQ3 动作过早,使液压泵电动机 M3 在摇臂还未充分夹紧时就过早停止旋转	应将 SQ3 的触点调到适当的位置或调整菱形块的夹紧装置
4	主轴箱和立柱的松紧动作不正常	(1) 按钮 SB5、SB6 触点接触不良或接线松动 (2) 液压系统出现故障	(1) 更换同规格按钮或拧紧松脱线头 (2) 找到具体原因并修复
5	摇臂升降极限保护失灵	限位保护开关 SQ1、SQ5 损坏或是其安装位置移动	更换行程开关或调整好 SQ1、SQ5 位置并切实安装牢固

任务实施

工作任务:Z3050 型摇臂钻床电气控制线路的故障检修

一、任务描述
在机床电气技能考核鉴定柜中,排除 Z3050 型摇臂钻床的电气故障,编写检修报告。

二、训练内容
1. 钻床电路电器元件的识别与功能分析

(1) 识读钻床电气控制线路故障图

Z3050 型摇臂钻床电气控制线路故障图如图 13-5 所示。

摇臂钻床电气控制线路故障说明:本摇臂钻床电气控制线路共设断路故障 20 处,各故障点均由故障开关控制,"0"位为断开,"1"位为合上。

(2) 电器元件的识别与功能分析

参照电气原理图和元件位置图,熟悉钻床电器元件的分布位置和走线情况,熟悉钻床电

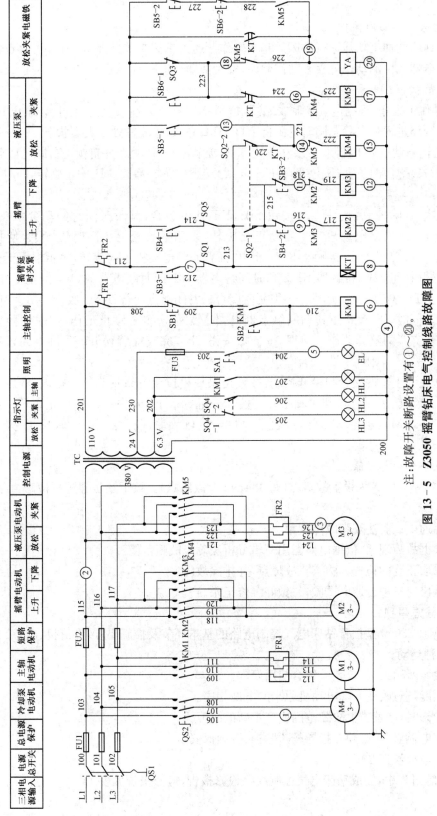

图 13-5　Z3050 摇臂钻床电气控制线路故障图

注：故障开关断路设置有①～⑳。

器元件及其功能。

2. 钻床基本功能操作

根据钻床的加工功能进行钻床的基本操作。通过钻床功能的基本操作,了解正常状态下钻床各电器元件的动作过程和动作顺序,发现故障(非正常)状态下的异常现象或电器元件的非正常状态。正常操作如下:

① 操作前准备:根据电气控制线路图,把断路故障开关置"1"位。合上电源开关 QS1,机床电气线路进入带电状态同时电源指示灯 HL2 亮,表示立柱处于夹紧状态。

② 主轴电动机 M1 控制:按启动按钮 SB2,接触器 KM1 吸合并自锁,主轴电机 M1 自动运行,同时指示灯 HL1 亮;按停止按钮 SBl,则接触器 KM1 释放,M1 停止旋转,同时指示灯 HL3 熄灭。

③ 摇臂升降控制:按住上升按钮 SB3,KT 通电吸合,其瞬时闭合的动合触头闭合,KM4 得电,液压油泵电动机 M3 启动正向旋转,表示摇臂松开。同时压 SQ2,使接触器 KM4 失电,M3 停止工作,接触器 KM2 得电,摇臂升降电动机正向旋转,表示摇臂上升。上升到位,松开按钮 SB3,接触器 KM2 和时间继电器 KT 同时断电释放,M2 停止工作,表示摇臂停止上升。经 1～3 s 延时后,KT 延时闭合的常闭触点闭合,KM5 吸合,M3 反转,表示摇臂夹紧。同时,压 SQ3 使其动断触点断开,KM5 释放,M3 停止工作,完成了摇臂的松开—上升—夹紧的整套动作。同理,按下降按钮 SB4,完成摇臂松开—下降—夹紧的整套动作。

④ 立柱和主轴的夹紧与松开控制:按液压泵放松按钮 SB5 时,KM4 得电,液压泵电动机 M3 正向旋转,表示立柱与主轴松开。松开按钮 SB5,KM4 失电,M3 停止正转。当按下按钮 SB6 时,KM5 得电,M3 反转,表示立柱与主轴夹紧,松开按钮 SB6,KM5 失电,M3 停止。

3. 故障分析与排除

在模拟钻床上人为设置故障点(每次 1～2 个故障点)。按下述步骤进行检修,直至故障排除。

① 用通电试验法观察故障现象。

② 根据故障现象,依据电路图用逻辑分析法确定故障范围。

③ 采取正确的检查方法查找故障点,并排除故障。

④ 检修完毕进行通电试验,并做好维修记录。

操作注意事项:

① 熟悉 Z3050 型摇臂钻床电气控制电路的基本环节及控制要求,弄清机、电、液如何配合实现某种运动。

② 检修所用工具、仪表应符合使用要求。

③ 不能随意改变升降电动机原来的电源相序。

④ 检修时,严禁扩大故障范围或产生新的故障。

⑤ 带电检修时,必须有指导教师监护,以确保安全。

4. 撰写检修报告

在训练过程中,完成钻床电气控制线路检修报告,检修报告见表 13-3。

表 13 - 3　钻床控制线路检修报告

机床名称/ 型号	
故障现象	
故障分析	
故障检修 计划	
故障排除	

三、项目评价

本项目的考核评价可参照表 11 - 5。

研讨与练习

【研讨 1】　摇臂钻床各电动机电源相序的调整。

本机床有 4 台电动机工作，且机、电、液需协调配合，故需按一定的相序将电源接入各电动机。调整方法：先确定总电源相序，再定各电动机的电源相序。

总电源相序：按下 SB5，若主轴箱、立柱不松开，说明 M3 转向不对，则需调整总电源相序。

主轴电动机 M1 相序：按下 SB2，操纵主轴转动手柄，若主轴不转动，说明齿轮泵转向不对，则需调整。

摇臂升降电动机 M2 相序：按下 SB3，若摇臂下降，说明 M2 转向不对，则需调整。

冷却泵电动机 M4 相序：接通 QS2，若不出冷却液，说明 M4 转向不对，则需调整。

【研讨 2】　摇臂不能松开的故障检修。

研究分析：摇臂和主轴箱、立柱的松紧都是通过液压泵电动机 M3 的正反转来实现的，因此先检查一下主轴箱和立柱的松、紧是否正常。如果正常，则说明故障不在两者的公共电路中，而在摇臂松开的专用电路上。检查时间继电器 KT 的线圈有无断线，其动合触点 (220 - 221)、(221 - 226) 在闭合时是否接触良好，限位开关 SQ1、SQ5 的触点有无接触不良等。

如果主轴箱和立柱的松开也不正常，则故障多发生在接触器 KM4 和液压泵电动机 M3 这部分电路上。如 KM4 线圈断线、主触点接触不良、KM5 的动断互锁触点 (221 - 222) 接触不良等。如果是 M3 或 FR2 出现故障，则摇臂、立柱和主轴箱既不能松开，也不能夹紧。

检查处理：检修时应根据具体情况进行处理，直到排除故障为止。

【课堂练习】　写出摇臂不能正常下降的故障检修步骤。

巩固与提高

一、填空题

1. 摇臂钻床主轴带动,钻头的旋转运动是_____,钻头的上下运动是_____;主轴箱沿摇臂水平移动、摇臂沿外立柱上下移动以及摇臂连同外立柱一起相对于内立柱的回转运动是_____。

2. Z3050 钻床的摇臂,当外立柱_____时,可与外立柱一同绕_____旋转;当外立柱_____时,可沿_____降。

3. Z3050 钻床有 4 台电动机工作,且_____、_____、_____需要协调配合,故各电动机需要按一定的_____接入电源。

4. 在图 13-4 所示 Z3050 型摇臂钻床电路图中,要使摇臂和外立柱绕内立柱转动,应首先_____外立柱,这时可按下 SB5,接触器_____线圈得电吸合,电动机_____拖动液压泵正向工作,使立柱夹紧装置放松。

二、选择题

5. 钻床的外立柱可绕着不动的内立柱回转(　　)。
    A. 90°　　　　　　　B. 180°　　　　　　　C. 360°

6. Z3050 摇臂钻床的摇臂夹紧与放松是由(　　)控制的。
    A. 机械　　　　　　B. 电气　　　　　　　C. 机械和电气联合

7. Z3050 摇臂钻床的摇臂上升时,当摇臂完全松开后,行程开关(　　)动作,为摇臂上升结束时的自动夹紧做好准备。
    A. SQ1　　　　　　B. SQ2　　　　　　　C. SQ3　　　　　　　D. SQ4

三、判断题(对的打"√",错的打"×")

8. Z3050 钻床电气控制电路中,FU2 熔体熔断后,只有 M2、M3 电动机停机。　　(　　)

9. Z3050 摇臂钻床实现摇臂升降限位保护的电器是位置开关 SQ1 和 SQ5。　　(　　)

10. Z3050 摇臂钻床的摇臂夹紧与放松和立柱的夹紧与放松都是由电动机 M3 的正反转拖动液压装置来完成的。　　(　　)

四、简答题

11. 结合图 13-4 所示 Z3050 摇臂钻床的电路图,回答以下问题:

(1) 简述摇臂下降的工作过程。

(2) 主轴电动机 M1 不能停转的故障原因有哪些? 如何排除?

(3) 使摇臂升降后不能按需要停车的故障原因有哪些? 若出现这种情况应该怎么办?

(4) 若出现主轴箱和立柱的松紧故障,应着重检查哪几部分?

12. 在图 13-5 电路上人为地设置故障,根据表 13-4 所示故障现象,试分析可能的故障点,说明检查方法。

表 13 - 4 故障的检查及排除

故障现象	可能故障点	检查方法
控制线路无法正常工作		
摇臂不能夹紧		
液压泵电机不能正常运行		
摇臂不能正常放松		
摇臂不能正常下降		
主轴电机无法正常工作		

项目 14　X62W 型卧式万能铣床电气控制线路检修

学习目标

(1) 了解 X62W 型卧式万能铣床的运动形式及控制要求。

(2) 理解 X62W 型卧式万能铣床电气控制线路的工作原理。

(3) 熟悉掌握 X62W 型卧式万能铣床电气元件的作用与安装位置,并能熟练操作机床。

(4) 掌握 X62W 型卧式万能铣床电气控制线路的故障分析与检修方法。

任务描述

正确识读 X62W 型卧式万能铣床电气控制原理图并理解其工作原理,根据电气原理图及电动机型号选用电器元件及部分电工器材,完成 X62W 型卧式万能铣床电气控制电路的安装、自检及通电试车;在 X62W 型卧式万能铣床电气控制柜中,排除电气故障,填写维修记录。

知识链接

一、铣床的主要结构及运动形式

铣床主要用于加工工件的平面、斜面、沟槽。装上分度头以后,可以加工直齿轮、螺旋面;装上回转工作台,则可以加工凸轮、弧形槽。铣床有卧铣、立铣、龙门铣、仿形铣等。

X62W 型万能升降台铣床是应用较广泛的中型卧式铣床,具有主轴转速高、调速范围宽、操作方便和加工范围广等特点。X 表示铣床,6 表示卧式,2 表示工作台宽 320 mm,W 表示万能(可进行多种铣削加工)。

(一) 主要结构

X62W 万能卧式铣床主要由底座、床身、主轴电动机、升降台、溜板、转动部分、工作台、悬梁及刀杆支架等部分组成,其结构如图 14-1 所示。

箱形的床身 13 固定在底座 1 上,在床身内装有主轴传动机构及主轴变速操作机构。顶部有水平导轨,导轨上带有一个或两个刀杆支架的悬梁。刀杆支架用来支承安装铣刀心轴的一端,而心轴的另一端则固定在主轴上。在床身的前方有垂直导轨,一端悬持的升降台可沿轨道上下移动。在升降台上面的水平导轨上,装有可平行于主轴轴线方向移动(横向移动)的溜板 5。工作台 7 可沿溜板上部转动部分 6 的导轨在垂直于主轴轴线的方向移动(纵向移动)。安装在工作台上的工件,可以在 3 个方向调整位置或完成进给运动。此外,由于转动部分 6 对溜板 5 可绕垂直轴线转动一个角度(通常为±45°);这样,工作台于水平面上除能平行或垂直于主轴轴线方向进给外,还能在倾斜方向上进给,从而完成铣螺旋槽的加工。

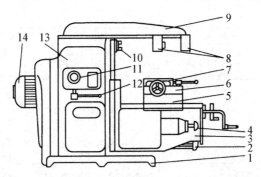

1—底座；2—进给电动机；3—升降台；4—进给变速手柄及变速盘；
5—溜板；6—转动部分；7—工作台；8—刀架支杆；9—悬梁；10—主轴；
11—主轴变速盘；12—主轴变速手柄；13—床身；14—主轴电动机。

图 14-1　X62W 万能卧式铣床结构示意图

（二）运动形式

（1）主运动：主轴带动铣刀的旋转运动。

（2）进给运动：是指工件相对于铣刀的移动，包括工作台带动工件在上、下、前、后、左、右 6 个方向上的直线运动或圆形工作台的旋转运动。在横向溜板上的水平导轨上，工作台沿导轨做左、右移动；在升降台的水平导轨上，使工作台沿导轨前、后移动；升降台依靠下面的丝杠，沿床身前面的导轨同工作台一起上、下移动。

（3）辅助运动：是指调整工件与铣刀相对位置的运动，包括工作台带动工件在上、下、前、后、左、右 6 个方向上的快速移动。

二、电力拖动特点及控制要求

（1）该铣床由 3 台异步电动机拖动，M1 为主轴电动机，担负主轴的旋转运动；M2 为进给电动机，机床的进给运动和辅助运动均由 M2 拖动；M3 为冷却泵电动机，将冷却液输送到机床切削部位，进行冷却。

（2）为了进行顺铣和逆铣加工，要求主轴正、反转。由于加工过程中不需要改变电动机旋转方向，故主轴电动机 M1 的正、反转采用倒顺开关改变电源的相序来实现。

（3）为使主轴迅速停车，对 M1 采用反接制动。

（4）进给电动机 M2 拖动工作台上下、前后、左右运动，故要求 M2 正、反转。

（5）因 6 个方向的进给运动在同一时间内只允许一个方向上的运动，故采用机械操纵手柄和行程开关相配合的方法实现 6 个方向进给运动的联锁。

（6）主轴运动和进给运动采用变速孔盘进行速度选择，为保证变速齿轮进入良好的啮合状态，两种运动分别通过行程开关，实现变速后的瞬时点动。

（7）为了能及时实现控制，设置两套操作系统，在机床正面及左侧面，都安装相同的按钮、手柄和手轮，使操作方便。

（8）应具有必要的保护和联锁。

三、铣床电气线路分析

图 14-2 为 X62W 万能卧式铣床电气原理图。该电路的突出特点是电气控制与机械操

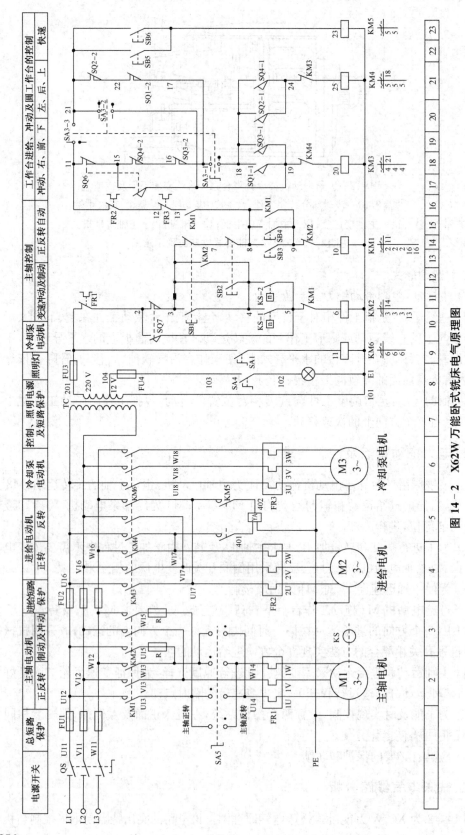

图 14-2　X62W 万能卧式铣床电气原理图

作紧密配合,是典型的机械-电气联合动作的控制机床。因此,分析电气控制原理图时,应弄清机械操作手柄扳动时相应的机械动作和电气开关动作情况,弄清各电器开关的作用和相应触点的通断状态。表 14-1 为 X62W 万能铣床电器元件一览表。

表 14-1　X62W 万能铣床电器元件一览表

符号	名称及用途	符号	名称及用途
M1	主轴电动机	SA4	照明灯开关
M2	工作台进给电动机	SA5	主轴电动机正反转开关
M3	冷却泵电动机	KS-1	速度继电器正转触头
KM1、KM2	主轴电动机正、反转接触器	KS-2	速度继电器反转触头
KM3、KM4	进给电动机正、反转接触器	QS	电源引入开关
KM5	快速牵引电磁铁启、停接触器	TC	控制变压器
YA	快速移动牵引电磁铁	FR1、FR2、FR3	热继电器
SB1	主轴电动机停止按钮	SQ1	工作台向左进给限位开关
SB2	主轴电动机停止按钮	SQ2	工作台向右进给限位开关
SB3	主轴电动机启动按钮	SQ3	工作台向前、向下进给限位开关
SB4	主轴电动机启动按钮	SQ4	工作台向后、向上进给限位开关
SB5	工作台快速移动按钮	SQ5	工作台快速与进给转换开关
SB6	工作台快速移动按钮	SQ6	进给变速点动开关
SA1	工作台手动与自动转换开关	SQ7	主轴变速点动开关
SA3	圆工作台转换开关		

(一) 主电路分析

图 14-2 中 M1 为主电动机,其正反转由换向组合开关 SA5 实现,正常运行时由 KM1 控制。KM2 的主触点串联两相电阻与速度继电器配合实现 M1 的停车反接制动,还可进行变速点动控制。M2 为工作台进给电动机,由正反转接触器 KM3、KM4 主触点控制,YA 为快速移动电磁铁,由 KM5 控制。M3 为冷却泵电动机,由 KM6 控制。

(二) 控制电路分析

1. 主轴电动机 M1 的控制

主轴电动机 M1 的控制分为正反转启动、正反向反接制动和主轴变速冲动。

(1) 主轴电动机 M1 的启动

本机床采用两地控制方式,启动按钮 SB3 和停止按钮 SB1 为一组,启动按钮 SB4 和停止按钮 SB2 为一组,分别安装在工作台和机床床身上,以方便操作。

启动前,先选择好主轴转速,并将主轴换向的转换开关 SA4 扳到所需转向上。然后,按下启动按钮 SB3 或 SB4,接触器 KM1 通电吸合并自锁,主电动机 M1 启动。KM1 的辅助常开触点(8-13)闭合,接通控制电路的进给线路电源,保证了只有先启动主轴电动机,才可启动进给电动机,避免损坏工件或刀具。

（2）主轴电动机 M1 的制动

为了使主轴停车准确，主轴采用反接制动。M1 启动后，速度继电器 KS 的常开触点 KS-1 或 KS-2 闭合，为电动机停转制动做准备。停车时，按下停止复合按钮 SB1 或 SB2，首先其常闭触点断开，KM1 线圈断电释放，主轴电动机 M1 断电，但因惯性继续旋转，将停止按钮 SB1 或 SB2 按到底，其常开触点闭合，接通 KM2 回路，改变 M1 的电源相序进行反接制动。当 M1 转速趋于零时，KS 触点自动断开，切断 M2 的电源。

（3）主轴变速冲动

主轴变速是通过改变齿轮的传动比进行的。当改变了传动比的齿轮组重新啮合时，因齿之间的位置不能刚好对上，若直接启动，有可能使齿轮打牙。为此，本机床设置了主轴变速瞬时点动控制线路。

图 14-3 是主轴变速冲动控制示意图。变速时，将变速手柄向下压，并推向前头，在推动手柄的过程中，凸轮转动压动弹簧杆，压下限位开关 SQ7。SQ7-2 常闭触头分断，使 KM1 线圈失电释放，切断 M1 运转电源。由于 SQ7-1 常开触头闭合，使 KM2 线圈得电吸合但不自保。电源经限流电阻 R 使 M1 缓慢转动。转动变速孔盘选好转速，齿轮啮合好后，将变速手柄拉回原位，限位开关复位，SQ7-1 常开触头分断，切断 M1 电源，SQ7-2 常闭触头闭合，为重新启动 M1 做准备。

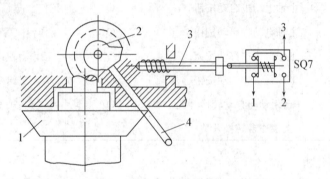

1—变速盘；2—凸轮；3—弹簧杆；4—变速手柄。

图 14-3 主轴变速冲动控制示意图

2. 工作台移动控制

转换开关 SA3 是控制圆工作台运动的，在不需要圆工作台运动时，将转换开关 SA3 扳至"断开"位置，转换开关 SA3 在正向位置的两个触点 SA3-1、SA3-3 闭合，反向位置的触点 SA3-2 断开，然后启动 M1，这时接触器 KM1 吸合，其触点 KM1（8-13）闭合，这样就可以进行工作台的进给控制。

工作台上、下、前、后、左、右 6 个方向的进给都由 M2 拖动，接触器 KM3 和 KM4 控制 M2 的正反转。进给方向由有关操纵手柄选定。操纵手柄经联动机构，在机械上接通相应的离合器，在电气上压合相应的限位开关，使接触器线圈得电，电动机 M2 的转动传至相应的丝杠，使工作台按选定的方向进给。"纵向"进给与"升降和横向"进给之间采用电气互锁，"横向"与"升降"之间采用机械互锁。

（1）工作台的"纵向"进给（左右）控制

首先将圆工作台转换开关 SA3 扳在"断开"位置。操纵工作台纵向运动的手柄有两个，一个装在工作台底座的顶面的正中央，另一个装在工作台底座的左下方，它们之间有机械连接，只要操纵其中任意一个就可以了。手柄有 3 个位置，即"左""右"和"中间"。当手柄扳到"左"或"右"时，手柄联动机构压下行程开关 SQ1 或 SQ2 使接触器 KM3 或 KM4 动作，控制进给电动机 M2 的正反转。工作台的左右行程可通过调整安装在工作台两端的挡铁来控制。当工作台纵向运动到极限位置时，挡铁撞动纵向操纵手柄，使它回到零位，工作台停止运动，从而实现了纵向终端保护。

在主轴电动机启动后，将操作手柄扳向左，其联动机构压下行程开关 SQ1，使 SQ1-2 断开、SQ1-1 闭合，接触器 KM3 线圈得电，电动机 M2 正转，拖动工作台向右。同理，将操作手柄扳向右，其联动机构压下行程开关 SQ2，使 SQ2-2 断开、SQ2-1 闭合，接触器 KM4 线圈得电，电动机 M2 反转，拖动工作台向左。

（2）工作台垂直（上下）和横向（前后）进给控制

工作台的垂直和横向运动，由垂直和横向进给手柄操纵。此手柄也是复式的，有两个完全相同的手柄分别装在工作台左侧的前、后方。手柄的联动机械一方面压下行程开关 SQ3 或 SQ4，同时能接通垂直或横向进给离合器。操纵手柄有五个位置（上、下、前、后、中间），五个位置是联锁的，工作台的上下和前后的终端保护是利用装在床身导轨旁与工作台座上的撞铁，将操纵十字手柄撞到中间位置，使 M 断电停转。

表 14-2　垂直和横向进给的操纵

十字手柄位置	工作台进给方向	离合器接通的丝杠	行程开关动作	接触器动作	电动机转向
向上	向上	垂直丝杆	SQ3	KM3	M2 正转
向下	向下	垂直丝杆	SQ4	KM4	M2 反转
向前	向前	横向丝杆	SQ4	KM4	M2 反转
向后	向后	横向丝杆	SQ3	KM3	M2 正转
中间	停止	横向丝杆	复位	释放	停止

工作台向前（或者向下）运动的控制：将十字操纵手柄扳至向前（或者向下）位置时，机械上接通横向进给（或者垂直进给）离合器，同时压下 SQ4，使 SQ4-2 断，SQ4-1 通，使 KM4 吸合，M2 反转，工作台向前（或者向下）运动，其通路为：11-21-22-17-18-24-25- KM4 线圈。

工作台向后（或者向上）运动的控制：将十字操纵手柄扳至向后（或者向上）位置时，机械上接通横向进给（或者垂直进给）离合器，同时压下 SQ3，使 SQ3-2 断，SQ3-1 通，使 KM3 吸合，M2 正转，工作台向后（或者向上）运动。其通路为：11-21-22-17-18-19-20-KM3 线圈。

工作台"纵向"与"升降和横向"进给采用了"常闭触头串联"方式实现电气互锁。进给控制电路，有两条通路都能使接触器 KM4 或 KM3 的线圈得电。

（3）工作台快速移动控制

在铣床不进行铣削加工时，工作台可以快速移动。工作台的快速移动也是由进给电动机 M2 来拖动的，在 6 个方向上都可以实现快速移动的控制。

主轴启动以后,将工作台的进给手柄扳到所需的运动方向,工作台将按操纵手柄指定的方向慢速进给。这时按下快速移动按钮 SB5(在床身侧面)或 SB6(在工作台前面),使接触器 KM5 线圈得电,接通牵引电磁铁 YA,电磁铁通过杠杆使摩擦离合器合上,减少中间传动装置,使工作台按原运动方向做快速移动。当松开快速移动按钮时,电磁铁 YA 断电,摩擦离合器断开,快速移动停止。工作台仍按原进给速度继续运动。

(4)进给变速冲动的控制

变速时,为使齿轮易于啮合,进给变速与主轴变速一样,设有变速冲动环节。当需要进行进给变速时,应将转速盘的蘑菇形手轮向外拉出并转动转速盘,把所需进给量的标尺数字对准箭头,然后再把蘑菇形手轮用力向外拉到极限位置并随即推向原位,就在一次操纵手轮的同时,其连杆机构二次瞬时压下行程开关 SQ6,使 KM3 瞬时吸合,M2 作正向瞬动,其通路为:11-21-22-17-16-15-19-20-KM3 线圈。

由于进给变速瞬时冲动的通电回路要经过 SQ1-SQ4 四个行程开关的常闭触点,因此只有当进给运动的操作手柄都在中间(停止)位置时,才能实现进给变速冲动控制,以保证操作时的安全。同时,与主轴变速时冲动控制一样,电动机的通电时间不能太长,以防止转速过高,在变速时打坏齿轮。

3. 圆工作台的控制

铣床如需铣切螺旋槽、弧形槽等曲线时,可在工作台上安装圆形工作台及其传动机械,圆形工作台的回转运动也是由进给电动机传动机构驱动的。

圆工作台工作时,应先将进给操作手柄都扳到中间(停止)位置,然后将圆工作台组合开关 SA3 扳到圆工作台接通位置。此时 SA3-1 断,SA3-3 断,SA3-2 通。准备就绪后,按下主轴启动按钮 SB3 或 SB4,则接触器 KM1 与 KM3 相继吸合。主轴电机 M 与进给电机 M2 相继启动并运转,而进给电动机仅以正转方向带动圆工作台作定向回转运动,其通路为:11-15-16-17-22-21-19-20-KM3 线圈。

由上可知,圆工作台与工作台进给有互锁,即当圆工作台工作时,不允许工作台在纵向、横向、垂直方向上有任何运动。若误操作而扳动进给运动操纵手柄(即压下 SQ1－SQ4、SQ6 中任一个),M2 即停转。

(三)照明电路分析

照明电源是变压器 TC 提供的 12V 交流电压。照明灯 EL 由开关 SA4 控制,熔断器 FU4 作为照明电路的短路保护。

四、铣床常见电气故障的分析与排除

铣床常见电气故障的分析与排除见表 14－3。

表 14-3　铣床常见电气故障的分析与排除

序号	故障现象	故障原因	修复故障措施
1	主轴电动机不能启动	原因可能为： (1) 控制电路熔断器 FU3 或 FU4 熔丝熔断 (2) 主轴换相开关 SA5 在停止位置 (3) SB1、SB2、SB3 或 SB4 的触点接触不良 (4) 主轴变速冲动行程开关 SQ7 的常闭触点接触不良 (5) 热继电器已经动作，没有复位 (6) 主轴电动机损坏	(1) 更换相同规格和型号的熔丝 (2) 将 SA5 扳到所需转向上 (3) 修复或更换同规格的按钮 (4) 修复或更换行程开关 (5) 将热继电器复位 (6) 修复或更换电动机
2	按下停止按钮后主轴不停	(1) 若按下停止按钮后，接触器 KM1 不释放，则说明接触器 KM1 主触点熔焊 (2) 若按下停止按钮后，KM1 能释放，KM2 吸合后有"嗡嗡"声，或转速过低，则说明制动接触器 KM2 主触点只有两相接通 (3) 若按下停止按钮电动机能反接制动，但放开停止按钮后，电动机又再次启动，则是启动按钮在启动电动机 M1 后绝缘被击穿 (4) 停止按钮常闭触点短路	(1) 修复接触器 KM1 的主触点 (2) 修复 KM2 另一相主触点 (3) 更换启动按钮 (4) 更换停止按钮
3	工作台各个方向都不能进给	(1) 接触器 KM3 和 KM4 主触头接触不良 (2) 电动机 M2 接线脱落或电动机绕组断路 (3) SQ1、SQ2、SQ3、SQ4 的位置发生变动或被撞坏	(1) 修复接触器的主触点 (2) 重新接好线或更换电动机 (3) 更换行程开关或调整好位置并切实安装牢固
4	工作台不能快速进给	(1) 牵引电磁铁 YA 线圈损坏或机械卡死 (2) 离合器摩擦片间隙调整不当或损坏 (3) SB5 和 SB6 的触点接触不良 (4) KM5 主触点接触不良或线圈损坏	(1) 更换电磁铁 (2) 调整离合器摩擦片间隙或更换 (3) 修复或更换同规格的按钮 (4) 修复或更换接触器
5	变速时不能冲动控制	多数是由于冲动位置开关 SQ6 或 SQ7 经常受到频繁冲击，使开关位置改变(压不上开关)，甚至开关底座被撞坏或接触不良	修理或更换开关，并调整好开关的动作距离

任务实施

工作任务：X62W 型卧式万能铣床电气控制线路的故障检修

一、任务描述

在 X62W 万能铣床电气技能实训考核装置(半实物)上模拟练习车床的操作过程，并进行电气故障检修，编写检修报告。

二、训练内容

1. 铣床电路电器元件的识别与功能分析

(1) 识读铣床电气控制线路故障图

X62W 万能铣床电气控制线路故障图如图 14-4 所示。

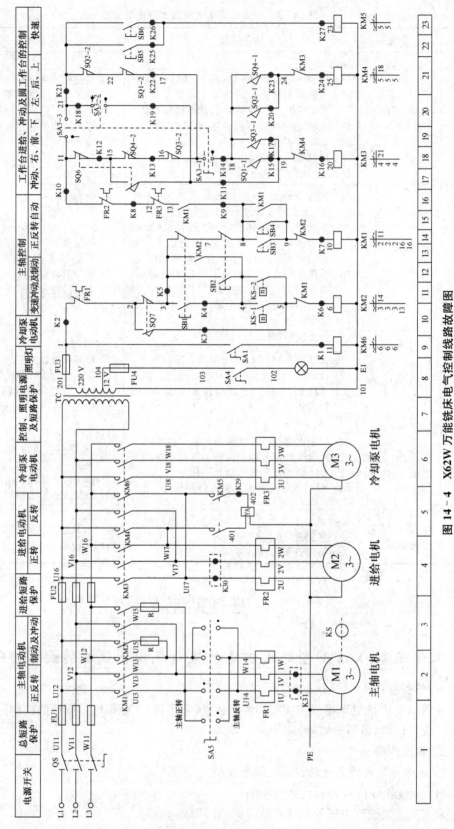

图 14 - 4　X62W 万能铣床电气控制线路故障图

X62W 万能铣床电气控制线路故障说明：本铣床电气控制线路共设断路故障 30 处，其中控制电路（含电源、辅助电路）故障 27 个，分别是 K1－K27；主电路故障 3 个，分别是 K29、K30 和 K31。各故障点均由故障开关控制，"0"位为断开，"1"位为合上。

（2）电器元件的识别与功能分析

参照电气原理图和元件位置图，熟悉铣床电器元件的分布位置和走线情况，熟悉铣床电器元件及其功能。

2. 铣床基本功能操作

根据铣床的加工功能进行铣床的基本操作。通过铣床功能的基本操作，了解正常状态下铣床各电器元件的动作过程和动作顺序，发现故障（非正常）状态下的异常现象或电器元件的非正常状态。参看铣床电气控制线路故障图，按照下列步骤进行操作。

① 操作前准备：根据电气控制线路图，把断路故障开关置"1"位。合上电源开关 QS，机床电气线路进入带电状态。

② 主轴电动机 M1 控制：先将 SA5 扳到主轴电动机所需的旋转方向（正、反转），然后按启动按钮 SB3 或 SB4 来启动电动机 M1。此时 KS 常开触点闭合，为主轴电动机的停转制动做好准备。按停止按钮 SB1 或 SB2 切断 KM1 电路，接通 KM2 电路，改变 M1 的电源相序进行串电阻反接制动。当 M1 转速低于 120 r/min 时，KS 的常开触点恢复断开，切断 KM2 电路，M1 停转，制动结束。压下 SQ7，SQ7 的常闭触点断开，切断接触器 KM1 线圈的电路，M1 断电；同时 SQ7 的常开触点接通，KM2 线圈得电动作，M1 被反接制动。松开 SQ7 使其复位，M1 停转。再次压 SQ7，M1 反向瞬时冲动一下，实现主轴电动机变速时的冲动控制。

③ 工作台进给电动机 M2 的控制：将组合开关 SA3 扳到断开位置，使触点 SA3-1 和 SA3-3 闭合，而 SA3-2 断开，然后启动 M1，这时接触器 KM1 吸合，其触点 KM1（8-13）闭合，这样就可以进行工作台的进给控制。压下行程开关 SQ3，M2 正转，表示工作台向上运动或向后运动；压下行程开关 SQ4，M2 反转，表示工作台向下运动或向前运动；压下行程开关 SQ2，M2 反转，表示工作台向左进给运动；压下行程开关 SQ1，M2 正转，表示工作台向右进给运动。M1 启动后，工作台按照选定的方向做进给移动时，按下快速进给控制按扭 SB5（或 SB6），使 KM5 通电吸合，电磁铁 YA 通电，表示工作台快速进给运动；当松开按扭，YA 指示灯熄，表示快速进给运动停止。操作行程开关 SQ6，实现进给电动机变速的冲动控制。

3. 故障分析与排除

在模拟铣床上人为设置故障点（每次 1～2 个故障点）。按下述步骤进行检修，直至故障排除。

① 用通电试验法观察故障现象。

② 根据故障现象，依据电路图用逻辑分析法确定故障范围。

③ 采取正确的检查方法查找故障点，并排除故障。

④ 检修完毕进行通电试验，并做好维修记录。

操作注意事项：

① 熟悉 X62W 万能铣床电气控制电路的基本环节及控制要求，并认真观摩教师示范检修。

② 由于 X62W 万能铣床的电气控制与机械配合密切，因此出故障时，应首先判明是机

械故障还是电气故障。

③ 修复故障使铣床恢复正常时,要注意消除故障产生的根本原因,以避免频繁发生相同的故障。

④ 检修工具、仪表使用要正确。

⑤ 带电检修时,必须有指导教师监护,以确保安全。

4. 撰写检修报告

在训练过程中,完成铣床电气控制线路检修报告,检修报告见表14-4。

表 14-4　铣床控制线路检修报告

机床名称/型号	
故障现象	
故障分析	
故障检修计划	
故障排除	

三、项目评价

本项目的考核评价可参照表11-5。

研讨与练习

【研讨 1】　主轴停车时没有制动的故障检修。

研究分析:主轴无制动时要首先检查按下停止按钮后反接制动接触器 KM2 是否吸合,如 KM2 不吸合,则应检查控制电路。检查时先操作主轴变速冲动手柄,若有冲动,说明故障的原因是速度继电器或按钮支路发生故障。若 KM2 吸合,则首先检查 KM2 主触点、R的制动回路是否有缺两相的故障存在,如果制动回路缺两相则完全没有制动现象;其次检查速度继电器的常开触点是否过早断开,如果速度继电器的常开触点过早断开,则制动效果不明显。

检查处理:检修时应根据具体情况进行处理,直到排除故障为止。

【研讨 2】　工作台能向左、右进给,不能向前后、上下进给的故障检修。

研究分析:铣床控制工作台各个方向的开关是互相连锁的,使之只有一个方向的运动。因此,这种故障的原因可能是控制左右进给的位置开关 SQ2 或 SQ1 由于经常被压合,使螺钉松动、开关移位、触头接触不良、开关机构卡住等,使电路断开或开关不能复位闭合,电路21-22 或 22-17 断开。这样当操作工作台向前、后、上、下运动时,位置开关 SQ3-2 或 SQ4-2 也被压开,切断了进给接触器 KM3、KM4 的通路,造成工作台只能左、右运动,而不能前、后、上、下运动。

　　检查处理：检修故障时，用万用表欧姆挡测量 SQ2-2 或 SQ1-2 的接触导通情况，查找故障部位，修理或更换元器件，就可排除故障。注意：在测量 SQ2-2 或 SQ1-2 的接通情况时，应操纵前后上下进给手柄，使 SQ3-2 或 SQ4-2 断开，否则通过 21－11－15－16－17 导通，会误认为 SQ2-2 或 SQ1-2 接触良好。

　　【课堂练习】　写出工作台能向前、后、上、下进给，不能向左、右进给的故障检修工作过程。

巩固与提高

一、填空题

　　1. 铣床的主轴带动铣刀的旋转运动是_____；铣床工作台前后、左右、上下 6 个方向的运动是_____；工作台的旋转运动是_____。

　　2. X62W 铣床主轴电动机 M1 有 3 种控制：_____启动、_____制动和_____冲动。

　　3. X62W 铣床工作台进给电动机 M2 有 3 种控制：_____运动、_____移动和_____冲动。

　　4. X62W 万能铣床的主轴运动和进给运动是通过_____来进行变速的，为保证变速齿轮进入良好啮合状态，要求铣床变速后做_____。

二、选择题

　　5. 安装在 X62W 万能铣床工作台上的工件可以在（　　）方向调整位置或进给。

　　　　A. 两个　　　　　　　　B. 四个　　　　　　　　C. 六个

　　6. X62W 万能铣床主轴 M1 要求正反转，不用接触器控制而用组合开关控制，是因为（　　）。

　　　　A. 接触器易损坏　　　B. 改变转向不频繁　　　C. 操作安全方便

　　7. X62W 万能铣床上，由于主轴传动系统中装有（　　），为减小停车时间，必须采取制动措施。

　　　　A. 摩擦轮　　　　　　　B. 惯性轮　　　　　　　C. 电磁离合器

　　8. X62W 万能铣床主轴电动机 M1 的制动是（　　）。

　　　　A. 能耗制动　　　　　　　　　　　　　　B. 反接制动

　　　　C. 电磁抱闸制动　　　　　　　　　　　　D. 电磁离合器制动

　　9. 主轴电动机的正反转是由（　　）控制的。

　　　　A. 按钮 SB3 和 SB4　　　B. 组合开关 SA3　　　C. 接触器 KM3 和 KM4

　　10. 当左右进给操作手柄扳向右端时，将压合位置开关（　　）。

　　　　A. SQ1　　　　　　　　B. SQ2　　　　　　　　C. SQ3

　　　　D. SQ4　　　　　　　　E. SQ5　　　　　　　　F. SQ6

　　11. X62W 万能铣床工作台的进给和快速移动，必须在主轴启动后才允许进行，这是为了（　　）。

　　　　A. 安全需要　　　　　　B. 便于操作　　　　　　C. 电路安装的需要

　　12. X62W 万能铣床的主轴未启动，工作台（　　）。

A. 不能进给和快速移动　　　　　　　B. 可以快速进给

C. 可以快速移动

13. 由于 X62W 铣床圆形工作台的通电电路经过(　　),所以任意一个进给手柄不在零位时,都将使圆形工作台停下来。

A. 进给系统位置开关的所有常闭触点

B. 进给系统位置开关的所有常开触点

C. 进给系统位置开关所有的常开及常闭触点

三、判断题(对的打"√",错的打"×")

14. X62W 万能铣床的顺铣和逆铣加工是由主轴电动机 M1 的正反转来实现的。

(　　)

15. 对于 X62W 万能铣床,为了避免损坏刀具和机床,要求只要电动机 M1、M2、M3 有一台过载,三台电动机都必须停止运转。　　　　　　　　　　　　　　(　　)

16. 圆形工作台的运动与否,对工作台在 6 个方向的进给运动无影响。　(　　)

17. 进给操作手柄被置定于某一方向后,电动机 M2 只能朝一个方向旋转,其传动链只能与一根丝杠搭合。　　　　　　　　　　　　　　　　　　　　(　　)

18. 进给变速时的冲动控制也是通过变速手柄与冲动位置开关 SQ1 来实现的。

(　　)

四、简答题

19. X62W 万能铣床的工件能在哪些方向上调整位置或进给? 是怎样实现的?

20. 在图 14-5 电路上人为地设置故障,根据表 14-6 所示故障现象,试分析可能的故障点,说明检查方法。

表 14-6　故障的检查及排除

故障现象	可能故障点	检查方法
主轴不能正常启动		
主轴冲动不能正常进行		
工作台不能上下前后运动		
工作台不能向上、向前、向左运动		
主轴不能完成反接制动		
工作台只能向右运动		
工作台不能快速移动		

项目 15　T68 型镗床电气控制线路检修

学习目标

（1）了解 T68 型镗床的运动形式及控制要求。

（2）熟悉 T68 型卧式镗床电气控制线路的构成及工作原理。

（3）熟悉掌握 T68 型镗床电气元件的作用与安装位置，并能熟练操作机床。

（4）掌握 T68 型卧式镗床电气控制线路的安装、调试与维修。

任务描述

正确识读 T68 型镗床电气控制原理图并理解其工作原理，根据电气原理图及电动机型号选用电器元件及部分电工器材，完成 T68 型镗床电气控制电路的安装、自检及通电试车；在 T68 型镗床电气控制柜中，排除电气故障，填写维修记录。

知识链接

一、镗床的主要结构及运动形式

镗床是一种精密加工机床，主要用于加工精确的孔和各孔间相互位置要求较高的零件。按用途不同，镗床可分为卧式镗床、立式镗床、坐标镗床、金刚镗床和专门化镗床。卧式镗床应用较多，它可以进行钻孔、镗孔、扩孔、铰孔及加工端平面等，使用一些附件后，还可以车削圆柱表面、螺纹，装上铣刀可进行铣削。

T68 型镗床属中型卧式镗床，T 表示镗床，6 表示卧式，8 表示镗轴直径为 85 mm。

（一）主要结构

T68 卧式镗床主要由床身、前立柱、镗头架、后立柱、尾座、下溜板、上溜板和工作台等部分组成，其结构如图 15 - 1 所示。

床身是一个整体的铸件，在它的一端固定有前立柱，在前立柱的垂直导轨上装有镗头

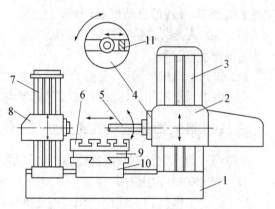

1—床身；2—镗头架；3—前立柱；4—平旋盘；5—镗轴；6—工作台；7—后立柱；8—尾座；9—上溜板；10—下溜板；11—刀具溜板。

图 15 - 1　T68 卧式镗床结构示意图

架,镗头架可沿导轨垂直移动。镗头架上装有主轴、主轴变速箱、进给箱与操纵机构等部件。切削刀具固定在镗轴前端的锥形孔里,或装在平旋盘的刀具溜板上。在镗削加工时,镗轴一面旋转,一面沿轴向做进给运动。平旋盘只能旋转,装在其上的刀具溜板做径向进给运动。镗轴和平旋盘轴经由各自的传动链传动,因此可以独自旋转,也可以不同转速同时旋转。在床身的另一端装有后立柱,后立柱可沿床身导轨在镗轴轴线方向调整位置。在后立柱导轨上安装有尾座,用来支撑镗轴的末端,尾座与镗头架同时升降,保证两者的轴心在同一水平线上。工作台由下溜板、上溜板和回转工作台3层组成。下溜板可在床身轨道上做纵向移动,上溜板可在下溜板轨道上做横向移动,回转工作台可在上溜板上转动。

(二) 运动形式

1. 主运动

镗轴和平旋盘的旋转运动。

2. 进给运动

镗轴的轴向进给、平旋盘刀具溜板的径向进给、镗头架的垂直进给、工作台的纵向进给和横向进给。

3. 辅助运动

工作台的回转、后立柱的轴向移动、尾座的垂直移动及各部分的快速移动等。

二、电力拖动特点及控制要求

(1) T68 卧式镗床主运动与进给运动由一台主轴电动机拖动,由各自传动链传动;为缩短辅助时间,各进给方向均能快速移动,还应有快速移动电动机。

(2) 为适应各种加工工艺要求,主轴旋转与进给量都有较宽的调速范围。为简化传动机构,采用双速笼形异步电动机。有高、低两种速度供选择,高速运转时应先经低速启动。

(3) 由于进给运动有几个方向,要求主电动机能正反转;为满足调整工作需要,主电动机应能实现正、反转的点动控制;为保证主轴停车迅速、准确,主电动机应有制动停车环节。

(4) 主轴变速与进给变速可在主电动机停车或运转时进行,为便于变速时齿轮啮合,应有变速低速冲动过程。

(5) 快速电动机采用正、反转的点动控制方式。

(6) 由于运动部件多,应设有必要的联锁与保护环节。

三、T68 卧式镗床电气线路分析

T68 卧式镗床电气原理图如图 15-2 所示。

各行程开关的作用说明:

SQ1——工作台、主轴箱进给操纵手柄联动行程开关;

SQ2——主轴进给手柄、平旋盘刀具溜板进给操纵手柄联动行程开关;

SQ3、SQ5——主轴变速用行程开关,主轴变速手柄拉出时 SQ3 不受压、SQ5 受压,手柄推上复位时,SQ3 受压、SQ5 不受压;

SQ4、SQ6——进给变速用行程开关,进给变速手柄拉出时 SQ4 不受压、SQ6 受压,手柄推上复位时,SQ4 受压、SQ6 不受压;

SQ8、SQ7——快速操纵手柄联动行程开关,快速手柄扳到正向位置,SQ8 压下,扳到反

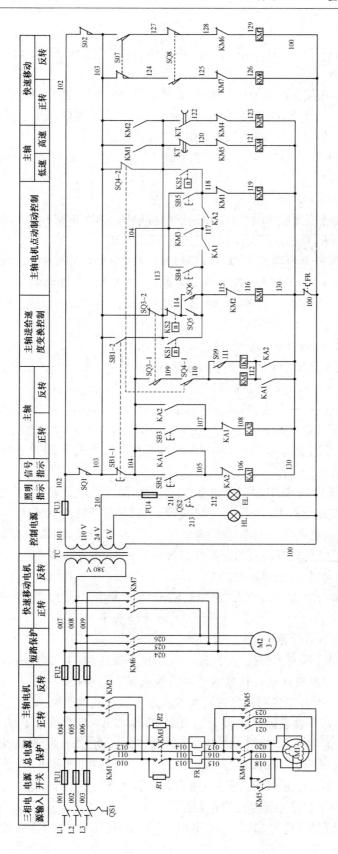

图 15 - 2　T68 卧式镗床电气原理图

向位置,则 SQ7 压下;

SQ9——高低速的转换开关,低速时 SQ9 不被压动,高速时 SQ9 被压动。

(一) 主电路分析

M1 为主电动机,由接触器 KM1、KM2 控制其正、反转;KM4 控制 M1 低速运转(定子绕组接成三角形,为 4 极),KM5 控制 M1 高速运转(定子绕组接成双星形,为两极);KM3 控制 M1 反接制动限流电阻。热继电器 FR 作 M1 过载保护。

M2 为快速移动电动机,由 KM6、KM7 控制其正反转,M2 为短时运行,不需过载保护。

(二) 控制电路分析

1. 主轴电动机 M1 的点动控制

由正反转的点动控制按钮 SB4、SB5 和正反转接触器 KM1、KM2 构成,此时电动机定子绕组串入降压电阻 R,三相定子绕组接成三角形低速点动。

以正向点动为例,合上电源开关 QS1,按下 SB4 按钮,KM1 线圈通电,主触头接通三相正相序电源,KM1(103 - 113)闭合,KM4 线圈通电,电动机 M1 三相绕组接成三角形,串入电阻 R 低速启动。由于 KM1、KM4 此时都不能自锁,故为点动。当松开 SB3 按钮时,KM1、KM4 相继断电,M1 断电而停车。

2. M1 电动机正反转控制

由正反转启动按钮 SB1、SB2 操作,由中间继电器 KA1、KA2 及正反转接触器 KM1、KM2,并配合接触器 KM3、KM4、KM5 来完成 M1 电动机的可逆运行控制。

M1 电动机启动前,主轴变速、进给变速均已完成,即主轴变速与进给变速手柄置于推合位置,此时行程开关 SQ3、SQ4 被压下。当选择 M1 低速运转时,将主轴速度选择手柄置于"低速"挡位,此时经速度选择手柄联动机构使高低速行程开关 SQ9 处于释放状态,其触头 SQ9(110 - 111)断开。

需要正转时,按下按钮 SB2,中间继电器 KA1 的线圈通电吸合并自锁,KA1 的常开触点 KA1(112 - 130)使接触器 KM3 吸合。KM3 吸合后,其常开触点 KM3(104 - 117)闭合,使接触器 KM1 线圈通电吸合。KM1 线圈通电吸合后,其常开触点 KM1(103 - 113)闭合,KM4 随之吸合,其主触点将电动机的定子绕组接成三角形,电动机在全压下(KM3 的主触点将 R 短接)直接正向启动,低速运行。

反向低速启动运行是由 SB3、KA2、KM3、KM2 和 KM4 控制的,其控制过程与正向低速运行相类似。

3. M1 电动机高低速的转换控制

行程开关 SQ9 是高低速的转换开关,低速时 SQ9 不被压动,主轴电动机的定子绕组连接成三角形,高速时 SQ9 被压动,M1 的定子绕组接成 YY,转速提高一倍。

以正向高速启动为例,来说明高低速转换控制过程。将主轴速度选择手柄置于"高速"挡,SQ9 被压下,其常开触点闭合。按下启动按钮 SB2,KA1 线圈通电并自锁,相继使 KM3、KM1 和 KM4 通电吸合,控制 M1 电动机低速正向启动运行;在 KM3 线圈通电的同时 KT 线圈通电吸合,待 KT 延时时间到,触头 KT(113 - 120)断开使 KM4 线圈断电释放、触头 KT(113 - 122)闭合使 KM5 线圈通电吸合,这样,使 M1 定子绕组由三角形接法自动换接成双星形接线,M1 自动由低速变高速运行。

反向高速挡启动运行,是由 SB3、KA2、KM3、KT、KM2、KM4 和 KM5 控制的,其控制过程与正向高速启动运行相类似。

4. M1 电动机的停车制动控制

由 SB1、速度继电器 KS 的常开触点、接触器 KM1、KM2 和 KM3 构成主电动机的正反转反接制动控制电路。下面以 M1 电动机正向运行时的停车反接制动为例加以说明。

若电动机 M1 在高速正转运行时,速度继电器的正向常开触点 KS2(113－118)闭合,为反接制动做好了准备。此时按下停止按钮 SB1,其触点 SB1-1 先断开,使 KA1、KM3、KT、KM1 的线圈同时断电,随之 KM5 的线圈也断电释放。KM1 断电,其主触点断开,电动机断电,同时 KM1(118－119)闭合,为制动做准备。KT 线圈断电,其触点 KT(113－122)断开、KT(113－120)闭合,使电动机在低速运转的状态下进行制动。KM3 断电,其主触点断开,限流电阻 R 串入主电动机的定子电路。停止按钮的常开触点 SB1-2 闭合后,由于电动机的转速仍然很高,速度继电器的触点 KS-2 仍处于闭合状态,因此 KM2 线圈通电吸合,其主触点闭合,将电动机的电源相序反接,其常开触点闭合自锁,同时接通 KM4 的线圈,KM4 的主触点闭合,使电动机在低速下串入制动电阻进行反接制动。当电动机的转速下降到速度继电器的复位转速时(约 100 r/min),速度继电器的常开触点 KS-2 断开,接触器 KM2 断电,随之 KM4 也断电,电动机停转,反接制动过程结束。

在停车操作时,必须将停止按钮按到底,使 SB1 的常开触点闭合,否则将没有反接制动停车,而是自由停车。

如果在 M1 反转时进行制动,则速度继电器 KS 的反向旋转动作的常开触点 KS-1(113－115)闭合,使 KM1、KM4 吸合进行反接制动。

5. 主轴变速与进给变速控制

T68 卧式镗床的主轴变速与进给变速可在停车时进行,也可在运行中进行。变速时将变速手柄拉出,转动变速盘,选好速度后,再将变速手柄推回。拉出变速手柄时,相应的变速行程开关不受压;推回变速手柄时,相应的变速行程开关压下,SQ3、SQ5 为主轴变速用行程开关,SQ4、SQ6 为进给变速用行程开关。下面以主轴变速为例加以说明。

主轴变速时,只要将主轴变速操作盘的操作手柄拉出,与变速手柄有联系的行程开关 SQ3 不受压而复位,使 SQ3-1 断开、SQ3-2 闭合,在主轴变速操作盘的操作手柄拉出没有推上时,SQ5 受压,其常开触点闭合。由于 SQ3-1 断开,使 KM3、KT 线圈断电而释放,KM1(或 KM2)也随之断电释放,电动机 M1 断电,但在惯性的作用下旋转。由于 SQ3-2 闭合,而速度继电器的正转常开触点 KS-2 或反转常开触点 KS-1 早已闭合,所以使 KM2(或 KM1)、KM4 线圈通电吸合,电动机 M1 在低速状态下串入电阻 R 进行反接制动。当转速下降到速度继电器复位时的转速(约 100 r/min)时,速度继电器的常开触点断开,制动过程结束,此时便可以转动变速操纵盘进行变速,变速后,将手柄推回原位,使 SQ3 受压、SQ5 不受压,SQ3、SQ5 的触点恢复到原来的状态,SQ3-1 闭合,SQ3-2、SQ5 常开触点断开,使 KM3、KM1(或 KM2)、KM4 的线圈相继通电吸合。电动机按原来的转向启动,而主轴则在新的转速下运行。

变速时,因齿轮卡住推不上时,行程开关 SQ5 在主轴变速手柄推不上时仍处于被压下的状态,SQ5 的常开触点闭合,速度继电器的常闭触点 KS2(113－114)也已经闭合,使 KM1 通电,同时使 KM4 通电,电动机在低速状态下串电阻正向启动,当转速升高到接近 130 r/min 时,速度继电器又动作,KS2(113－114)又断开,KM1、KM4 线圈断电释放,M1 电动机断电,同时 KS2(113-118)闭合,电动机被反接制动,当转速降到 100 r/min 时,速度继电器又复位,KS2(113-118)断开,KS2(113-114)再次闭合,KM1、KM4 再次吸合,电动机 M1 在低速状态下串电阻启动起来,这样电动机 M1 在转速 100～130 r/min 的范围内重复动作,直到齿轮啮合后,主轴变速手柄推上,SQ5 不受压、SQ3 受压为止,触点 SQ3-2 断开,SQ5 触点断开,变速冲动过程结束。

如果变速前主轴电动机处于停止状态,变速后主轴电动机也处于停止状态,若变速前主轴电动机处于低速运转状态,由于中间继电器 KA1 仍保持通电状态,变速后主轴电动机仍然处于三角形联结的低速运转状态。如果电动机变速前处于高速正转状态,那么变速后,主轴电动机仍先接成三角形,经过延时后才进入 YY 的高速正转状态。

进给变速的控制和主轴变速控制的过程相同,只是拉开进给变速手柄,与其联动的行程开关是 SQ4、SQ6,当手柄拉出时 SQ4 不受压、SQ6 受压,手柄推上复位时,SQ4 受压、SQ6 不受压。

6. 快速移动控制

主轴箱、工作台或主轴的快速移动,由快速手柄操纵并联动 SQ8、SQ7 行程开关,控制接触器 KM6 或 KM7,进而控制快速移动电动机 M2 正反转来实现快速移动。将快速手柄扳在中间位置,SQ7、SQ8 均不被压动,M2 电动机停转。若将快速手柄扳到正向位置,SQ8 压下,KM6 线圈通电吸合,M2 正转,使相应部件正向快速移动。反之,若将快速手柄扳到反向位置,则 SQ7 压下,KM7 线圈通电吸合,M2 反转,相应部件获得反向快速移动。

7. 联锁保护环节

T68 卧式镗床电气控制电路具有完善的联锁与保护环节。

(1) 主轴箱或工作台与主轴机动进给联锁。为了防止在工作台或主轴箱机动进给时出现将主轴或平旋盘刀具溜板也扳到机动进给的误操作,安装有与工作台、主轴箱进给操纵手柄有机械联动的行程开关 SQ1,在主轴箱上安装了与主轴进给手柄、平旋盘刀具溜板进给手柄有机械联动的行程开关 SQ2。当这两个进给操作手柄中的任一个扳在机动进给位置时,电动机 M1 和 M2 都可启动运行。但若两个进给操作手柄同时扳在机动进给位置时,SQ1、SQ2 都断开,将控制电路切断,M1 和 M2 都不能工作,两种进给都不能进行,从而达到联锁保护的目的。

(2) M1 电动机正反转控制、高低速控制、M2 电动机的正反转控制均设有互锁控制环节。

(3) 熔断器 FU1～FU4 实现短路保护;热继电器 FR 实现 M1 过载保护;电路采用按钮、接触器或继电器构成的自锁环节具有欠电压与零电压保护作用。

(三) 照明、信号电路分析

照明电源是变压器 TC 提供的 24 V 交流电压。照明灯 EL 由开关 SQ2 控制,熔断器 FU4 作为照明电路的短路保护。HL 为电源指示灯。

四、镗床常见电气故障的分析与排除

T68 镗床常见故障的判断和处理方法与车、铣、磨床大致相同(见表 15-1)。但由于镗床的机械-电气联锁比较多,又采用了双速电动机,在运行中会出现一些特有的故障。

表 15－1　镗床常见电气故障的分析与排除

序号	故障现象	故障原因	修复故障措施
1	主轴电动机 M1 不能启动	主轴电动机 M1 是双速电动机，正、反转控制一般不可能同时损坏。故原因可能为： (1) 熔断器 FU1、FU2、FU4 其中一个熔断 (2) 工作台进给操作手柄、主轴进给操作手柄的位置不正确，压合 SQ1、SQ2 动作 (3) 热继电器 FR 动作，使电动机不能启动 (4) 主轴电动机损坏	(1) 更换相同规格和型号的熔丝 (2) 将两操作手柄重置于正确的位置 (3) 将热继电器复位 (4) 修复或更换电动机
2	只有低速挡，没有高速挡	(1) 时间继电器 KT 不动作 (2) 行程开关 SQ9 安装的位置移动 (3) SQ9 触点接线脱落 (4) 接触器 KM5 损坏 (5) KM4 动断触点损坏	(1) 更换时间继电器 (2) 重新安装调整 SQ9 的位置 (3) 重新接好线 (4) 更换相同规格的接触器 (5) 修复接触器 KM4 的动断触点
3	主轴变速手柄拉出后，主轴电动机不能冲动	(1) 若变速手柄拉出后，主轴电动机仍然以原来的转速和转向旋转，没有变速冲动，这是由于行程开关 SQ3 常开触点 SQ3-2 因绝缘被击穿而无法断开造成的 (2) 若变速手柄拉出后，M1 能反接制动，但到转速为零时，不能进行低速冲动，这往往由于 SQ3、SQ5 安装不牢固，位置偏移，触点接触不良，使触点 SQ3-1、SQ5 常开触点不能闭合，或速度继电器 KS2 的常闭触点 KS2(113－114)不能闭合所致	(1) 更换 SQ3 (2) 重新安装调整 SQ3、SQ5 的位置或更换时间继电器
4	主轴电动机不能制动	(1) 速度继电器损坏，其正转常开触点和反转常开触点开始不能闭合 (2) KM1 或 KM2 的常闭触点接触不良	(1) 更换速度继电器 (2) 修复接触器触点
5	电动机在高速运行时的转向和低速运行时的转向相反	双速电动机的电源进线错误：将三相电源在高速运行和低速运行时，都接成同相序	改变三相电源相序

任务实施

工作任务：T68 型镗床电气控制线路的故障检修

一、任务描述

在模拟的 T68 镗床控制线路板上，人为设置两个隐蔽故障，要求在规定的时间内，采用正确的检修方法排除故障，并编写检修报告。

二、训练内容

1. 镗床电路电器元件的识别与功能分析

(1) 识读镗床电气控制线路故障图

T68 镗床电气控制线路故障图如图 15－3 所示。

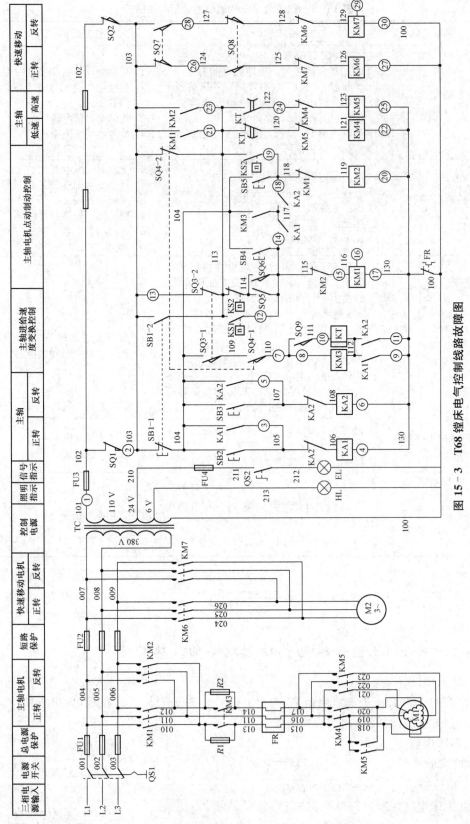

图 15 – 3 T68 镗床电气控制线路故障图

　　T68 镗床电气控制线路故障说明:本镗床电气控制线路共设断路故障 30 处,各故障点均由故障开关控制,"0"位为断开,"1"位为合上。

　　(2) 电器元件的识别与功能分析

　　参照电气原理图和元件位置图,熟悉镗床电器元件的分布位置和走线情况,熟悉镗床电器元件及其功能。

　　2. 镗床基本功能操作

　　根据镗床的加工功能进行镗床的基本操作。通过镗床功能的基本操作,了解正常状态下镗床各电器元件的动作过程和动作顺序,发现故障(非正常)状态下的异常现象或电器元件的非正常状态。

　　3. 故障分析与排除

　　在 T68 镗床上人为设置两个隐蔽故障点,按下述步骤进行检修,直至故障排除。

　　① 用通电试验法观察故障现象。

　　② 根据故障现象,采用逻辑分析法缩小故障范围,并在电路图上用虚线标出故障部位的最小范围。

　　③ 采用测量法,正确、迅速查出故障点。

　　④ 根据不同故障点的实际情况,采用正确的维修方法排除故障。

　　⑤ 排除故障后通电试车,并做好维修记录。

　　4. 撰写检修报告

　　在训练过程中,完成镗床电气控制线路检修报告,检修报告见表 15-2。

表 15-2　镗床控制线路检修报告

机床名称/型号	
故障现象	
故障分析	
故障检修计划	
故障排除	

三、项目评价

本项目的考核评价可参照表 11-5。

研讨与练习

【研讨 1】　主轴电动机 M1、快移电动机 M2 都不工作的故障检修。

研究分析:熔断器 FU1、FU2、FU3 的熔断,变压器 TC 损坏。

检查处理:查看照明灯工作正常,说明 FU1、FU2 未熔断。在断电情况下,查 FU3 已熔断,更换熔断器,故障排除。

【研讨 2】　转轴的转速与转速指示牌不符的故障检修。

研究分析:这种故障一般有两种现象:一是主轴的实际转速比标牌指示数增加一倍或减少一半;另一种是电动机的转速没有高速挡或者没有低速挡。前者大多是由于高低速转换开关安装调整不当引起的,因为 T68 镗床有 18 种转速,是采用双速电动机和机械滑移齿轮来实现的。变速后,1、2、4、6、8…挡由电动机以低速运转驱动,而 3、5、7、9…挡由电动机以高速运转驱动。由电气原理图可知,主轴电动机的高低速转换是靠微动开关 SQ9 的通断来实现的,SQ9 安装在主轴调速手柄的旁边,主轴调速机构转动时推动一个撞钉,撞钉推动簧片使微动开关 SQ9 通或断,如果安装调整不当,使 SQ9 动作恰恰相反,则会发生主轴的实际转速比标牌指示数增加一倍或减少一半。后者主要的原因是行程开关 SQ9 的安装位置移动,造成 SQ9 始终处于接通或断开的状态或者是由于时间继电器 KT 不动作或触点接触不良。如果 KT 或 SQ9 的触点接触不良或接线脱落,则主轴电动机 M1 只有低速;若 SQ9 始终处于接通状态,则 M1 只有高速。

检查处理:第一种情况,重新安装,调整 SQ9,即可排除故障。第二种情况,通电观察或用万用表测量 SQ9 或 KT 的触点导通情况,查找故障部位,修理或更换元器件,就可排除故障。

【课堂练习】　写出 T68 卧式镗床故障检修工作过程。故障现象如下:① 主轴电机不能低速启动;② 压下快速移动手柄正转不能进行。

巩固与提高

一、填空题

1. T68 镗床由床身、立柱导轨和支座组成,可运动的部件有主轴箱和工作台,主轴箱可在_____导轨上上下移动来改变加工中心的位置,工作台可_____移动,还可旋转_____的角度,特别对型面复杂的大件进行镗孔非常方便。

2. 由 T68 镗床的图 12 - 2 的主轴电动机 M1 的出线端可看出,M1 是一台_____电动机,且是_____结构。

3. 图 15 - 2 中,行程开关_____是高低速的转换开关,低速时 SQ9 不被压动,主轴电动机的定子绕组连接成_____形,高速时 SQ9 被压动,M1 的定子绕组接成_____形,转速提高一倍。

4. 为了防止镗床在工作台或主轴箱机动进给时出现将主轴或平旋盘刀具溜板也扳到机动进给的误操作,安装有与_____有机械联动的行程开关 SQ1,在主轴箱上安装了与_____有机械联动的行程开关 SQ2。若两个进给操作手柄同时扳在机动进给位置时,SQ1、SQ2 都_____,将控制电路切断,从而达到联锁保护的目的。

二、简答题

5. 在图 15 - 3 电路上人为地设置故障,根据表 15 - 3 所示故障现象,试分析可能的故障点,说明检查方法。

表 15 - 3　故障的检查及排除

故障现象	可能故障点	检查方法
主轴正转只能点动不能连续运转		
主轴不能翻转到高速运行		
压下快速移动手柄正转不能进行		
主轴电机不能低速启动		
正转不能制动		

项目 16 CW6163 型卧式车床电气控制系统的设计

学习目标

(1) 了解电气设计的一般原则。

(2) 熟悉电气设计过程,了解设计步骤,掌握设计内容与常用方法。

(3) 能根据机床的拖动特点和控制要求正确地选择电动机和电器元件。

(4) 能根据生产机械的工艺要求和生产过程,用分析法设计电气控制原理图。

(5) 具有不太复杂电气控制系统工艺设计的能力。

(6) 具有工程绘图和编写设计说明书的能力。

任务描述

根据 CW6163 型卧式车床的工艺要求和生产过程,拟定电气设计任务书,合理选择电力拖动方案和电动机,设计电气控制原理图,根据电气原理图及电动机型号正确选用电器元件,绘制总装配图、电器元件布置图与安装接线图,编写设计说明书。

知识链接

生产机械电气控制系统的设计,包含两个基本内容:一个是原理设计,即要满足生产机械和工艺的各种控制要求,另一个是工艺设计,即要满足电气控制装置本身的制造、使用和维修的需要。原理设计决定生产机械设备的合理性与先进性,工艺设计决定电气控制系统是否具有生产可行性、经济性、美观、使用维修方便等特点,所以电气控制系统设计要全面考虑两方面的内容。在熟练掌握电气控制电路基本环节并能够对一般生产机械电气控制电路进行分析的基础上,应进一步学习一般生产机械电气控制系统设计和施工的相关知识,以期全面了解电气控制的内容,也为今后从事电气控制工作打下坚实的基础。

一、电气控制系统设计的一般原则和基本内容

(一) 电气控制系统设计的一般原则

设计工作的首要问题是树立正确的设计思想及工程实践的观点,使设计的产品经济、实用、可靠、先进、使用及维修方便等。在电气控制设计中,应遵循以下原则:

(1) 最大限度满足生产机械和生产工艺对电气控制的要求,因为这些要求是电气控制设计的依据。因此在设计前,应深入现场进行调查,搜集资料,并与生产过程有关人员、机械部分设计人员、实际操作者多沟通,明确控制要求,共同拟定电气控制方案,协同解决设计中的各种问题,使设计成果满足要求。

（2）设计方案要合理。在满足控制要求的前提下，设计方案应力求简单、经济、便于操作和维修，不要盲目追求高指标和自动化。

（3）机械设计与电气设计应相互配合。许多生产机械采用机电结合控制的方式来实现控制要求，因此要从工艺要求、制造成本、结构复杂性、使用维护方便等方面协调处理好机械和电气的关系。

（4）确保控制系统安全可靠地工作。电气控制线路应具有完善的保护环节，来保证整个生产机械的安全运行，消除在其工作不正常或误操作时所带来的不利影响，避免事故的发生。电气控制线路中常设的保护环节有短路、过流、过载、失压、弱磁、超速、极限保护等。

（5）为适应生产的发展和工艺的改进，设备能力应留有适当裕量。

（二）电气控制系统设计的基本内容

电气控制系统设计的基本内容是根据控制要求，设计和编制出电气设备制造和使用维修中必备的图样和资料等。图样常用的有电气原理图、元器件布置图、安装接线图、控制面板图等。资料主要有元器件清单及设备使用说明书等。

电气控制系统设计有电气原理图设计和电气工艺设计两部分，以电力拖动控制设备为例，各部分设计内容如下：

1. 原理设计内容

（1）拟订电气设计任务书。

（2）确定电力拖动方案，选择电动机。

（3）设计电气控制原理图，计算主要技术参数。

（4）选择电器元件，制定元器件明细表。

（5）编写设计说明书。

2. 工艺设计内容

（1）设计电气总布置图、总安装图与总接线图。

（2）设计组件布置图、安装图和接线图。

（3）设计电气箱、操作台及非标准元件。

（4）列出元件清单。

（5）编写使用维护说明书。

二、电力拖动方案的确定和电动机的选择

（一）电力拖动方案的确定

电力拖动方案选择是电气控制系统设计的主要内容之一，也是以后各部分设计内容的基础和先决条件。主要从几个方面考虑电力拖动方案：

1. 拖动方式的选择

电力拖动方式有单独拖动与集中拖动两种。电力拖动发展的趋向是电动机接近工作机构，形成多电动机的拖动方式。这样，不仅能缩短机械传动链，提高传动效率，便于实现自动控制，而且也能使总体结构得到简化。所以，应根据生产机械结构、运动情况和工艺要求来决定电动机的种类和数量。

2. 调速方案的选择

一般生产机械根据生产工艺要求都要求调节转速，不同机械有不同的调速范围和调速

精度,为满足不同调速要求,应选用不同的调速方案。机床传动的调速方式一般可分为机械调速和电气控制调速。前者是通过电动机驱动变速机构或液压装置,对机床的主运动和进给运动进行调速。后者是采用直流电动机或交流电动机以及步进电动机的调速系统,以达到机床无级和自动调速的目的。

对于一般无特殊调速指标要求的机床,电力拖动应优先采用三相鼠笼式异步电动机,因为这种电动机结构简单、运行可靠、价格经济、维修方便,若配以适当级数的齿轮变速箱或液压调速系统,便能满足一般机床的调速要求。若要进一步简化传动机构,减少机械传动链,提高传动效率,扩大调速范围,则也可采用双速或多速的鼠笼式异步电动机。例如,当调速范围 D 取 $2\sim3$、调速级数 $\leq2\sim4$ 时,采用可变极数的双速或多速鼠笼式异步电动机便是恰当的选择。

对于调速范围、调速精度、调速的平滑性要求较高以及启、制动频繁的机床,则采用直流或交流调速系统。直流调速系统线路成熟,具有很好的调速性能,在条件允许的情况下是优先考虑的方案。交流调速具有一系列优点,很有发展前途,其技术已日臻成熟,在一定范围大有取代直流调速的趋势。但其装置较直流调速更复杂、造价更高,采用时应注意进行技术经济指标的比较。随着交流调速技术的发展,变频调速已成为各种机械设备调速的主流。

3. 电动机调速性质应与负载特性相适应

在确定机床电力传动方案时,必须对电力传动的调速性质和其负载特性进行分析。找出电动机在整个调速范围内转矩、功率与转速的关系 $[T=f(n);P=f(n)]$。确定负载需要恒功率传动,还是恒转矩传动,这也是为合理确定传动方案、控制方案及电动机容量的选择,提供必要的依据。若机械设备的负载特性与电力传动的调速性质不相适应,将会引起电力传动的工作不正常,电动机不能得到合理的使用。如双速笼形异步电动机,当定子绕组由三角形联结改成双星形联结时,转速增加一倍,功率却增加很少,因此适用于恒功率传动;对于低速时为星形联结的双速电动机改接成双星形联结后,转速和功率都增加一倍,而电动机输出的转矩保持不变,因此适用于恒转矩传动。

(二) 拖动电动机的选择

正确地选择电动机具有重要意义,合理地选择电动机是从驱动机床的具体对象、加工规范,也就是要从机床的使用条件出发,经济、合理、安全等方面考虑,使电动机能够安全可靠地运行。电动机的选择包括选择电动机的种类、结构形式及各种额定参数。

1. 电动机选择的基本原则

(1) 电动机的机械特性应满足生产机械的要求,与负载的特性相适应。

(2) 电动机的容量要得到充分的利用。

(3) 电动机的结构形式要满足机械设计的安装要求,适合工作环境。

(4) 在满足设计要求前提下,优先采用三相异步电动机。

2. 根据生产机械调速要求选择电动机

在一般情况下选用三相笼形异步电动机或双速三相电动机;在既要一般调速又要求启动转矩大的情况下,选用三相绕线型异步电动机;当调速要求高时选用直流电动机或带变频调速的交流电动机来实现。

3. 电动机结构形式的选择

按生产机械不同的工作制相应选择连续工作、短时及断续周期性工作制的电动机;由生产机械具体拖动情况来决定安装方式,卧式或立式;根据不同工作环境选择电动机的防护形式,开启式、防护式、全封闭式或隔爆式。

一般地,金属切削机床都采用通用系列的普通电动机。为了使拖动系统更加紧凑,使电动机尽可能地靠近机床的相应工作部位,如立铣、龙门铣、立式钻床等机床的主轴都是垂直于机床工作台的。这时选用垂直安装的立式电动机,可不需要锥齿轮等机构来改变转动轴线的方向了。又如装入式电动机,电动机的机座就是床身的一部分,它安装在床身的内部。

在选择电动机时,也应考虑机床的转动条件,对易产生悬浮飞扬的铁屑或废料,或冷却液、工业用水等有损于绝缘的介质能侵入电动机的场合,选用封闭式结构为适宜。煤油冷却切削刀具的机床或加工易燃合金材料的机床应选用防爆式电动机。按机床电气设备通用技术条件中规定,机床应采用全封闭扇冷式电动机。机床上推荐使用防护等级最低为 IP44 交流电动机。在某些场合下,还必须采用强迫通风。

Y 系列电动机是封闭自扇冷式笼形三相异步电动机,是全国统一设计的新的基本系列,它是我国取代 JO2 系列的更新换代产品。安装尺寸和功率等级完全符合 IEC 标准和DIN42673 标准。本系列采用 B 级绝缘,外壳防护等级为 IP44,冷却方式为 IC0.141。

YD 系列三相异步电动机的功率等级和安装尺寸与国外同类型先进产品相当,因而具有互换性,便于机床配套出口。

4. 电动机额定电压的选择

电动机额定电压应与供电电网的供电电源电压一致。一般低压电网电压为 380 V,因此中小型三相异步电动机额定电压为 220/380 V 及 380/660 V 两种。当电动机功率较大时,可选用 3、6 及 10 kV 的高压三相电动机。

5. 电动机额定转速的选择

对于额定功率相同的电动机,额定转速越高,电动机尺寸、重量和成本越低,因此在生产机械所需转速一定的情况下,选用高速电动机较为经济。但由于拖动电动机转速越高,传动机构转速比越大,传动机构越复杂,因此应综合考虑电动机与传动机构两方面的多种因素来确定电动机的额定转速。通常采用较多的是同步转速为 1 500 r/min 的三相异步电动机,因为这个转速下的电动机适应性较强,而且功率因数和效率也高。若电动机的转速与该机械的转速不一致,可选取转速稍高的电动机通过机械变速装置使其一致。

6. 电动机容量的选择

电动机的容量反映了它的负载能力,它与电动机的允许温升和过载能力有关。允许温升是电动机拖动负载时允许的最高温升,与绝缘材料的耐热性能有关;过载能力是电动机所能带最大负载能力,在直流电动机中受整流条件的限制,在交流电动机中由电动机最大转矩决定。实际上,电动机的额定容量由允许温升决定。

根据机床的负载功率(例如切削功率)就可选择电动机的容量。然而机床的载荷是经常变化的,而每个负载的工作时间也不尽相同,这就产生了使电动机功率如何最经济地满足机床负载功率的问题。机床电力拖动系统一般分为主拖动及进给拖动。

(1) 机床主拖动电动机容量的选择

多数机床负载情况比较复杂,切削用量变化很大,尤其是通用机床负载种类更多,不易准确地确定其负载情况。因此,通常采用以下方法来确定电动机的功率。

① 分析计算法

根据生产机械负载图求出其负载平均功率,再按负载平均功率的 1.1～1.6 倍求出初选电动机的额定功率。对于系数的选用,应根据负载变动情况确定。大负载所占分量多时,选较大系数;负载长时间不变或变化不大时,可选最小系数。

对初选电动机进行发热校验,然后进行电动机过载能力的校验,必要时还要进行电动机启动能力的校验。当校验均合格时,该额定功率电动机符合负载要求;若不合格,再另选一台电动机重新进行校验,直至合格为止。此方法计算工作量大,负载图绘制较为困难。对于较为简单、无特殊要求、一般生产机械的电力拖动系统,电动机容量的选择往往采用调查统计类比法。

② 调查统计类比法

确定电动机功率前,首先进行广泛调查研究,分析确定所需要的切削用量,然后用已确定的较常用的切削用量的最大值,在同类、同规格的机床上进行切削实验,并测出电动机的输出功率,以此测出的功率为依据,再考虑机床最大负载情况,以及采用先进切削方法及新工艺等,然后类比国内外同类机床电动机的功率,最后确定所设计的机床电动机功率来选择电动机。这种方法有实用价值,以切削实验为基础进行分析类比,符合实际情况。

目前我国机床设计制造部门,往往采用这种方法来选择电动机容量。这种方法就是对机床主拖动电动机进行实测、分析,找出了电动机容量与机床主要数据的关系,根据这种关系作为选择电动机容量的依据。几种典型机床电动机的统计类比法公式如下:

车床　　　　　　　　　　$P=36.5D^{1.54}$　　　　　　　　　　(16-1)

立式车床　　　　　　　　$P=20D^{0.88}$　　　　　　　　　　(16-2)

式中:P 为电动机容量(kW);D 为工件最大直径(m)。

摇臂钻床　　　　　　　　$P=0.0646D^{1.19}$　　　　　　　　(16-3)

式中 D 为最大钻孔直径(mm)。

卧式镗床　　　　　　　　$P=0.004D^{1.7}$　　　　　　　　　(16-4)

式中 D 为镗杆直径(mm)。

外圆磨床　　　　　　　　$P=0.1KB$　　　　　　　　　　　(16-5)

式中:B 为砂轮宽度(mm);砂轮主轴用滚动轴承时,$K=0.8～1.1$,砂轮主轴用滑动轴承时,$K=1.0～1.3$。

卧式铣镗床　　　　　　　$P=0.004D^{1.7}$　　　　　　　　　(16-6)

式中 D 为镗杆直径(mm)。

龙门铣床　　　　　　　　$P=0.006B^{1.15}$　　　　　　　　　(16-7)

式中 B 为工作台宽度(mm)。

(2) 机床进给运动电动机容量选择

机床进给运动的功率也是由有效功率和功率损失两部分组成。一般进给运动的有效功率都是比较小的,如通用机床进给有效功率仅为主运动功率的 0.0015～0.0025,铣床为 0.015～0.025,但由于进给机构传动效率很低,实际需要的进给功率,车床、钻床的有效功率约为主运动功率的 0.03～0.085,而铣床则为 0.2～0.25。一般地,机床进给运动传动效率为 0.15～0.2,甚至还低。

车床和钻床,当主运动和进给运动采用同一电动机时,只计算主运动电动机功率即可。

对主运动和进给运动没有严格内在联系的机床,如铣床,为了使用方便和减少电能的损耗,进给运动一般采用单独电动机传动,该电动机除传动进给外还传动工作台的快速移动。由于快速移动所需的功率比进给大得多,因此电动机功率常常是由快速移动所需要而决定的。快速运动部件所需电动机容量可根据表 16 - 1 中所列数据选择。

表 16 - 1　拖动机床快速运动部件所需电动机容量

机床类型		运动部件	移动速度/ （mm・min^{-1}）	所需电动机 容量/kW
普通车床	$D=400$ mm	溜板	6~9	0.6~1
	$D=600$ mm	溜板	4~6	0.8~1.2
	$D=1\,000$ mm	溜板	3~4	3.2
摇臂钻床	$D=(35\sim75)$mm	摇臂	0.5~1.5	1~2.8
升降台铣床		工作台	4~6	0.8~1.2
		升降台	1.5~2	1.2~1.5
龙门铣床		横梁	0.25~0.5	2~4
		横梁上的铣头	1~1.5	1.5~2
		立柱上的铣头	0.5~1	1.5~2

三、电气控制系统设计的步骤与方法

设计电气控制电路的方法有两种,一种是分析设计法,另一种是逻辑设计法。

(一) 分析设计法

分析设计法又称为经验设计法、一般设计法,是根据生产机械的工艺要求和生产过程,选择一些成熟的典型基本环节来实现这些基本要求,而后再逐步完善其功能,并适当配置联锁和保护等环节,使其组合成一个整体,成为满足控制要求的完整电路。它要求设计人员必须熟悉和掌握大量的基本环节和典型电路,具有丰富的实际设计经验。

一般不太复杂的电气控制线路都可以按照这种方法进行设计。这种方法易于掌握,便于推广。但在设计过程中需要反复修改设计草图以得到最佳设计方案,因此设计速度慢,且必要时还要对整个电气控制线路进行模拟实验。

1. 分析设计法的基本步骤

一般的生产机械电气控制线路设计包含主电路、控制电路和辅助电路等设计。

(1) 主电路设计:主要考虑电动机的启动、点动、正反转、制动和调速。

(2) 控制电路设计:包括基本控制线路和控制线路特殊部分的设计,以及选择控制参量和确定控制原则。主要考虑如何满足电动机的各种运转功能和生产工艺要求。

(3) 连接各单元环节,构成满足整机生产工艺要求,实现生产过程自动或半自动及调整的控制电路。

(4) 联锁保护环节设计:主要考虑如何完善整个控制线路的设计,包含各种联锁环节及短路、过载、过流、失压等保护环节。

(5) 线路的综合审查:反复审查所设计的控制线路是否满足设计原则和生产工艺要求。

在条件允许的情况下,进行模拟实验,逐步完善整个电气控制线路的设计,直至满足生产工艺要求。

2. 分析设计法的基本方法

(1) 根据生产机械的工艺要求和工作过程,适当选用已有的典型基本环节,将它们有机地组合起来加以适当的补充和修改,综合成所需要的电气控制线路。

(2) 若选择不到适合的典型基本环节,则根据生产机械的工艺要求和生产过程自行设计,边分析边画图,将输入的主令信号经过适当转换,得到执行元件所需的工作信号。随时增减电器元件和触点,以满足所给定的工作条件。

3. 分析设计法举例

下面以皮带运输机电气控制线路的设计为例说明该方法的设计过程。

皮带运输机是一种连续平移运输机械,常用于粮库、矿山等的生产流水线上,将粮食、矿石等从一个地方运到另一个地方,一般由多条皮带机组成,可以改变运输的方向和斜度。皮带运输机属长期工作制,不需调速,没有特殊要求,也不需反转。因此,其拖动电机多采用笼式异步电动机。若考虑事故情况下存在重载启动的可能,可由双笼式异步电动机或绕线式异步电动机拖动。图 16-1 是某建筑施工企业的沙石料场两级皮带运输机示意图,M1 是第一级电动机,M2 是第二级电动机。基本工作特点是:

① 启动时,顺序为 M2、M1,并要有一定的时间间隔,以免货物在皮带上堆积;

② 停车时,顺序为 M1、M2,以保证停车后皮带上不残存货物;

③ 任何一级传送带停止工作时,其他传送带都必须停止工作,以免继续进料,造成货物堆积;

④ 线路有必要的保护环节;

⑤ 有故障报警装置。

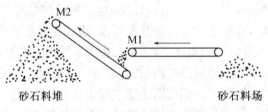

图 16-1 皮带运输机示意图

(1) 主线路设计

电动机采用三相鼠笼式异步电动机,接触器控制启动、停止,线路中采用了自动空气开关、熔断器、热继电器,可满足线路短路、过载、缺相、欠压保护需要,两台电动机控制方式一样。基于此,设计出的主电路如图 16-2 所示。

(2) 基本控制电路设计

两台电动机由两个接触器控制其启、停,其基本控制线路如图 16-3 所示。由图可见,只有 KM2 动作后,然后按下 SB1,KM1 线圈才能通电动作,这样就实现了电动机的顺序启动。同理,只有 KM1 断电释放,然后按下 SB4,KM2 线圈才能断电,这样实现了电动机的顺序停车。

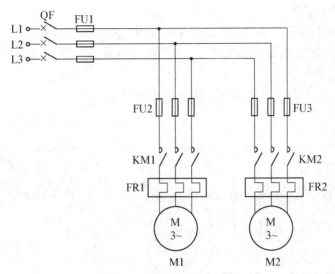

图 16‑2　皮带运输机主电路

（3）控制线路特殊部分的设计

图 16‑3 所示的控制线路显然是手动控制，为了实现自动控制，皮带运输机的启动和停车过程可以用行程量或时间参量加以控制。由于皮带是回转运动，检测行程比较困难，而用时间参量比较方便，所以，常采用以时间为变化参量，利用时间继电器作为输出器件的控制信号。以通电延时的常开触点作为启动信号，以断电延时的常开触点作为停车信号。为了使两条皮带能自动地按顺序进行工作，采用中间继电器 KA。

若遇故障，某级传送带停转，要求各级传送带都应停止工作，控制线路应能做到自动停车，同时发出相应警示。在发生故障停车时，皮带会因砂石自重而下沉，可以在皮带下方恰当位置安装限位开关 SQ1、SQ2，由它来完成停车控制和报警。其控制线路如图 16‑4 所示。

图 16‑3　控制电路的基本部分

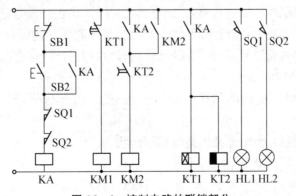

图 16‑4　控制电路的联锁部分

（4）设计联锁保护环节

两个热继电器的保护触点均串联在 KA 的线圈电路中,这样,无论哪一号皮带机发生过载,都能按 M1、M2 顺序停车。线路的失压保护由继电器 KA 实现,短路保护由 FU4 实现。

（5）线路的综合审查

完整的控制线路如图 16-5 所示。根据五项设计要求逐一验证。

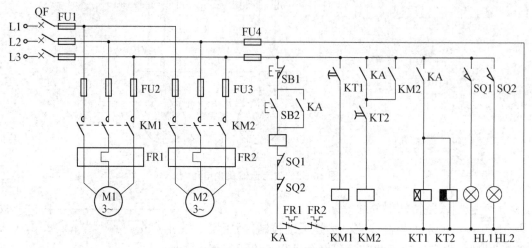

图 16-5 完整的电路原理图

线路工作过程:按下启动按钮 SB2,继电器 KA 通电吸合并自锁,KA 的一个常开触点闭合,接通时间继电器 KT1、KT2,其中 KT1 为通电延时型时间继电器,KT2 为断电延时型时间继电器,所以 KT2 的常开触点立即闭合,为接触器 KM2 的线圈通电准备条件。KA 的另一个常开触点闭合,与 KT2 一起接通接触器 KM2,使电动机 M2 首先启动,经过一段时间,达到 KT1 的整定时间,则时间继电器 KT1 的常开触点闭合,使 KM1 通电吸合,电动机 M1 启动。

按下停止按钮 SB1,继电器 KA 断电释放,两个时间继电器同时断电,KT1 的常开触点立即断开,KM1 失电,电动机 M1 停车。由于 KM2 自锁,所以只有达到 KT2 的整定时间,KT2 的常开触点断开,使 KM2 断电,电动机 M2 停车。

（二）逻辑设计法

逻辑设计法是根据生产工艺的要求,把电器元件的动作状态视为逻辑变量,通过逻辑运算找出最简单的逻辑表达式,画出相应的控制线路,使线路使用的元件最少,逻辑代数设计法用于复杂控制线路的设计时具有明显的优势,当然这种设计的难度也比较大。

1. 继电器线路的逻辑函数

在控制线路中,可以把线圈的通电与断电、触点的闭合与断开看成逻辑变量。规定如下:

逻辑"1"——接触器、继电器线圈通电(吸合)状态;

逻辑"0"——接触器、继电器线圈失电(释放)状态。

逻辑"1"——接触器、继电器、开关、按钮的触点闭合状态;

逻辑"0"——接触器、继电器、开关、按钮的触点断开状态。

触点状态的逻辑变量——逻辑输入变量;

受控元件的逻辑变量——逻辑输出变量。

元件的线圈和触点用同一符号表示（触点用斜体），常开触点用原状态，常闭触点用非状态。

逻辑运算关系对应的线路触点形式：

逻辑"与"——触点串联，用符号"·"表示，线路见图16-6，逻辑表达式为 KM＝KA1·KA2；

逻辑"或"——触点并联，用符号"＋"表示，线路见图16-7，逻辑表达式为 KM＝KA1＋KA2。

图16-6　逻辑"与"线路　　　　　　　图16-7　逻辑"或"线路

逻辑"非"表示相反，既 $A=1, \overline{A}=0$；反之 $A=0, \overline{A}=1$。在控制线路中用 A 表示继电器的常开触点，用 $\overline{A}$ 表示继电器的常闭触点。

由此可见，一切控制线路都可以用逻辑式来表示，例如图16-8所示的电动机正转线路的逻辑表达式为 $KM1 = \overline{FR1} \cdot SB2 \cdot (SB3 + KM3) \cdot \overline{KM2}$。

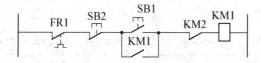

图16-8　电动机正转控制线路

逻辑表达式可以根据逻辑代数进行简化，求出最简式，得到最简单的线路。例如在图16-9的线路中，可通过逻辑代数进行简化，线路的逻辑表达式为

$$KM = KA1 \cdot KA3 + \overline{KA1} \cdot KA2 + KA1 \cdot \overline{KA3}$$
$$= KA1(KA3 + \overline{KA3}) + \overline{KA1} \cdot KA2$$
$$= KA1 + \overline{KA1} \cdot KA2$$
$$= KA1 + KA2$$

根据结论可画出简化线路。

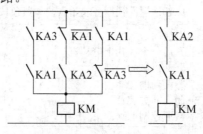

图16-9　逻辑代数简化的线路

2. 逻辑法进行线路设计基本步骤

根据生产工艺列出工作流程图→列出元件动作状态表→写出执行元件的逻辑表达式→根据逻辑表达式绘制控制线路图→完善并校验线路。

逻辑设计法掌握起来较难,适用于复杂控制线路的设计,对于一般的控制线路,经验设计法更为方便迅捷。

四、常用电器元件的选择

(一) 按钮、开关类电器的选择

1. 按钮

按钮主要根据所需要的触点数、使用场合、颜色标注以及额定电压、额定电流进行选择。

按钮颜色及其含义。国标 GB5226—1985《机床电气设备通用技术条件》对按钮的颜色做了如下规定:

①"停止"和"急停"按钮必须是红色。当按下红色按钮时,必须使设备停止工作或断电。

②"启动"按钮的颜色是绿色。

③"启动"与"停止"交替动作的按钮必须是黑色、白色或灰色,不得用红色和绿色。

④"点动"按钮必须是黑色。

⑤"复位"按钮(如保护继电器的复位按钮)必须是蓝色。当复位按钮还有停止的作用时,则必须是红色。

按钮颜色的含义及应用见表 16-2,表中规定与《指示灯和按钮的颜色》(IEC73)一致。LA 系列按钮主要技术数据见附录 A。

表 16-2　按钮的颜色、含义及应用(摘录 GB5226—1985)

颜色	颜色的含义	典型应用
红	急情出现时动作	急停
	停止或断开	总停 停止一个或几个电动机 停止机床的一部分 停止循环(如果操作者在循环期间按此按钮,机床在有关循环完成后停止) 断开开关装置 兼有停止作用的复位
黄	干预	排除反常情况或避免不希望出现的变化。如当循环尚未完成,把机床部件返回到循环起始点按下黄色按钮可以超越预选的其他功能
绿	启动或接通	总启动 开动一个或几个电动机 开动机床的一部分 开动辅助功能 闭合开关装置 接通控制电路
蓝	红、黄、绿三种颜色未包括的任何特定含义	红、黄、绿色含义未包括的特殊情况,可以用蓝色复位(如保护继电器的复位按钮)
黑、灰、白	未赋予特定含义	除停止按钮外,黑、灰、白色可用于任何功能,如黑色用于点动,白色用于控制与工作循环无直接关系的辅助功能等

2. 刀开关的选择

刀开关主要根据使用的场合、电源种类、电压等级、负载容量及所需极数来选择。

（1）根据刀开关在线路中的作用和安装位置选择其结构形式。若用于隔断电源时，选用无灭弧罩的产品；若用于分断负载时，则应选用有灭弧罩、且用杠杆来操作的产品。

（2）根据线路电压和电流来选择。刀开关的额定电压应大于或等于所在线路的额定电压；刀开关额定电流应大于负载的额定电流，当负载为异步电动机时，其额定电流应取为电动机额定电流的 1.5 倍以上。

（3）刀开关的极数应与所在电路的极数相同。

3. 组合开关的选择

组合开关主要根据电源种类、电压等级、所需触头数及电动机容量来选择。选择时应掌握以下原则：

（1）组合开关的通断能力并不是很高，因此不能用它来分断故障电流。对用于控制电动机可逆运行的组合开关，必须在电动机完全停止转动后才允许反方向接通。

（2）组合开关接线方式多种，使用时应根据需要正确选择相应产品。

（3）组合开关的操作频率不宜太高，一般不宜超过 300 次/h，所控制负载的功率因数也不能低于规定值，否则组合开关要降低容量使用。

（4）组合开关本身不具备过载、短路和欠电压保护，如需这些保护，必须另设其他保护电器。

4. 低压断路器的选择

低压断路器主要根据保护特性要求、分断能力、电网电压类型及等级、负载电流、操作频率等方面进行选择。

（1）额定电压和额定电流：低压断路器的额定电压和额定电流应大于或等于线路的额定电压和额定电流。

（2）热脱扣器：热脱扣器整定电流应与被控制电动机或负载的额定电流一致。

（3）过电流脱扣器：过电流脱扣器瞬时动作整定电流为

$$I_Z \geqslant KI_s \tag{16-8}$$

式中：I_Z 为瞬时动作整定电流（A）。I_s 为线路中的尖峰电流。若负载是电动机，则 I_s 为启动电流（A）。K 考虑整定误差和启动电流允许变化的安全系数。当动作时间大于 20 ms 时，K 取 1.35；当动作时间小于 20 ms 时，K 取 1.7。

（4）欠电压脱扣器：欠电压脱扣器的额定电压应等于线路的额定电压。

（二）熔断器的选择

根据熔断器类型、额定电压、额定电流及熔体的额定电流来选择。

1. 熔断器类型

熔断器类型应根据电路要求、使用场合及安装条件来选择，其保护特性应与被保护对象的过载能力相匹配。对于容量较小的照明和电动机，一般考虑它们的过载保护，可选用熔体熔化系数小的熔断器，对于容量较大的照明和电动机，除过载保护外，还应考虑短路时的分断短路电流能力，若短路电流较小时，可选用低分断能力的熔断器，若短路电流较大时，可选用高分断能力的 RL1 系列熔断器，若短路电流相当大时，可选用有限流作用的 RH 及 RT12 系列熔断器。

2. 熔断器额定电压和额定电流

熔断器的额定电压应大于或等于线路的工作电压,额定电流应大于或等于所装熔体的额定电流。

3. 熔断器熔体额定电流

(1) 对于照明线路或电热设备等没有冲击电流的负载,应选择熔体的额定电流等于或稍大于负载的额定电流,即

$$I_{RN} \geqslant I_N \tag{16-9}$$

式中:I_{RN} 为熔体额定电流(A);I_N 为负载额定电流(A)。

(2) 对于长期工作的单台电动机,要考虑电动机启动时不应熔断,即

$$I_{RN} \geqslant (1.5 \sim 2.5)I_N \tag{16-10}$$

轻载时系数取 1.5,重载时系数取 2.5。

(3) 对于频繁启动的单台电动机,在频繁启动时,熔体不应熔断,即

$$I_{RN} \geqslant (3 \sim 3.5)I_N \tag{16-11}$$

(4) 对于多台电动机长期共用一个熔断器,熔体额定电流为

$$I_{RN} \geqslant (1.5 \sim 2.5)I_{NMmax} + \sum I_N \tag{16-12}$$

式中:I_{NMmax} 为容量最大电动机的额定电流(A);$\sum I_N$ 为除容量最大电动机外,其余电动机额定电流之和(A)。

4. 适用于配电系统的熔断器

在配电系统多级熔断器保护中,为防止越级熔断,使上、下级熔断器间有良好的配合,选用熔断器时应使上一级(干线)熔断器的熔体额定电流比下一级(支线)的熔体额定电流大 1～2 个级差。

(三) 接触器的选择

一般按下列步骤进行:

1. 接触器种类的选择

根据接触器控制的负载性质来相应选择直流接触器还是交流接触器;一般场合选用电磁式接触器,对频繁操作的带交流负载的场合,可选用带直流电磁线圈的交流接触器。

2. 接触器使用类别的选择

根据接触器所控制负载的工作任务来选择相应使用类别的接触器。如负载是一般任务则选用 AC-3 使用类别;负载为重任务则应选用 AC-4 类别;如果负载为一般任务与重任务混合时,则可根据实际情况选用 AC-3 或 AC-4 类接触器,如选用 AC-3 类时,应降级使用。

3. 接触器额定电压的确定

接触器主触头的额定电压应根据主触头所控制负载电路的额定电压来确定。

4. 接触器额定电流的选择

一般情况下,接触器主触头的额定电流应大于等于负载或电动机的额定电流,计算公式为

$$I_{KMN} \geqslant \frac{P_{MN} \times 10^3}{KU_{MN}} \tag{16-13}$$

式中：I_{KMN} 为接触器主触头额定电流(A)；K 为经验系数，一般取 $1\sim1.4$；P_{MN} 为被控电动机额定功率(kW)；U_{MN} 为被控电动机额定线电压(V)。

当接触器用于电动机频繁启动、制动或正反转的场合，一般可将其额定电流降一个等级来选用。

5. 接触器线圈额定电压的确定

接触器线圈的额定电压应等于控制电路的电源电压。为保证安全，一般接触器线圈选用 110 和 127 V，并由控制变压器供电。但如果控制电路比较简单，所用接触器的数量较少时，为省去控制变压器，可选用 380 和 220 V 电压。

6. 接触器触头数目

在三相交流系统中一般选用三极接触器，即三对常开主触头，当需要同时控制中胜线时，则选用 4 极交流接触器。在单相交流和直流系统中则常用两极或三极并联接触器。交流接触器通常有三对常开主触头和四至六对辅助触头，直流接触器通常有两对常开主触头和四对辅助触头。

7. 接触器额定操作频率

交、直流接触器额定操作频率一般有 600 次/h、1 200 次/h 等几种，一般说来，额定电流越大，则操作频率越低，可根据实际需要选择。

（四）继电器的选择

1. 电磁式继电器的选择

应根据继电器的功能特点、适用性、使用环境、工作制、额定工作电压及额定工作电流来选择。

（1）电磁式电压继电器的选择

根据在控制电路中的作用，电压继电器有过电压继电器和欠电压继电器两种类型。交流过电压继电器选择的主要参数是额定电压和动作电压，其动作电压按系统额定电压的 $1.1\sim1.2$ 倍整定。交流欠电压继电器常用一般交流电磁式电压继电器，其选用只要满足一般要求即可，对释放电压值无特殊要求。而直流欠电压继电器吸合电压按其额定电压的 $0.3\sim0.5$ 倍整定，释放电压按其额定电压的 $0.07\sim0.2$ 倍整定。

（2）电磁式电流继电器的选择

根据负载所要求的保护作用，分为过电流继电器和欠电流继电器两种类型。

过电流继电器的主要参数是额定电流和动作电流，其额定电流应大于或等于被保护电动机的额定电流；动作电流应根据电动机工作情况按其启动电流的 $1.1\sim1.3$ 倍整定。一般绕线型转子异步电动机的启动电流按 2.5 倍额定电流考虑，笼形异步电动机的启动电流按 $4\sim7$ 倍额定电流考虑。直流过电流继电器动作电流接直流电动机额定电流的 $1.0\sim3.0$ 倍整定。

欠电流继电器选择的主要参数是额定电流和释放电流，其额定电流应大于或等于直流电动机及电磁吸盘的额定励磁电流；释放电流整定值应低于励磁电路正常工作范围内可能出现的最小励磁电流，一般释放电流按最小励磁电流的 0.85 倍整定。

（3）电磁式中间继电器的选择

应使线圈的电流种类和电压等级与控制电路一致，同时，触头数量、种类及容量应满足控制电路要求。

2. 热继电器的选择

热继电器主要用于电动机的过载保护,因此应根据电动机的形式、工作环境、启动情况、负载情况、工作制及电动机允许过载能力等综合考虑。

(1) 热继电器结构形式的选择

对于星形联结的电动机,使用一般不带断相保护的三相热继电器能反映一相断线后的过载,对电动机断相运行能起保护作用。对于三角形联结的电动机,则应选用带断相保护的三相结构热继电器。

(2) 热继电器额定电流的选择

原则上按被保护电动机的额定电流选取热继电器。对于长期正常工作的电动机,热继电器中热元件的整定电流值为电动机额定电流的 0.95~1.05 倍;对于过载能力较差的电动机,热继电器热元件整定电流值为电动机额定电流的 0.6~0.8 倍。

对于不频繁启动的电动机,应保证热继电器在电动机启动过程中不产生误动作,若电动机启动电流不超过其额定电流的 6 倍,并且启动时间不超过 6 s,可按电动机的额定电流来选择热继电器。

对于重复短时工作制的电动机,首先要确定热继电器的允许操作频率,然后再根据电动机的启动时间、启动电流和通电持续率来选择。

3. 时间继电器的选择

(1) 电流种类和电压等级:电磁阻尼式和空气阻尼式时间继电器,其线圈的电流种类和电压等级应与控制电路的相同;电动机式与晶体管式时间继电器,其电源的电流种类和电压等级应与控制电路的相同。

(2) 延时方式:根据控制电路的要求来选择延时方式,即通电延时型和断电延时型。

(3) 触头形式和数量:根据控制电路要求来选择触头形式(延时闭合型或延时断开型)及触头数量。

(4) 延时精度:电磁阻尼式时间继电器适用于延时精度要求不高的场合,电动机式或晶体管式时间继电器适用于延时精度要求高的场合。

(5) 延时时间:应满足电气控制电路的要求。

(6) 操作频率:时间继电器的操作频率不宜过高,否则会影响其使用寿命,甚至会导致延时动作失调。

(五) 控制变压器的选择

控制变压器用于降低控制电路或辅助电路的电压,以保证控制电路的安全可靠。控制变压器主要根据一次和二次电压等级及所需要的变压器容量来选择。

(1) 控制变压器一、二次电压应与交流电源电压、控制电路电压与辅助电路电压相符合。

(2) 控制变压器容量按下列两种情况计算,依计算容量大者决定控制变压器的容量。

① 变压器长期运行时,最大工作负载时变压器的容量应大于或等于最大工作负载所需要的功率,计算公式为

$$S_T \geqslant K_T \sum P_{XC} \tag{16-14}$$

式中:S_T 为控制变压器所需容量(VA);$\sum P_{XC}$ 为控制电路最大负载时工作的电器所需的

总功率,其中 P_{XC} 为电磁器件的吸持功率(W);K_T 为控制变压器容量储备系数,一般取 $1.1\sim1.25$。

② 控制变压器容量应使已吸合的电器在启动其他电器时仍能保持吸合状态,而启动电器也能可靠地吸合,其计算公式为

$$S_T \geqslant 0.6\sum P_{XC} + 0.25\sum P_{qs} + 0.125K_t\sum P_{qd} \qquad (16-15)$$

式中:S_T 为控制变压器容量(V·A);P_{XC} 为电磁器件的吸持功率(V·A);P_{qs} 为接触器、继电器启动功率(V·A);P_{qd} 为电磁铁启动功率(V·A);K 为电磁铁工作行程 L 与额定行程 L_N 之比的修正系数。当 $L/L_N = 0.5\sim0.8$ 时,$K = 0.7\sim0.8$;当 $L/L_N = 0.85\sim0.9$ 时,$K = 0.85\sim0.95$;当 $L/L_N = 0.9$ 以上时,$K = 1$。

满足式(16-15)时,可以保证电器元件的正常工作。式中系数 0.25 和 0.125 为经验数据,当电磁铁额定行程小于 15 mm、额定吸力小于 15 N 时,系数 0.125 修正为 0.25。系数 0.6 表示在电压降至 60% 时,已吸合的电器仍能可靠地保持吸合状态。

五、电气控制系统的工艺设计

工艺设计的目的是为了满足电气控制设备的制造和使用要求。工艺设计的依据是电气原理图及电气元件目录表。工艺设计时,一般先进行电气设备总体配置设计,而后进行电气元件布置图、接线图、电气箱及非标准零件图的设计,再进行各类元器件及材料清单的汇总,最后还要编写设计说明书和使用说明书,从而形成一套完整的设计技术文件。

(一) 电气设备总体配置设计

各种电动机及各类电器元件根据各自的作用,都有移动的装配位置,在构成一个完整的电气控制系统时,必须划分组件,同时要解决组件之间以及电气箱与被控制装置之间的接线问题。通常可分成以下几种组件:

1. 机床电器组件

拖动电动机与各种执行元件(电磁阀、电磁铁和电磁离合器等)以及各种检测元件(行程开关、速度和温度继电器等)必须安装在机床相应部位,它们构成了机床电器组件。

2. 电器板和电源板组件

各种控制电器(接触器、中间继电器和时间继电器等)以及保护电器(熔断器、热继电器和过电流继电器等)安装在电气箱,构成一块或多块电器板(主板),而控制变压器及整流、滤波元件也安装在电气箱内,构成电源板组件。

3. 控制面板组件

各种控制开关、按钮、指示灯、指示仪表和需要经常调节的电位器等,必须安装在控制台面板上,构成控制面板组件。

各组件板和机床电器相互间的接线一般采用接线端子板,以便接拆。

总体配置设计是以电气系统的总装配图与总线接线图形式来表达的,图中应以示意形式反映出电气部件(如电气箱、电动机组、机床电器等)的位置及接线关系,以及走线方式和使用管线要求等。

(二) 电气元件布置图的绘制

电气元器件布置图是指将电气元器件按一定原则组合的安装位置图。电气元器件布置的依据是各部件的原理图,同一组件中的电器元件的布置应按国家标准执行。电柜内的电

器可按下述原则布置：

（1）需要经常维护、检修和调整的电器元件的位置不宜过高过低。

（2）体积大或较重的电器应置于控制柜下方。

（3）发热元件安装在柜的上方，并将发热元件与感温元件隔开。

（4）强电弱电应分开，弱电部分应加屏蔽隔离，以防强电及外界的干扰。

（5）电器的布置应考虑整齐、美观、对称。

（6）电器元器件间应留有一定间距，以利布线、接线、维修和调整操作。

（7）接线座的布置：用于相邻柜间连接用的接线座应布置在柜的两侧；用于与柜外电气元件连接的接线座应布置在柜的下部，且不得低于 200 mm。

一般通过实物排列来确定各电器元件的位置，进而绘制出控制柜的电器布置图。布置图是根据电器元件的外形尺寸按比例绘制，并标明各元件间距尺寸，同时还要标明进出线的数量和导线规格，选择适当的接线端子板和接插件并在其上标明接线号。

（三）电气接线图的绘制

电气接线图是根据电气原理图及电气元件布置图绘制的，它一方面表示出各电气组件（电器板、电源板、控制面板和机床电器）之间的接线情况，另一方面表示出各电气组件板上电器之间接线情况。因此，它是电气设备安装、进行电器元件配线和检修时查线的依据。

机床电器（电动机和行程开关等）可先接线到机床上的分线盒，再从分线盒接线到电气箱内电器板上的接线端子板上，也可不用分线盒直接接到电气箱。电气箱上的各电器板、电源板和控制面板之间要通过接线端子板接线。接线图的绘制还应注意以下几点：

（1）电器元件按外形绘制，并与布置图一致，偏差不要太大。与电气原理图不同，在接线图中同一电器元件的各个部分（线圈、触点等）必须画在一起。

（2）所有电器元件及其引线应标注与电气原理图相一致的文字符号及接线回路标号。

（3）电器元件之间的接线可直接连接，也可采用单线表示法绘制，实含几根线可从电器元件上标注的接线回路数看出来。当电器元件数量较多和接线较复杂时，也可不画各元件间的连线，但是在各元件的各接线端子回路标号处应标注另一元件的文字符号，以便识别，方便接线。电气组件之间的接线也可采用单线表示法绘制，含线数可从端子板上的回路标号数看出来。

（4）接线图中应标出配线用的各种导线的型号、规格、截面积及颜色等。规定交流或直流动力电路用黑线、交流辅助电路为红色、直流辅助电路为蓝色、地线为黄绿双色、与地线连接的电路导线以及电路中的中性线用白色线。还应标出组件间连线的护套材料，如橡套或塑套、金属软管、铁管和塑料管等。

（四）电气箱及非标准零件图的设计

通常，机床有单独的电气控制箱。电气箱设计要考虑以下几方面的问题：

（1）根据控制面板及箱内各电器板和电源板的尺寸确定电气箱总体尺寸及结构方式。

（2）根据各电气组件的安装尺寸，设计箱内安装支架（采用角铁、槽钢和扁铁等）。

（3）从方便安装、调整及维修要求出发，设计电气箱门。为利于通风散热，应设计通风孔或通风槽。为便于搬动，应设计起吊钩、起吊孔、扶手架或箱体底部活动轮。

（4）结构紧凑外形美观，要与机床本体配合和协调，并提出一定的装饰要求。

根据上述要求，先画出箱体外形草图。根据各部分尺寸，按比例画出外形图，而后进行各部分的结构设计,绘制箱体总装配图及各面门、控制面板、底板、安装支架、装饰条等零件图,这些零件一般为非标准零件,要注明加工要求如镀锌、油漆、刻字等,要严格按机械零件设计要求进行设计,所用材料有金属材料和非金属材料。

(五) 各类电器元件及材料清单的汇总

在电气系统原理设计及工艺设计结束后,应根据各种图样,对所需的元器件及材料进行综合统计,按类别分别作出元器件及材料清单表,以便供销和生产管理部门进行备料,这些资料也是成本核算的依据。

(六) 设计说明书及使用说明书的编写

设计说明书及使用说明书是设计审定及调试、安装、使用和维护过程中必不可少的技术资料。设计说明书应包括拖动方案选择依据、设计特点、主要参数计算、设计说明书中各项技术指标的核算与评价、设备调试要求与调试方法使用维护及注意事项等内容。

使用说明书可分为机械和电气两部分,电气部分主要介绍电气结构、操作面板示意图、操作、使用、维护方法及注意事项,还要提供电气原理图和接线图等,以便用户检修。

任务实施

一、CW6163 型卧式车床电气传动特点及控制要求

CW6163 型卧式车床是性能优良、应用广泛的普通车床,床身最大工件的回转半径为 630 mm,工件最大长度为 1 500 mm 的大型车床。该机床的主运动和进给运动由电动机 M1 集中驱动,主轴的正反向转动切换通过两组摩擦离合器实现;主轴制动采用液压制动器;刀架的快速移动由专门的快速移动电动机 M3 拖动;冷却泵由电动机 M2 拖动;进给运动的纵向左右运动、横向前后运动以及快速移动,都集中由一个手柄操纵。对电气控制的要求是:

(1) 由于工件的最大长度较长,为了减少辅助时间,除了配备一台主轴运动电动机以外,还应配备一台刀架快速运动电动机,主轴运动的启、停要求两地操作。

(2) 由于车削时会产生高温,故需配备一台普通冷却泵电动机。

(3) 需要一套局部照明装置以及一定的工作状态指示灯。

二、电动机的选择

(一) 电动机容量的选择

1. 主轴电动机

当主运动和进给运动采用同一电动机时,只计算主运动电动机功率即可。采用调查统计类比法,卧式车床主电动机的功率经验公式为

$$P = 36.5D^{1.54}$$

根据实际情况,最后确定电动机的容量为 11 kW。

2. 冷却泵电动机

冷却泵电动机的容量比较小,一般选取 125 W 即可。

3. 快速移动电动机

快速移动电动机所需的功率,一般由经验数据来选择,选择 1.1 kW。

(二) 电动机转速和结构形式的选择

1. 转速的选择

异步电动机由于它结构简单坚固、维修方便、造价低廉,因此在机床中使用最为广泛。电动机的转速愈低则体积愈大,价格也愈高,功率因数和效率也就低,因此电动机的转速要根据机械的要求和传动装置的具体情况加以选定。一般情况下,可选用同步转速为 1 500 r/min 的电动机,因为这个转速下的电动机适应性较强,而且功率因数和效率也高。若电动机的转速与该机械的转速不一致,可选取转速稍高的电动机通过机械变速装置使其一致。

根据以上内容选择主轴电动机 M1 转速为 1 460 r/min;冷却泵电动机 M2 转速为 2 790 r/min;快速移动电动机 M3 转速为 1 400 r/min。

2. 结构形式的选择

一般地,金属切削机床都采用通用系列的普通电动机。Y 系列三相异步电动机是机床上常用的三相异步电动机。

Y 系列电动机是封闭自扇冷式笼形三相异步电动机,是全国统一设计的新的基本系列,它是我国取代 JO2 系列的更新换代产品。安装尺寸和功率等级完全符合 IEC 标准和 DIN42673 标准。

因此,主轴电动机选择 Y160M - 4 型电动机。冷却泵电动机采用专门的 JCB 系列油泵电机,是一种浸渍式的三相电泵,它由封闭式交流三相异步电动机与单级离心泵组合而成。最适合做各种机床冷却液、润滑液循环主动力用,具有安装灵活、运行平稳可靠、噪音低、效率高、经久耐用等特点。刀架快速移动电动机选择通用的 Y90L 型电动机。电动机的选择如表 16 - 3 所示。

表 16 - 3 电动机型号及参数

主电机 M1	Y160M - 4	11 kW		23 A	1 460 r/min
冷却泵电机 M2	JCB - 22	0.125 W	380 V	0.43 A	2 790 r/min
快速移动电机 M3	Y90L - S4	1.1 kW		2.8 A	1 400 r/min

三、电气控制原理图的设计

(一) 主回路的设计

根据电气传动的要求,用接触器 KM1、KM2、KM3 分别控制电动机 M1、M2 和 M3;机床的三相电源由电源引入开关 QS 引入;主电动机 M1 的超载保护由热继电器 FR1 实现,其短路保护由机床前一级配电箱中的熔断器实现,采用电流表监视车削量;冷却泵电机 M2 用 FR2 作超载保护;快速移动电动机 M3 短时工作,不设超载保护;由于 M2、M3 容量小且相差不大,共享 FU1 作为短路保护。主电路如图 16 - 10 所示。

(二) 控制电路设计

为了操作方便,主电动机用两地操作,在床头操作板和刀架拖板上分设启动按钮 SB3、SB4 和停止按钮 SB1、SB2,接触器 KM1 与启、停按钮组成自锁的启、停控制电路;冷却泵电机 M2 由装在床头操作板上的启、停按钮 SB5、SB6 控制;短时工作的快速电机 M3 由按钮

SB7 和接触器 KM3 组成点动控制回路。控制电路如图 16－11 所示。

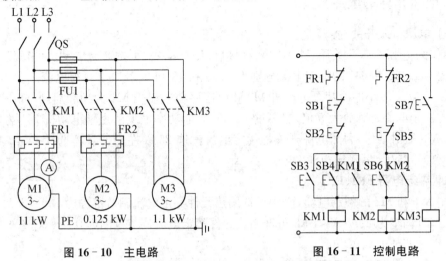

图 16－10 主电路   图 16－11 控制电路

（三）局部照明与信号指示电路的设计

设置绿色电源指示灯 HL1，电源开关 QS 合上立刻发光显示，表明机床电气线路处于供电状态；设红色指示灯 HL2 表示主电机 M1 是否运行，由接触器 KM1 的辅助动合触点控制；设照明灯 FL 由开关 SA 控制；床头操作板上设置一个交流电流表（串接在 M1 的主电路中），用以显示主电机的工作电流，以便调整切削用量使主电机尽量满载运行，从而提高生产率和电动机功率因素，如图 16－12 所示。

（四）控制电源的设计

考虑安全可靠和满足照明及指示灯的要求，采用控制变压器 TC 供电，其一次侧为交流380 V，二次侧为交流 127、36 和 6.3 V，其中：127 V 提供给 KM 的线圈，36 V 交流安全电压提供给局部照明电路，6.3 V 提供给指示灯电路，具体接线情况如图 16－12 所示。

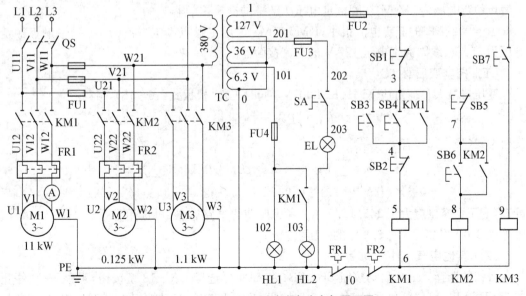

图 16－12 CW6163 型卧式车床电气原理图

四、电气元件的选择

(一) 电源引入开关 QS

QS 作为电源隔离开关用，并不用来直接启、停电动机，可按 3 台电动机的额定电流来选。已知 M1、M2 和 M3 的额定电流分别为 22.6、0.43 和 2.7 A，易算得电流之和为 25.73 A，由于只有功率较小的冷却泵电动机 M2 和快速移动电动机 M3 为满载启动，如果这两台电动机的额定电流之和放大 5 倍，也不过 15.65 A，而功率最大的主轴电动机 M1 为轻载启动，并且 M3 短时动作，因而电源开关的额定电流就选 25 A 左右。具体选择 QS：3 极转换开关，HZ10 - 25/3 型，额定电流 25 A。

(二) 热继电器 FR1、FR2

根据 M1 和 M2 的额定电流，FR1 可选用热元件额定电流调节范围为 16～25 A 的热继电器，工作时调整为 22.6 A。FR2 可选用热元件额定电流调节范围为 0.4～0.64 A 的热继电器，工作时调整为 0.43 A。

(三) 熔断器 FU1、FU2、FU3、FU4

熔断器 FU1 对 M2 和 M3 进行短路保护，M2 和 M3 的额定电流分别为 0.43 和 2.7 A，根据多台电动机共用一个熔断器时熔体额定电流的计算公式：

$$I_{fu} \geqslant (1.5 \sim 2.5)I_{Nmax} + \sum I_N$$

若取系数为 2.5，算得 $I_{fu} \geqslant 7.18$ A，因此可选用 RL1 - 15 型熔断器，配用 10 A 熔体。

熔断器 FU2、FU3 和 FU4 的选择将同控制变压器的选择结合进行。为了安全，FU2、FU3 选用熔体额定电流为最小等级（2 A）的熔断器。

(四) 接触器 KM1、KM2、KM3

根据式 $I_{KMN} \geqslant \dfrac{P_{MN} \times 10^3}{K U_{MN}}$，KM1 主触点的额定电流 $I_{KMN} \geqslant \dfrac{11 \times 10^3}{1.2 \times 380} \approx 24$(A)，需主触点 3 对，动合辅助触点两对，线圈电压 127 V。根据上述情况，可选用主触点额定电流为 40 A、主触点额定电压为 380 V、线圈额定电压 127 V 的交流接触器。

由于 M2、M3 的额定电流很小，KM2、KM3 选用主触点额定电流为 10 A、主触点额定电压为 380 V、线圈额定电压 127 V 的交流接触器。

(五) 控制变压器 TC

变压器最大负荷对应 KM1、KM2、KM3 同时工作，根据式（16 - 15），可得

$$S_T \geqslant K_T \sum P_{XC} P_T \geqslant K_T \sum P_{XC} = 1.2 \times (14 \times 2 + 33) = 73.2(V \cdot A)$$

又根据式（16 - 15），有

$$S_T \geqslant 0.6 \sum P_{XC} + 0.25 \sum P_{qs} + 0.125 K_t \sum P_{qd}$$
$$= 0.6 \times (14 \times 2 + 33) + 0.25 \times (77 \times 2 + 280) = 145.1(V \cdot A)$$

可知，变压器容量应大于 145.1 V·A。考虑照明等电路容量，可选用容量为 150 V·A、电压等级 380 V/127 - 36 - 6.3 V 的变压器。

(六) 其他电气元件

按钮的选择。三个启动按钮 SB3、SB4 和 SB6 可选择 LA - 18 型按钮，黑色；三个停止按钮 SB1、SB2 和 SB5 也选择 LA - 18 型按钮，颜色为红色；点动按钮 SB7 型号相同，颜色为

绿色。

照明灯及灯开关的选择。照明灯 EL 和灯开关 SA 成套购置,EL 可选用 JC2 型,交流 36 V,40 W。灯开关 SA 可选用 HZ10 - 10 型。

指示灯的选择。指示灯 HL1 和 HL2,都选用 ZSD - 0 型,6.3 V,0.25 A,分别为红色和绿色。

电流表的选择。电流表 PA 可选用 62T2 型,0~50 A。

表 16 - 4 列出了 CW6163 型卧式车床电气元件表。

表 16 - 4　CW6163 型卧式车床电气元件表

符号	名称	型号	规格	数量
QS	隔离开关	HZ10 - 25	3 极,500 V,25 A	1
KM1	交流接触器	CJ0 - 40	40 A,线圈电压 127 V,吸持功率 33 V・A	1
KM2	交流接触器	CJ0 - 10	10 A,线圈电压 127 V	1
KM3	交流接触器	CJ0 - 10	10 A,线圈电压 127 V	1
FR1	热继电器	JR0 - 40	额定电流 25 A,整定电流 22.6 A	1
FR2	热继电器	JR0 - 10	热元件 1 号,整定电流 0.43 A	1
FU1	熔断器	RL1 - 15	500 V,熔体 10 A	3
FU2、FU3、FU4	熔断器	RL1 - 15	500 V,熔体 2 A	3
TC	控制变压器	BK - 150	150 V・A,380 V/127 V - 36 - 6.3 V	
SB1、SB2、SB5	控制按钮	LA18	黑色	3
SB3、SB4、SB6	控制按钮	LA18	红色	3
SB7	控制按钮	LA18	绿色	1
SA	组合开关	HZ10 - 10	6 A,单极	1
EL	照明灯	JC2	36 V,40 W	1
HL1	指示信号灯	ZSD - 0	6.3 V,0.25 A,红色	1
HL2	指示信号灯	ZSD - 0	6.3 V,0.25 A,绿色	1
PA	电流表	62T2	0~50 A,直接接入	1

五、电气接线图的绘制

根据图 16 - 12,CW6163 型卧式车床电气原理图绘制出的电气接线图如图 16 - 13 所示。接线图中,管内敷线如表 16 - 5 所示。

由于图 16 - 13 也反映出了电气组件间的接线情况,故在总体配置设计中所述的总装配与总接线图也可省略。

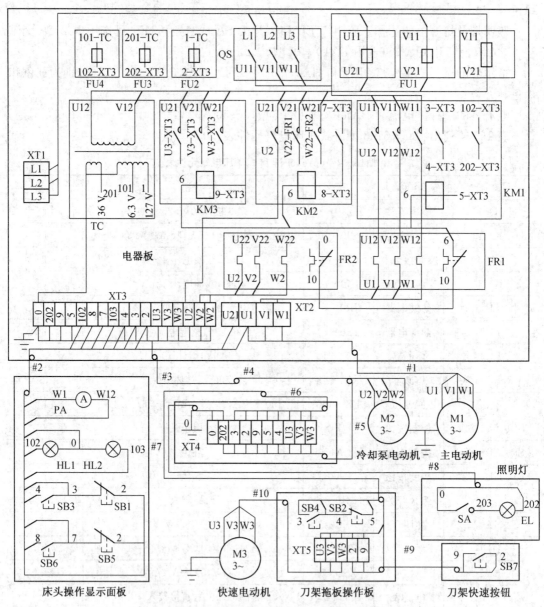

图 16-13 CW6163 卧式车床电气接线图

表 16-5 CW6163 卧式车床电气接线图中管内敷线明细表

代号	穿线用管（或电缆类型）内径/mm	电缆		接线号
		截面/mm²	根数	
♯1	内径 15 聚氯乙烯软管	4	3	U1,V1,W1
♯2	内径 15 聚氯乙烯软管	4	2	U1,U12
		1	7	2,3,4,103,7,8,102

代号	穿线用管（或电缆类型）内径/mm	电缆		接线号
		截面/mm²	根数	
♯3	内径 25 聚氯乙烯软管	1	13	U2,V2,W2,U3,V3,W3
♯4	G3/4(in)螺纹管			2,3,4,5,9,202,0
♯5	15 金属软管	1	10	U3,V3,W3,2,3,4,5,9,202,0
♯6	内径 15 聚氯乙烯软管	1	8	U3,V3,W3,2,3,4,5,9
♯7	18 mm×16 mm 铝管			
♯8	11 金属软管	1	2	202,0
♯9	内径 8 聚氯乙烯款管	1	2	2,9
♯10	YHZ 橡套电缆	1	3	U3,V3,W3

巩固与提高

任务：设计三面铣组合机床的电气控制系统。

三面铣组合机床结构示意图及被加工零件示意图如图 16-14 所示。机床由床身、三台铣削动力头、液压动力滑台、液压站、工作台、夹具及工件松紧油缸等部件组成。机床工作的自动循环过程如图 13-15 所示，工件与铣刀的相互位置示意图如图 13-16 所示。工作时，操作工放上待加工工件，首先按下液压泵启动按钮启动液压泵电动机，然后按下夹紧按钮，发出加工指令信号，工件松紧油缸动作，当工件夹紧到位，压力继电器动作，发出液压动力滑台快进信号，滑台快进到位转工进，同时启动左、右 1 两铣削动力头电动机，分别对零件的左右侧端面开始加工。当滑台进给到预定位置时，中间的立铣削动力头启动加工。滑台继续进给直到右 1 动力头完成右端 ⌀80 端面的铣削加工。右 1 动力头电动机停机，同时右 2 动力头电动机启动，对右 ⌀90 端面加工，直到加工终点。此时，左、中间立铣及右 2 动力头电动机同时停机，待上述铣刀完全停止后，发出滑台快速退回信号，滑台快退到位，夹紧工件的油缸自动将工件松开，完成一次工作循环，操作工取下加工好的工件，再放上待加工工件，重复以上工作过程。

控制要求：

（1）在机床不进行加工时，四台铣削动力头电动机均可实现点动对刀控制。

（2）工件的夹紧、松开及滑台的快进、快退应能调整控制。

液压泵电动机：1.5 kW,1 410 r/min,380 V,3.49 A

左铣削头电动机：4 kW,1 440 r/min,380 V,8.4 A

右 1 铣削头电动机：3 kW,1 440 r/mim,380 V,6.8 A

右 2 铣削头电动机：4 kW,1 440 r/min,380 V,8.4 A

立铣削头电动机：3 kW,1 440 r/min,380 V,6.8 A

各种电磁阀额定电压为直流 24 V,其余参数自己设定。

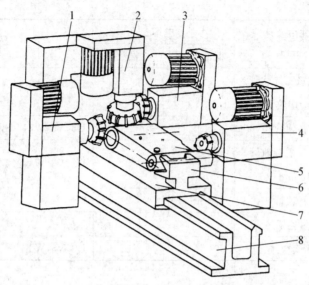

1—左铣削动力头；2—立铣削动力头；3—右2铣削动力头；4—右1铣削动力头；
5—工件；6—夹具；7—液压动力滑台；8—床身。

图 16-14　三面铣组合机床结构及被加工零件示意图

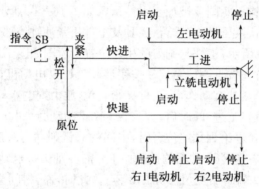

图 16-15　机床工作的自动循环过程

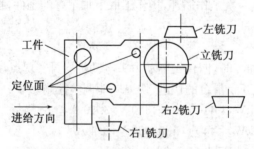

图 16-16　工件与铣刀的相互位置示意图

附录A 常用低压电器主要技术数据

一、开关类电器

HK1系列胶盖闸刀开关主要技术数据

额定电流值/A	极数	额定电压值/V	可控制电动机最大容量值/kW		触刀极限分断能力/A ($\cos\varphi = 0.6$)	熔丝极限分断能力/A	配用熔丝规格			
			220 V	380 V			熔丝成分			熔丝直径/mm
							W_{pb}	W_{sn}	W_{sb}	
15					30	500				1.45~1.59
30	2	220	—	—	60	1 000	98%	1%	1%	2.30~2.52
60					90	1 500				3.36~4.00
15			1.5	2.2	30	500				1.45~1.59
30	3	380	3.0	4.0	60	1 000	98%	1%	1%	2.30~2.52
60			4.4	5.5	90	1 500				3.36~4.00

HH10系列铁壳开关主要技术数据

负荷开关额定电流/A	熔断器额定电流/A	熔体额定电流/A	极限分断能力 ($1.1U_N$、50 Hz)				极限接通分断能力 ($1.1U_N$、50 Hz)				机械寿命/次	电寿命(额定电压、额定电流)	
			U_N/V	熔断器形式	极限分断能力/A	功率因数	分断次数	U_N/V	通断电流/A	功率因数	试验条件		试验条件	次数
10	10	2,4,6,10		瓷插式	750	0.8			40		操作频率1次/min;通电时间不超过2 s;接通与分断10次		功率因数0.8;操作频率2次/min;通电时间不超过2 s	
				瓷插式	1 500	0.8								
20	20	10,15,20		RT10	50 000	0.25			80					
30	30	20,25,30	440	瓷插式	2 000	0.8	3	440	120	0.4		>10 000		>5 000
				RT10	50 000	0.25								
60	60	30,40,50,60		瓷插式	4 000	0.8			240					
				RT10	50 000	0.25								
100	100	60,80,100		瓷插式	4 000	0.8			50			>5 000		>2 000
				RT10	50 000	0.25								

HZ10 系列组合开关主要技术数据

型号	额定电压/V	额定电流/A	极数	极限操作电流/A		可控制电动机最大容量和额定电流		额定电压及额定电流下的通断次数			
								AC $\cos\varphi$		直流时间常数/s	
				接通	分断	容量/kW	额定电流/A	$\geqslant 0.8$	$\geqslant 0.3$	$\leqslant 0.0025$	$\leqslant 0.01$
HZ10-10	DC220, AC380	6	单极	94	62	3	7	20 000	10 000	20 000	10 000
HZ10-25		10	2,3								
		25		155	108	5.5	12				
HZ10-60		60									
HZ10-100		100						10 000	5 000	10 000	5 000

DZ15 系列自动开关主要技术数据

型号	壳架额定电流/A	额定电压/V	极数	脱扣器额定电流/A	额定短路通断能力/kA	电气、机械寿命/次
DZ15-40/1901	40	220	1	6,10,16,20,25,32,40	3 ($\cos\varphi=0.9$)	15 000
DZ15-40/2901		380	2			
DZ15-40/3901/3902			3			
DZ15-40/4901			4			
DZ15-63/1901	63	220	1	10,16,20,25,32,40,50,63	5 ($\cos\varphi=0.7$)	10 000
DZ15-63/2901			2			
DZ15-63/3901/3902		380	3			
DZ15-63/4901			4			

DW15 系列自动开关主要技术数据

型号	额定电压/V	额定电流/A	额定短路接通分断能力/kA					外形尺寸 宽×高×深/ (mm×mm×mm)
			电压/V	接通最大值	分断有效值	$\cos\varphi$	短延时最大延时/s	
DW15-200	380	200	380	40	20		—	242×420×341(正面) 386×420×316(侧面)
DW15-400	380	400	380	52.5	25		—	242×420×341 386×420×316
DW15-630	380	630	380	63	30	0.2	—	242×420×341 386×420×316
DW15-1000	380	1 000	380	84	40		—	441×531×508
DW15-1600	380	1 600	380	84	40	0.2	—	441×531×508

续表

型号	额定电压/V	额定电流/A	额定短路接通分断能力/kA					外形尺寸 宽×高×深/(mm×mm×mm)
			电压/V	接通最大值	分断有效值	cosφ	短延时最大延时/s	
DW15-2500	380	2 500	380	132	60	0.2	0.4	687×571×631 897×571×631
DW15-4000	380	4 000	380	196	80	0.2	0.4	687×571×631 897×571×631

二、主令电器

LA 系列按钮主要技术数据

型号	规格	结构形式	触点对数		按钮	
			常开	常闭	钮数	颜色
LA18-22		元件	2	2	1	红、绿、黑或白
LA18-44		元件	4	4	1	红、绿、黑或白
LA18-66		元件	6	6	1	红、绿、黑或白
LA18-22J		元件(紧急式)	2	2	1	红
LA18-44J		元件(紧急式)	4	4	1	红
LA18-66J		元件(紧急式)	6	6	1	红
LA18-22Y		元件(钥匙式)	2	2	1	黑
LA18-44Y		元件(钥匙式)	4	4	1	黑
LA18-22X	500 V, 5 A	元件(旋钮式)	2	2	1	黑
LA18-44X		元件(旋钮式)	4	4	1	黑
LA18-66X		元件(旋钮式)	6	6	1	黑
LA19-11		元件	1	1	1	红、绿、黄、蓝或白
LA19-11J		元件(紧急式)	1	1	1	红
LA19-11D		元件(带指示灯)	1	1	1	红、绿、黄、蓝或白
LA19-11DJ		元件(紧急式带指示灯)	1	1	1	红
LA20-11D		元件(带指示灯)	1	1	1	红、绿、黄、蓝或白
LA20-22D		元件(带指示灯)	2	2	1	红、绿、黄、蓝或白

JLXK1 系列行程开关主要技术数据

型号	额定电压/V		额定电流/A	触头数量		结构形式
	交流	直流		常开	常闭	
JLXK1 - 111						单轮防护式
JLXK1 - 211						双轮防护式
JLXK1 - 111M						单轮密封式
JLXK1 - 211M	500	440	5	1	1	双轮密封式
JLXK1 - 311						直动防护式
JLXK1 - 311M						直动密封式
JLXK1 - 411						直动滚轮防护式
JLXK1 - 411M						直动滚轮密封式

3SE3 系列行程开关主要技术数据

额定绝缘电压/V		最大工作电压/V（同极性）	额定发热电流/A	机械寿命/次	电寿命/次			推杆上测量的重复动作精度/mm	保护等级
交流	直流				$U_e=220\ V$ $I_e=1\ A$	$U_e=220\ V$ $I_e=0.5\ A$	$U_e=220\ V$ $I_e=10\ A$		
500	600	500	10	30×10^6	5×10^6	10×10^6	10×10^4	0.02	IP67

三、熔断器

熔断器主要技术数据

型号	熔断器额定电流/A	额定电压/V		熔体额定电流/A	额定分断电流/kA	
RC1A - 5	5	380		1,2,3,5	$300(\cos\varphi=0.4)$	
RC1A - 10	10	380		2,4,6,8,10	$500(\cos\varphi=0.4)$	
RC1A - 15	15	380		6,10,12,15	$500(\cos\varphi=0.4)$	
RC1A - 30	30	380		15,20,25,30	$1\ 500(\cos\varphi=0.4)$	
RC1A - 60	60	380		30,40,50,60	$3\ 000(\cos\varphi=0.4)$	
RC1A - 100	100	380		60.80,100	$3\ 000(\cos\varphi=0.4)$	
RC1A - 200	200	380		100,120,150,200	$3\ 000(\cos\varphi=0.4)$	
RL1 - 15	15	380		2,4,5,10,15	$25(\cos\varphi=0.35)$	
RL1 - 60	60	380		20,25,30,35,40,50,60	$25(\cos\varphi=0.35)$	
RL1 - 100	100	380		60,80,100	$50(\cos\varphi=0.25)$	
RL1 - 200	200	380		100,125,150,200	$50(\cos\varphi=0.25)$	
RT0 - 50	50	(AC)380	(DC)440	5,10,15,20,30,40,50	(AC)50	(DC)25
RT0 - 100	100	(AC)380	(DC)440	30,40,50,60,80,100	(AC)50	(DC)25

型号	熔断器额定电流/A	额定电压/V		熔体额定电流/A	额定分断电流/kA	
RT0-200	200	(AC)380	(DC)440	80,100,120,150,200	(AC)50	(DC)25
RT0-400	400	(AC)380	(DC)440	150,200,250,300,350,400	(AC)50	(DC)25
RM10-15	15	220		6,10,15	1.2	
RM10-60	60	220		15,20,25,36,45,60	3.5	
RM10-100	100	220		60,80,100	10	
RS3-50	50	500		10,15,30,50	50(cos 9=0.3)	
RS3-100	100	500		80,100	50(cos 9=0.5)	
RS3-200	200	500		150,200	50(cos 9=0.5)	
NT0	160	500		6,10,20,50,100,160	120	
NT1	250	500		80,100,200,250	120	
NT2	400	500		125,160,200,300,400	120	
NT3	630	500		315,400,500,630	120	
NGT00	125	380		25,32,80,100,125	100	
NGT1	250	380		100,160,250	100	
NGT2	400	380		200,250,355,400	100	

注:NT 和 NGT 系列熔断器为引进德国 AGC 公司的产品。

四、接触器

CJ0、CJ10 系列交流接触器主要技术数据

型号	触头额定电压/V	主触头额定电流/A	辅助触头额定电流/A	可控电动机最大功率/kW			额定操作频率/(次·h⁻¹)	吸引线圈电压/V	线圈功率/(V·A)	
				127 V	220 V	380 V			启动	吸持
CJ0-10	500	10	5	1.5	2.5	4	1 200	交流 36,110,127,220,380	77	14
CJ0-20		20		3	5.5	10			156	33
CJ0-40		40		6	11	20			280	33
CJ0-75		75		13	22	40			660	55
CJ10-10		10			2.2	4	600		65	11
CJ10-20		20			5.5	10			140	22
CJ10-40		40			11	20			230	32
CJ10-60		60			17	30			495	70
CJ10-100		100			29	50				

CJ12 系列交流接触器主要技术数据

型号	额定电压/V	额定电流/A	极数	每小时操作数/次		连锁触头			线圈消耗功率/W
				额定容量时	短时降低容量时	额定电压/V	额定电流/A	组合情况	
CJ12 - 100		100							16
CJ12 - 150		150		600	200			六对触头可组成：五合一分或四分二合或三分三合	30
CJ12 - 250	380	250	2,3,4			交流 380 直流 220	10		45
CJ12 - 400		400		3 000	1 200				85
CJ12 - 600		600							70

3TB 型交流接触器主要技术数据

型号	约定发热电流/A	380 V 时额定工作电流/A	660 V 时额定工作电流/A	可控电动机功率/kW		在 AC-3 使用类别下的操作频率和电寿命/次		在 AC-4 使用类别下电寿命数据		
								可控电动机功率/kW		电寿命/次
				380 V	660 V	操作频率 750 h^{-1}	操作频率 1 200 h^{-1}	380 V	660 V	操作频率 300 h^{-1}
3TB40	22	9	7.2	4	5.5	—	1.2×10^6	1.4	2.4	
3TB41	22	12	9.5	5.5	7.5	—	1.2×10^6	1.9	3.3	
3TB42	35	16	13.5	7.5	11	—	1.2×10^6	3.5	6	2×10^5
3TB43	35	22	13.5	11	11	—	1.2×10^6	4	6.6	
3TB44	55	32	18	15	15	1.2×10^6		7.5	11	

五、继电器

JR0、JR10、JR16 系列热继电器主要技术数据

型号	额定电流/A	热元件等级	
		额定电流/A	刻度电流调节范围/A
JR0 - 20/3 JR0 - 20/3D JR16 - 20/3 JR16 - 20/3D	20	0.35	0.25～0.35
		0.50	0.32～0.50
		0.72	0.45～0.72
		1.1	0.68～1.1
		1.6	1.0～1.6
		2.4	1.5～2.4
		5	2.2～3.5
		3.5	3.2～5
		7.2	4.5～7.2
		11	6.8～11
		16	10～16
		22	14～22
R0 - 40	40	0.64	0.4～0.64

续表

型号	额定电流/A	热元件等级	
		额定电流/A	刻度电流调节范围/A
JR16‒40/3D	40	1	0.64～1
		1.6	1～1.6
		4	1.6～2.5
		2.5	2.5～4
		6.4	4～6.4
		10	6.4～10
		16	10～16
		25	16～25
		40	25～40
JR10‒10	10	0.30	0.25～0.35
		0.37	0.30～0.40
		0.47	0.40～0.55
		0.55	0.50～0.65
		0.65	0.55～0.75
		0.80	0.70～0.95
		1.05	0.90～1.25
		1.40	1.20～1.60
		1.60	1.40～1.90
		2.00	1.80～2.35
		2.50	2.25～3.00
		3.10	2.80～3.75
		3.80	3.40～4.50
		5.00	4.20～5.60
		5.50	4.75～6.30
		7.20	6.00～8.00
		9.00	7.50～10.00

JS7‒A 系列空气阻尼式时间继电器主要技术数据

型号	吸引线圈电压/V	触头额定电压/V	触头额定电流/A	延时范围/s	延时触头				瞬时触头	
					通电延时		断电延时		常开	常闭
					常开	常闭	常开	常闭		
JS7‒1A	24,36, 10,127, 220,380, 420	380	5	各种型号均有0.4～60 和 0.4～180 两种产品	1	1	—	—	—	—
JS7‒2A					1	1	—	—	1	1
JS7‒3A					—	—	1	1	—	—
JS7‒4A					—	—	1	1	1	1

注:1. JS7 后面的 1～4 A 用于区别通电延时还是断电延时,以及带瞬动触头还是不带瞬动触头。

2. JS7‒A 为改型产品,体积较小。

JSJ 系列电子式时间继电器主要技术数据

型号	电源电压/V	外电路触头			延时范围/s	延时误差
		数量	交流容量	直流容量		
JSJ - 10	直流 24,48,110;交流 36,110,127,220,380	1 常开1 常闭转换	380 V0.5 A	110 V1 A(无感负载)	0.2～10	±3%
JSJ - 30					1～30	
JSJ - 1					60	
JSJ - 2					120	
JSJ - 3					180	±6%
JSJ - 4					240	
JSJ - 5					300	

JS14P 系列拨码式电子时间继电器主要技术数据

型号	延时动作触头对数	重复误差	电源波动误差	温度误差	额定工作电压/V		延时范围
					交流	直流	
JS14P -□/□	2 转换	≤±1%	≤±3%	≤±3%	36110220	48110	0.1～9.9 s1～99 s0.1～9.9 min1～99 min0.1～9.9 h
JS14P -□/□M	2 转换	≤±1%	≤±3%	≤±3%			
JS14P -□/□Z	2 转换	≤±1%	≤±3%	≤±3%			
JS14P -□/□ZM	2 转换	≤±1%	≤±3%	≤±3%			

直流电磁式时间继电器 JT3 系列主要技术数据

型号	吸引线圈电压/V	触头组合及数量（常开、常闭）	延时/s
JT3 -□□/1	12,24,48,110,220,440	11,02,20,03,12,21,04,40,22,13,31,30	0.3～0.9
JT3 -□□/3			0.8～3.0
JT3 -□□/5			2.5～5.0

JZ7 系列中间继电器主要技术数据

型号	额定电压/V		吸引线圈电压/V	额定电流	触头数量/副		最高操作频率/(次·h⁻¹)	机械寿命/万次	电寿命/万次
	交流	直流			常开	常闭			
JZ7 - 22	500	440	36,127,220,380,500	5	2	2	1 200	300	100
JZ7 - 41			36,127,220,380,500		4	1			
JZ7 - 44			12,36,127,220,380,500		4	4			
JZ7 - 62			12,36,127,220,380,500		6	2			
JZ7 - 80			12,36,127,220,380,500		8	0			

JT4 系列过电流继电器主要技术数据

型号	吸引线圈规格/A	消耗功率/W	触头数目	复位方式		动作电流	返回系数
				自动	手动		
JT4-□□L	5,10,15,20, 40,80,150, 300,600	5	2常开2常闭或1常开1常闭	自动		吸引电流在线圈额定电流的110%～350%范围内调节	0.1～0.3
JT4-□□S（手动）					手动		

JT4P 系列欠电压继电器主要技术数据

型号	吸引线圈规格/V	消耗功率/W	触头数目	复位方式	动作电压	返回系数
JT4P	110,127,220,380	75	2常开2常闭或1常开1常闭	自动	吸引电压在线圈额定电压的60%～85%范围内,调节释放电压在线圈额定电压的10%～35%间	0.2～0.4

附录 B Y 系列三相笼形异步电动机的型号及技术数据

| 型号 | 额定功率/kW | 满载时 | | | | 堵转电流/额定电流 | 堵转转矩/额定转矩 | 最大转矩/额定转矩 | 质量/kg |
		电流/A	转速/(r·min⁻¹)	效率/%	功率因数				
Y801-2	0.75	1.8	2 830	75	0.84	6.5	2.2	2.3	16
Y802-2	1.1	2.5	2 830	77	0.86	7.0	2.2	2.3	17
Y90S-2	1.5	3.4	2 840	78	0.85	7.0	2.2	2.3	22
Y90L-2	2.2	4.8	2 840	80.5	0.86	7.0	2.2	2.3	25
Y100L-2	3.0	6.4	2 880	82	0.87	7.0	2.2	2.3	33
Y112M-2	4.0	8.2	2 890	85.5	0.87	7.0	2.2	2.3	45
Y132S1-2	5.5	11.1	2 900	85.5	0.88	7.0	2.0	2.3	64
Y132S2-2	7.5	15	2 900	86.2	0.88	7.0	2.0	2.3	70
Y160M1-2	11	21.8	2 900	87.2	0.88	7.0	2.0	2.3	117
Y160M2-2	15	29.4	2 930	88.2	0.88	7.0	2.0	2.3	125
Y160L-2	18.5	35.5	2 930	89	0.89	7.0	2.0	2.2	147
Y180M-2	22	42.2	2 940	89	0.89	7.0	2.0	2.2	180
Y200L1-2	30	56.9	2 950	90	0.89	7.0	2.0	2.2	240
Y200L2-2	37	69.8	2 950	90.5	0.89	7.0	2.0	2.2	255
Y225M-2	45	84	2 970	91.5	0.89	7.0	2.0	2.2	309
Y250M-2	55	103	2 970	91.5	0.89	7.0	2.0	2.2	403
Y280S-2	75	139	2 970	92	0.89	7.0	2.0	2.2	544
Y280M-2	90	166	2 970	92.5	0.89	7.0	2.0	2.2	620
Y315S-2	110	203	2 980	92.5	0.89	6.8	1.8	2.2	980
Y315M-2	132	242	2 980	93	0.89	6.8	1.8	2.2	1 080
Y315L1-2	160	292	2 980	93.5	0.89	6.8	1.8	2.2	1 160
Y315L2-2	200	365	2 980	93.5	0.89	6.8	1.8	2.2	1 190
Y801-4	0.55	1.5	1 390	73	0.76	6.0	2.0	2.3	17
Y802-4	0.75	2	1 390	74.5	0.76	6.0	2.0	2.3	17
Y90S-4	1.1	2.7	1 400	78	0.78	6.5	2.0	2.3	25
Y90L-4	1.5	5	1 400	79	0.79	6.5	2.2	2.3	26
Y100L1-4	2.2	3.7	1 430	81	0.82	7.0	2.2	2.3	34

型号	额定功率/kW	满载时				堵转电流 额定电流	堵转转矩 额定转矩	最大转矩 额定转矩	质量/kg
		电流/A	转速/(r·min⁻¹)	效率/%	功率因数				
Y100L2-4	3.0	6.8	1 430	82.5	0.81	7.0	2.2	2.3	35
Y112M-4	4.0	8.8	1 440	84.5	0.82	7.0	2.2	2.3	47
Y132S-4	5.5	11.6	1 440	85.5	0.84	7.0	2.2	2.3	68
Y132M-4	7.5	15.4	1 440	87	0.85	7.0	2.2	2.3	79
Y160M-4	11.0	22.6	1 460	88	0.84	7.0	2.2	2.3	122
Y160L-4	15.0	30.3	1 460	88.5	0.85	7.0	2.2	2.3	142
Y180M-4	18.5	35.9	1 470	91	0.86	7.0	2.0	2.2	174
Y180L-4	22	42.5	1 470	91.5	0.86	7.0	2.0	2.2	192
Y200L-4	30	56.8	1 470	92.2	0.87	7.0	2.0	2.2	253
Y225S-4	37	70.4	1 480	91.8	0.87	7.0	1.9	2.2	294
Y225M-4	45	84.2	1 480	92.3	0.88	7.0	1.9	2.2	327
Y250M-4	55	103	1 480	92.6	0.88	7.0	2.0	2.2	381
Y280S-4	75	140	1 480	92.7	0.88	7.0	1.9	2.2	535
Y280M-4	90	164	1 480	93.5	0.89	7.0	1.9	2.2	634
Y315S-4	110	201	1 480	93	0.89	6.8	1.8	2.2	912
Y315M-4	132	240	1 480	94	0.89	6.8	1.8	2.2	1 048
Y315L1-4	160	289	1 480	94.5	0.89	6.8	1.8	2.2	1 105
Y315L2-4	200	361	1 480	94.5	0.89	6.8	1.8	2.2	1 260
Y90S-6	0.75	2.3	910	72.5	0.70	5.5	2.0	2.2	21
Y90L-6	1.1	3.2	910	73.5	0.72	5.5	2.0	2.2	24
Y100L-6	1.5	4.0	940	77.5	0.74	6.0	2.0	2.2	35
Y112M-6	2.2	5.6	940	80.5	0.74	6.5	2.0	2.2	45
Y132S-6	3.0	7.2	960	83	0.76	6.5	2.0	2.2	66
Y132M1-6	4.0	9.4	960	84	0.77	6.5	2.0	2.2	75
Y132M2-6	5.5	12.6	960	85.3	0.78	6.5	2.0	2.2	85
Y160M-6	7.5	17	970	86	0.78	6.5	2.0	2.0	116
Y160L-6	11	24.6	970	87	0.78	6.5	2.0	2.0	139
Y180L-6	15	31.4	970	89.5	0.81	6.5	1.8	2.0	182
Y200L1-6	18.5	37.7	970	89.8	0.83	6.5	1.8	2.0	228
Y200L2-6	22	44.6	970	90.2	0.83	6.5	1.8	2.0	246
Y220M-6	30	59.5	980	90.2	0.85	6.5	1.7	2.0	294
Y250M-6	37	72	980	90.8	0.86	6.5	1.8	2.0	395
Y280S-6	45	85.4	980	92	0.87	6.5	1.8	2.0	505

| 型号 | 额定功率/ kW | 满载时 | | | | 堵转电流 额定电流 | 堵转转矩 额定转矩 | 最大转矩 额定转矩 | 质量/ kg |
		电流/ A	转速/ (r·min⁻¹)	效率/ %	功率 因数				
Y280M-6	55	104	980	92	0.87	6.5	1.8	2.0	566
Y315S-6	75	141	980	92.8	0.87	6.5	1.6	2.0	850
Y315M-6	90	169	980	93.2	0.87	6.5	1.6	2.0	965
Y315L1-6	110	206	980	93.5	0.87	6.5	1.6	2.0	1 028
Y315L2-6	132	246	980	93.8	0.87	6.5	1.6	2.0	1 195
Y132S-8	2.2	5.8	710	80.5	0.71	5.5	2.0	2.0	66
Y132M-8	3.0	7.7	710	82	0.72	5.5	2.0	2.0	76
Y160M1-8	4.0	9.9	720	84	0.73	6.0	2.0	2.0	105
Y160M2-8	5.5	13.3	720	85	0.74	6.0	2.0	2.0	115
Y160L-8	7.5	17.7	720	86	0.75	5.5	2.0	2.0	140
Y180L-8	11	24.8	730	7.5	0.77	6.0	1.7	2.0	180
Y200L-8	15	34.1	730	88	0.76	6.0	1.8	2.0	228
Y225S-8	18.5	41.3	730	89.5	0.76	6.0	1.7	2.0	265
Y225M-8	22	47.6	730	90	0.78	6.0	1.8	2.0	296
Y250M-8	30	63	730	90.5	0.80	6.0	1.8	2.0	391
Y280S-8	37	78.7	740	91	0.79	6.0	1.8	2.0	500
Y280M-8	45	93.2	740	91.7	0.8	6.0	1.8	2.0	562
Y315S-8	55	114	740	92	0.8	6.5	1.6	2.0	875
Y315M-8	75	152	740	92.5	0.81	6.5	1.6	2.0	1 008
Y315L1-8	90	179	740	93	0.82	6.5	1.6	2.0	1 065
Y315L2-8	110	218	740	93.3	0.82	6.3	1.6	2.0	1 195
Y315S-10	45	101	590	91.5	0.74	6.0	1.4	2.0	838
Y315M-10	55	123	590	92	0.74	6.0	1.4	2.0	960
Y315L2-10	75	164	590	92.5	0.75	6.0	1.4	2.0	11 80

注:本系列产品为全国统一设计的基本系列,为一般用途的全封闭自扇冷式小型鼠笼形三相异步电动机。其功率等级及安装尺寸符合国际电工委员会 IEC 标准。定子绕组为 B 级绝缘,电机外壳防护等级为 IP44,广泛应用于驱动无特殊要求的各种机械设备,如鼓风机、水泵、机床、农业机械、矿山机械,也适用于某些对启动转矩要求较高的生产机械,如压缩机等。功率在 3 kW 及以下的电动机,定子绕组为 Y 接法,4 kW 及以上其定子为△接法。

附录C 常用电气符号一览表

（GB/T4728—1996—2000）

名称	GB/T4728—1996—2000	GB 7159—1987 文字符号	名称	GB/T4728—1996—2000	GB 7159—1987 文字符号
直流电			位置开关常闭触点		SQ
交流电					
交直流电			有铁芯的双绕组变压器	或	T
正、负极	+ −				
三角形连接的绕组	△		可调压的单相自耦变压器		T
星形连接的绕组	Y				
中性点引出的星形连接的三相绕组			三相自耦变压器星形连接		T
三根导线					
导线连接			电流互感器	或	TA
端子板	1 2 3 4 5 6 7 8	XT			
接地			串励直流电动机	M	M
电阻		R			
可变电阻		R	并励直流电动机	M	M
滑动触点电位器		RP			
电容器		C	他励直流电动机	M	M
电感、线圈、绕组		L			
带铁芯的电感、线圈、绕组		L	三相笼形异步电动机	M 3~	M3~
电抗器		L			
具有常开触点的且自动复位的按钮开关	E-	SB	三相绕线转子异步电动机	M 3~	M3~
按钮常闭触点	E-	SB			
位置开关常开触点		SQ	普通刀开关	形式1 形式2	Q

315

名称	GB/T4728—1996—2000	GB 7159—1987 文字符号	名称	GB/T4728—1996—2000	GB 7159—1987 文字符号
普通三相刀开关		Q	电磁制动器		YB
继电器线圈		KA	滑动(滚动)连接器		E
继电器常开触点		KA	插座		XS
继电器常闭触点		KA	热继电器驱动元件		FR
熔断器		FU	热继电器常开触点		FR
接触器线圈		KM	热继电器常闭触点		FR
接触器常开触点		KM	缓慢释放时间继电器的线圈		KT
接触器常闭触点		KM	缓慢吸合时间继电器的线圈		KT
接近开关的常开触点		SQ	当操作器件被吸合时延时闭合的常开触点		KT
接近开关的常闭触点		SQ	当操作器件被释放时延时断开的常开触点		KT
速度继电器的常开触点		KV	当操作器件被释放时延时闭合的常闭触点		KT
速度继电器的常闭触点		KV	当操作器件被吸合时延时断开的常闭触点		KT
电磁离合器		YC	照明灯		EL
电磁阀		YV	指示灯、信号灯		HL
电磁铁		YA	二极管		VD

· 316 ·

续表

名称	GB/T4728—1996—2000	GB 7159—1987 文字符号	名称	GB/T4728—1996—2000	GB 7159—1987 文字符号
普通晶闸管		V	PNP 晶体管		V
稳压二极管		V	插头		XP
NPN 晶体管		V			

注:1. 常开触点即为动合触点,常闭触点即位动断触点。

    2. 延时动作的触点:对于吸合或释放操作,触点的闭合和断开是延时的。朝圆弧中心方向的运动是延时的(降落伞效应)。起延时作用的符号可绘在触点符号的边上,这样最适合于应用和器件符号的布置。

参考文献

［1］马应魁. 电气控制技术实训指导［M］. 北京：化学工业出版社，2001.

［2］李爱军，任淑. 维修电工技能实训［M］. 北京：北京理工大学出版社，2007.

［3］赵承荻，王玺珍，袁媛，许蓼. 电机与电气控制技术［M］. 5 版. 北京：高等教育出版社，2019.

［4］李旭东. 继电控制线路维修［M］. 北京：机械工业出版社，2020.

［5］胡幸鸣. 电机及拖动基础［M］. 4 版. 北京：机械工业出版社，2021.

［6］许晓峰. 电机及拖动［M］. 6 版. 北京：高等教育出版社，2021.

［7］赵承荻，王玺珍. 维修电工考级项目训练教程［M］. 2 版. 北京：高等教育出版社，2021.

［8］张运波，郑文. 工厂电气控制技术［M］. 5 版. 北京：高等教育出版社，2021.

［9］田淑珍. 电机与电气控制技术［M］. 3 版. 北京：机械工业出版社，2022.

［10］范丛山，高杨. 电气控制线路安装与调试［M］. 北京：机械工业出版社，2022.

［11］张春丽，李建利. 电机与电气控制技术［M］. 北京：机械工业出版社，2022.

［12］展明星. 电气控制应用技术［M］. 北京：高等教育出版社，2022.

［13］金凌芳. 电气控制线路安装与维修［M］. 北京：机械工业出版社，2023.

［14］唐惠龙，牟宏均. 电机与电气控制项目式教程［M］. 2 版. 北京：机械工业出版社，2023.

［15］卓陈祥，黄晓然. 电气控制技术项目教程［M］. 北京：机械工业出版社，2023.